海洋资源开发系列丛书

国家重大工程攻关专项、国家科技重大专项、国家自然科学基金成果

新型海洋结构疲劳损伤研究及其应用

叶忠志　王福程　刘富鹏　余建星　王立佳　编著

图书在版编目（CIP）数据

新型海洋结构疲劳损伤研究及其应用 / 叶忠志等编著. -- 天津 : 天津大学出版社, 2023.10

（海洋资源开发系列丛书）

国家重大工程攻关专项、国家科技重大专项、国家自然科学基金成果

ISBN 978-7-5618-7496-7

Ⅰ. ①新… Ⅱ. ①叶… Ⅲ. ①海洋沉积物－疲劳评估－研究 Ⅳ. ①P736.21

中国国家版本馆CIP数据核字(2023)第100784号

出版发行 天津大学出版社
地　　址 天津市卫津路92号天津大学内（邮编：300072）
电　　话 发行部：022-27403647
网　　址 www.tjupress.com.cn
印　　刷 北京虎彩文化传播有限公司
经　　销 全国各地新华书店
开　　本 787mm×1092mm　1/16
印　　张 11
字　　数 261千
版　　次 2023年10月第1版
印　　次 2023年10月第1次
定　　价 59.00元

本书编委会

前　言

随着海洋资源的逐渐开发以及海上旅游业、运输业的逐渐发展，新型海洋结构的应用越来越广泛。然而，在载荷长期反复作用下，结构很可能发生疲劳破坏。为了保障新型海洋结构能够长期使用，减小结构产生疲劳损伤甚至发生断裂破坏的风险，有必要建立一套新型海洋结构疲劳损伤的预测方法，针对海洋环境载荷特征，从疲劳损伤理论方法、疲劳寿命预测数值模拟计算、全尺寸疲劳试验方法等多方面进行新型海洋结构疲劳损伤分析与评估。

疲劳损伤研究在钢结构强度评估问题中得到了广泛应用，是确保钢结构长期使用的基础。然而，在新型海洋结构的研究中，目前的疲劳损伤研究多处于材料性能研究阶段，对于整体结构的疲劳损伤研究较少。作者在国内外已有研究的基础上，将编写组所完成的国家重大工程攻关专项、工信部项目和重点研发项目的相关研究成果反映在本书中。本书针对多种新型海洋结构的工作环境、载荷特征，将新型海洋结构分为船舶及海上结构、立管及海底管道整体结构、管道焊缝结构进行研究，分别通过波浪载荷作用下的整体疲劳分析方法、结构疲劳损伤分析方法、局部焊接节点疲劳及裂纹扩展研究方法进行疲劳损伤评估，并以新型船体结构、立管及焊接结构为例，介绍疲劳损伤评估及疲劳寿命预测方法在新型海洋结构中的工程应用，以期为新型海洋工程结构疲劳预测评估工作提供有效的参考和指导。

在编写本书过程中，作者参阅了国内外专家、学者关于钢结构疲劳损伤及寿命预测的大量著作和论述；在出版过程中，得到了天津大学出版社的大力支持，在此表示感谢！

本书由叶忠志、余建星进行整体规划及技术把关，王福程等统筹定稿；另外，刘富鹏、王立佳、余杨、吴海欣等也参与了本书的编写与校对工作。

本书内容虽包含作者所在课题组多年实践成果，但限于作者水平和时间因素，书中难免存在疏漏之处，敬请各位专家、读者惠予指正。

作者

2023 年 6 月

目 录

第 1 章　海上结构疲劳损伤研究方法

船舶与海洋工程结构是一种典型的动力系统，作用在结构上的波浪过程 $\eta(t)$ 是系统的输入，结构内由于波浪作用引起的交变应力则是系统的响应。这一关系可用图 1-1 表示。

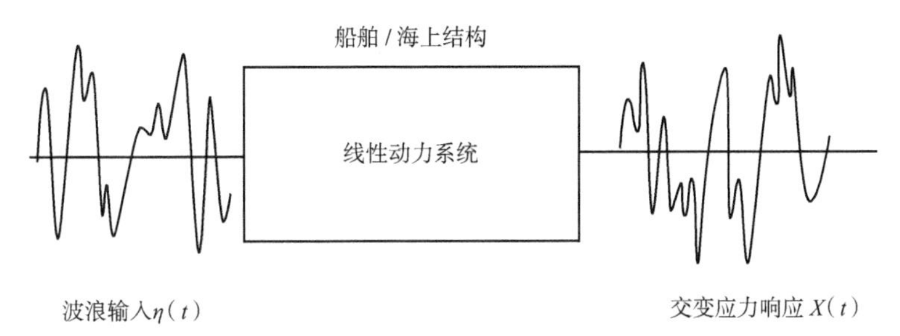

图 1-1　波浪作用下的应力响应分析过程

在一般情况下，系统的响应过程与输入过程之间的关系可写成：

$$X(t) = L[\eta(t)] \tag{1-1}$$

式中：L 为把 $\eta(t)$ 变换成 $X(t)$ 的算子。当 L 为一线性算子时，系统就为线性的。

本章讨论的船舶与海上结构疲劳分析，在考虑波浪载荷时，所应用的波浪载荷计算和结构分析都是基于线性理论的；在考虑船艏砰击等情况下，采用非线性方法进行分析。

在线性理论条件下，波浪若是一个平稳的随机过程，经过变换得到的交变应力也是一个平稳的随机过程。根据随机过程理论，上述两个平稳随机过程的功率谱密度之间有下列关系：

$$G_{XX}(\omega) = \left|H(\omega)\right|^2 G_{\eta\eta}(\omega) \tag{1-2}$$

式中：$G_{XX}(\omega)$、$G_{\eta\eta}(\omega)$ 分别为交变应力和波浪的随机过程函数；$H(\omega)$ 为线性动力系统的传递函数或频率响应函数，$\left|H(\omega)\right|^2$ 称为响应幅值算子（Response Amplitude Operator，RAO）。

疲劳强度评估的谱分析方法是直接由波浪载荷计算程序得到疲劳载荷，并通过结构有限元分析或其他方法得到疲劳应力响应和应力范围。其主要思想和基本内容如下。

（1）船舶在波浪中的运动响应及载荷响应按线性理论得到，采用波浪载荷直接预报方法和结构直接分析方法，获得结构热点应力的传递函数，并结合海浪谱得到热点应力的响应谱。

（2）对于每个短期分布，应力范围采用瑞利（Rayleigh）分布，其中的统计参数用谱分析方法得到。

（3）应力范围的长期分布采用分段连续型模型，其中每个连续模型对应于一个航行工况,即短期分布。航行工况是指给定装载状态的船舶在某海况下以给定航向和航速航行的状态。其中的海况由选定的海况分布资料规定。

(4)寿命期的疲劳损伤是各短期疲劳损伤的组合。

船体在海上航行及海上结构在役过程中,由于受到波浪的作用,结构进行六自由度运动时会产生变形。一般情况下,结构受到的波浪载荷和结构中的应力、应变随时间的变化是一个缓慢、随机、与波浪特征一致的过程。当船体航行于波浪较高海况中时,船体的艏部、艉部可能存在频繁出水、入水过程,在此过程中会发生严重的砰击现象,带给船体结构局部和整体的高频振动响应。与波激振动不同,砰击带来的颤振响应并非共振响应,因而结构响应随时间的增长而逐渐衰减,直至下一次砰击的到来。船体在这种非线性砰击载荷作用下,其疲劳强度也会受到一定影响。因此,对于非线性载荷,主要参照中国船级社(China Classification Society, CCS)《波激振动和砰击颤振对船体结构疲劳强度影响计算指南》,简要介绍在时域非线性水弹性方法基础上,基于雨流计数法的计算基本过程,通过线性频域谱分析和非线性载荷时历统计分别得到波频损伤和含砰击的总损伤,据此可获得砰击对疲劳的贡献和考虑砰击后对疲劳的影响系数。

1.1 疲劳载荷计算

在海上结构疲劳损伤评估分析中,载荷是影响结构疲劳损伤及寿命的重要因素。在实际工程模拟中,通常可采用实验方法或者数值模拟方法,得到结构所承受的疲劳载荷。通常来讲,实验法得到的载荷数据比较准确,但是由于实验成本较高,实现难度较大。因此,通常采用数值模拟方法,得到结构载荷。本节对采用数值模拟的疲劳载荷计算原理进行阐述。

在计算船体及海上结构载荷时,考虑下列波浪载荷作为疲劳分析的外载荷:

(1)波浪引起的舷外水动压力;

(2)船体运动引起的全船惯性力;

(3)船体运动引起的舱内货物惯性力。

1.1.1 波浪参数计算

考虑船体及海上结构的不对称性,浪向角从 0° 到 330° 以 30° 步长递增,共 12 个,见表 1-1;考虑船体及海上结构的对称性,浪向角从 0° 到 180° 以 30° 步长递增,共 7 个。值得注意的是,对称结构在选择后者时,细化节点也必须是对称出现的。

表 1-1 浪向角

序号	1	2	3	4	5	6
浪向角	0°	30°	60°	90°	120°	150°
序号	7	8	9	10	11	12
浪向角	180°	210°	240°	270°	300°	330°

在本章中，建议波浪频率的选择范围从 0.3 rad/s 到 2.0 rad/s 以 0.1 rad/s 步长递增，若考虑频率采样密度增加，则在个别频率区间（如 0.4 rad/s 和 0.5 rad/s 附近）以 0.05 rad/s 递增，共 20 个频率点，见表 1-2。当然根据计算结构的实际情况，也可有所不同，但波浪频率的选取，必须使频率点覆盖应力响应谱幅值较大的区域。

表 1-2　波浪频率

序号	1	2	3	4	5	6	7	8	9	10
波浪频率（rad/s）	0.1	0.2	0.3	0.4	0.45	0.5	0.55	0.6	0.7	0.8
序号	11	12	13	14	15	16	17	18	19	20
波浪频率（rad/s）	0.9	1.0	1.1	1.2	1.3	1.4	1.5	1.6	1.7	1.8

1.1.2　波浪载荷计算原理

在运用三维线性势流理论对船舶与海洋工程结构物进行水动力分析和稳态运动响应计算后，根据线性化的伯努利方程，并计入静水压力变化的贡献，若给定了流场中任一点 x 的坐标，可以得到该点总的波浪压力：

$$P(x,y,z,t)=\mathrm{Re}\left(p(x,y,z)\mathrm{e}^{\mathrm{i}\omega_e t}\right) \tag{1-3}$$

$$p(x,y,z)=p_{\mathrm{S}}(x,y,z)-\rho\left(\mathrm{i}\omega_{\mathrm{e}}-U\frac{\partial}{\partial x}\right)(\varphi_{\mathrm{I}}+\varphi_{\mathrm{D}}+\varphi_{\mathrm{R}}) \tag{1-4}$$

式中：$p(x,y,z)$ 为该点的波浪压力；$p_{\mathrm{S}}(x,y,z)$ 为该点的静水压力，$p_{\mathrm{S}}(x,y,z)=-\rho g(\eta_{3\mathrm{a}}+y\eta_{4\mathrm{a}}-x\eta_{5\mathrm{a}})$；$\rho$ 为流体宽度；ω_{e} 为遭遇频率；U 为航速；φ_{I} 为有限水深入射波速度势，可以表示为

$$\varphi_{\mathrm{I}}=\zeta_{\mathrm{a}}\frac{\mathrm{i}g}{\omega_0}\cdot\frac{\mathrm{ch}\left[k_0(z+h)\right]}{\mathrm{ch}(k_0 h)}\mathrm{e}^{\mathrm{i}k_0(x\cos\beta-y\sin\beta)} \tag{1-5}$$

其中，ζ_{a} 为入射波波幅（m）；ω_0 为入射波圆频率（rad/s）；h 为水深（m）；k_0 为入射波数；β 为入射波传播方向与浮体航行方向的夹角，迎浪时，浪向角为零；φ_{D} 为流场绕射势，可以表示为

$$\varphi_{\mathrm{D}}=\zeta_{\mathrm{a}}\varphi_7 \tag{1-6}$$

其中，φ_7 为单位波幅的入射波作用于浮体产生的绕射势；φ_{R} 为流场辐射势，可以表示为

$$\varphi_{\mathrm{R}}=\sum_{j=1}^{6}\mathrm{i}\omega_{\mathrm{e}}\eta_{j\mathrm{a}}\varphi_j(x,y,z) \tag{1-7}$$

其中，$\varphi_j\,(j=1,2,\cdots,6)$ 为浮体以单位速度在静水中作某个方向的简谐振荡时产生的流场势；$\eta_{j\mathrm{a}}\,(j=1,2,\cdots,6)$ 为浮体在随船平动坐标系下作六个自由度稳态响应时的复数响应幅值。

1.1.3　线性频域水弹性力学运动方程

根据水弹性统一理论方程建立起适于三维水弹性理论的波激振动方程：

$$[-\omega^2(\boldsymbol{a}+\boldsymbol{A})+\mathrm{i}\omega(\boldsymbol{b}+\boldsymbol{B})+(\boldsymbol{c}+\boldsymbol{C})]\{p_\mathrm{a}\}=\{F\} \tag{1-8}$$

式中：$\boldsymbol{A}$、$\boldsymbol{B}$、$\boldsymbol{C}$分别为广义流体附加质量矩阵、广义流体附加阻尼矩阵和广义流体恢复力系数矩阵；$\boldsymbol{a}$为船体广义质量矩阵；$\boldsymbol{b}$为船体广义阻尼矩阵；$\boldsymbol{c}$为船体广义刚度矩阵，其中元素可以根据振型函数关于系统质量矩阵和刚度矩阵的正交性获得；$\{p_\mathrm{a}\}$为波浪动压力分布；$\{F\}$为广义波浪激励力。

在广义波浪激励力中，

$$\begin{cases} A_{rk}=\dfrac{\mathrm{Re}\,H_{rk}}{\omega^2} \\ B_{rk}=-\dfrac{\mathrm{Im}\,H_{rk}}{\omega} \\ C_{rk}=\rho g\iint\limits_{S_0}\boldsymbol{n}\cdot\boldsymbol{u}_r w_k\mathrm{d}s-\iiint\limits_{V_\mathrm{b}}\rho_\mathrm{b}\boldsymbol{u}_r\cdot(\boldsymbol{g}_\mathrm{s}\times\boldsymbol{\theta}_k)\mathrm{d}V \end{cases} \tag{1-9}$$

式中：A_{rk}为广义流体附加质量矩阵中的元素；B_{rk}为广义流体附加阻尼矩阵中的元素；C_{rk}为广义流体恢复力系数矩阵中的元素；H_{rk}为广义辐射力系数；ω为结构固有频率；ρ为流体密度；S_0为平均湿表面面积；$\boldsymbol{n}$为由流体指向船体内部的法向矢量；$\boldsymbol{u}_r$为船体某一点第r阶自由振动模态所产生的弹性位移矢量；w_k为第k阶船体振型产生的结构位移；V_b为结构体积；ρ_b为结构质量密度；$\boldsymbol{g}_\mathrm{s}$为重力加速度矢量；$\boldsymbol{\theta}_k$为第$k$阶船体振型产生的结构转角变形。

当$r\leqslant 6$时，广义质量矩阵$\boldsymbol{a}$退化为刚体运动模态的质量矩阵$\boldsymbol{M}^R$，可表示为

$$\boldsymbol{M}^R=\begin{pmatrix} M & 0 & 0 & 0 & M_{z_G} & 0 \\ 0 & M & 0 & -M_{z_G} & 0 & 0 \\ 0 & 0 & M & 0 & 0 & 0 \\ 0 & -M_{z_G} & 0 & I_{11} & 0 & I_{13} \\ M_{z_G} & 0 & 0 & 0 & I_{22} & 0 \\ 0 & 0 & 0 & I_{31} & 0 & I_{33} \end{pmatrix} \tag{1-10}$$

式中：M为船体质量；M_{z_G}为z_G点处总纵弯矩；I_{11}，I_{22}，I_{33}分别为对x轴、y轴、z轴的惯性矩，即主惯性矩；I_{13}和I_{31}为xz面的惯性矩。

广义阻尼矩阵$\boldsymbol{b}$的确定与结构阻尼矩阵有关。目前人们对结构阻尼还缺乏深入了解，工程上通常采用试验方法或经验公式确定。

由式（1-8）解出主坐标后，利用模态叠加原理，就可以得到船体结构的位移$w(x,t)$、弯矩$M(x,t)$及动剪切力$V(x,t)$分别为

$$w(x,t)=\mathrm{e}^{-\mathrm{i}\omega_\mathrm{p}t}\sum_{r=0}^{m}p_{r\mathrm{a}}w_r(x) \tag{1-11a}$$

$$M(x,t)=\mathrm{e}^{-\mathrm{i}\omega_\mathrm{p}t}\sum_{r=0}^{m}p_{r\mathrm{a}}M_r(x) \tag{1-11b}$$

$$V(x,t)=\mathrm{e}^{-\mathrm{i}\omega_\mathrm{p}t}\sum_{r=0}^{m}p_{r\mathrm{a}}V_r(x) \tag{1-11c}$$

式中：ω_p为单位主坐标幅值振荡频率；$p_{r\mathrm{a}}$为主坐标的复数幅值；m为振动模态数。

1.2　应力范围计算

在疲劳评估的谱分析法中一般采用有限元分析计算获得结构的应力响应。通过建立有限元分析模型,施加载荷,计算得到应力响应,并对有限元分析中的应力结果进行分析,可以得到结构的应力响应范围。

1.2.1　船体结构有限元模型化

建立船体及海上结构有限元模型应遵循如下原则。

(1)总体结构分析的有限元模型范围应包括整个船体结构,如船体外板、纵 / 横舱壁、甲板结构等。

(2)局部强度分析的有限元模型范围应以分析对象所处位置为中心,向空间延伸至结构强支撑构件上(如舱壁板、桁材、强肋骨、强横梁等)。

(3)用板单元、梁单元和杆单元模拟真实结构。一般来讲,船体的壳板结构、甲板、平台及强框架、桁材和强肋骨等的高腹板采用 4 节点的板壳单元模拟;曲面的船壳板可用平面板单元模拟;对于承受水压力和货物压力的各类板上的扶强材采用梁单元模拟,并考虑偏心影响;桁材和肋板上的加强筋、肋骨和肘板等主要构件的面板和加强筋用杆单元模拟。在高应力区和高应力变化区域尽可能避免或少用三角形单元,如减轻孔、人孔、肘板连接等结构不连续处。

(4)整体结构分析的有限元模型网格的尺度按单个纵骨 / 单个肋位间距划分,通常选择二者之间较小的尺寸作为划分网格的标准。横向强框架、桁材腹板、肋板等的腹板在高度方向上的划分一般不少于三个单元。板壳单元的长宽比一般应控制在 3 以内,且应尽量接近正方形。

(5)用于疲劳分析的有限元热点应力模型应从局部强度分析的精细有限元模型中,以拟分析的热点应力处为中心,沿空间毗邻的支承结构切出一个立体小块,并按 CCS《船体结构疲劳强度指南》的有关要求再度进行模型细化。

在完成结构模型粗网格计算后,为了得到典型节点结构的热点应力,需要对结构进行细化,模型细化按照以下原则进行。

(1)高应力区的详细应力评估应使用细化有限元网格。细化网格分析采用把细化网格模型嵌入整船有限元模型中分析。

(2)细化区域的网格尺寸大小为 $t \times t$(t 为板厚净尺寸),细化网格区域的范围在校核区域所有方向应不少于 10 个单元。

(3)细化区域网格尺寸保持一致,长宽比接近 1,不能出现三角形单元。避免使用角度小于 60° 或大于 120° 的畸形单元。

(4)细化网格区域的所有板材必须用壳单元表示,细化过渡区域应保持平稳,过渡区域的板材也要进行板元化,终止于过渡区域以外,或者是强框架相交处。

1.2.2 边界条件

在建立结构有限元模型之后，对整船进行有限元分析之前，要求作用在船体上的疲劳载荷，包括波浪引起的舷外水动压力、船体运动引起的全船惯性力、船体运动引起的舱内货物惯性力应构成平衡力系。

然而目前情况下很难得到一个完全平衡的外载荷力系；由于船舶结构是一个复杂的空间结构，直接计算时，有限元模型中节点数、单元数十分庞大，载荷计算的累积误差使得寻求一个完全平衡的外载荷力系更加困难。在这种情况下，施加合理、合适的边界条件变得十分重要。

本章采用惯性释放作为其边界条件，惯性释放（Inertia Relief）是有限元分析软件中的一个高级应用，允许对完全无约束的结构进行静力分析。

其基本原理与刚体运动的原理相同。刚体的运动可以分解为重心的平移和绕刚体重心的旋转运动。采用惯性释放功能进行静力分析时，将整个船体视为一个刚体结构，只需要对一个节点进行六个自由度的约束，相当于该处有一个虚拟支座。针对该支座，程序首先计算在外力作用下每个方向的加速度，然后将加速度转化为惯性力，反向施加在每个节点上，采用此惯性力来平衡外力，由此构造一个平衡力系，恰好使位于虚支座处的点静止且反力为零。

在实际使用惯性释放这一功能时，需要注意以下两点：一是尽可能让外力平衡，减少因平衡外力而增加的惯性力；二是使选取的惯性释放点位置尽可能接近重心位置。

1.2.3 计算工况

计算工况包括满载、压载工况，及根据结构实际的装载要求，选取常用的装载工况进行疲劳分析。

1.2.4 模型加载

将疲劳载荷（包括水动压力、货舱惯性力、全船惯性力）加载到有限元模型中。其中船体结构单元的惯性力通过在模型整体坐标系内定义线加速度和角加速度来实现，加速度的值来自波浪载荷计算结果。

计算船上装载物的惯性力，应当得到装载物足够精确的分布。对某一部位，由装载物的分布，以及该处的线加速度和角加速度得到惯性力，再将惯性力施加到模型上。

需要注意的一个重要原则是，船体结构和装载物的质量分布必须和波浪载荷计算时船体的质量分布一致。一般情况下，要达到这一要求比较困难，因此有必要对质量分布进行修正。对此，沿船长方向的质量分布需要进行修正，说明如下。

假设进行波浪载荷计算时船体的质量沿船长的分布为$\mu_0(x)$，计入结构有限元模型的结构质量分布为$\mu_e(x)$，则其他所有装载物（包括货物和压载水等）的质量分布$\mu_c(x)$需要满足下式所示的条件：

$$\mu_c(x)=\mu_0(x)-\mu_e(x) \tag{1-12}$$

1.2.5　应力提取

热点应力 σ_h 的计算基于规范要求建立的精细网格有限元模型，通过插值方法得到焊趾处垂直焊缝 45° 范围内的主应力。各大船级社规范中关于热点应力的插值方法各不相同。中国船级社《船体结构疲劳强度指南》指出，对一般焊接节点，十字焊接型节点以及母材自由边节点分别给出热点应力集中系数的计算方法，这是较为先进合理的热点应力计算方法，且与各种船型的准则规范体系相协调。

对于一般焊接节点（如肘板趾端等），热点应力计算应在焊缝附近受力构件的表面上选取 4 个插值点，应力读取点应位于 4 个插值点之间，插值点的应力由 A—A 线的左右两侧单元中心点的应力平均得到，如图 1-2 所示。

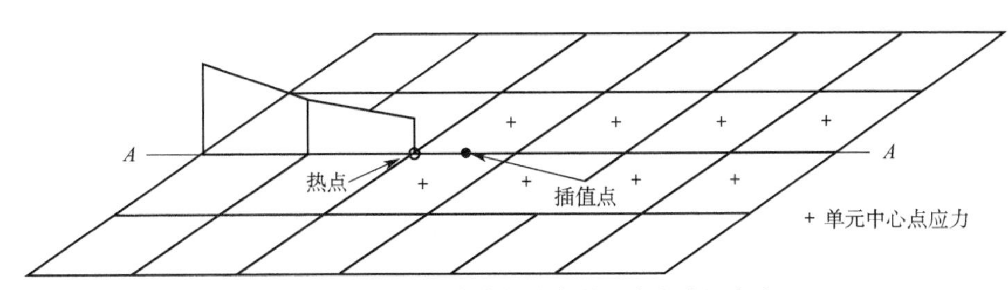

图 1-2　一般焊接节点插值点单元应力读取方法

距离焊趾 $t/2$ 和 $3t/2$ 处应力读取点的应力 σ 按拉格朗日插值法得到，如图 1-3 所示。

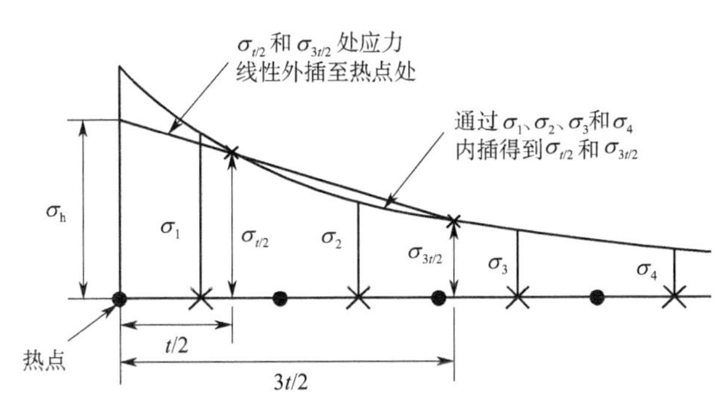

图 1-3　一般焊接节点热点应力拉格朗日插值示意

具体插值方法如下：

$$\sigma=\sum_{i=1}^{4}C_i\sigma_i \quad (i=1,2,3,4) \tag{1-13}$$

式中：σ_i 为插值点 i 处的最大主应力；C_i 为系数，可以表示为

$$C_i=\frac{\prod_{j\neq i}\left(x-x_j\right)}{\prod_{j\neq i}\left(x_i-x_j\right)} \quad (i=1,2,3,4) \tag{1-14}$$

式中：x 为计算点与焊趾的距离；x_i 为插值点 i 与焊趾的距离；x_j 为应力值刚好为 0 的点 j 与

焊趾的距离。

通过式(1-13)计算得到距离焊趾 $t/2$ 和 $3t/2$ 处的最大主应力，再线性外插得到焊趾处的热点应力：

$$\sigma_{\mathrm{h}}=\frac{3\sigma_{t/2}-\sigma_{3t/2}}{2} \tag{1-15}$$

式中：$\sigma_{t/2}$、$\sigma_{3t/2}$ 分别为距离焊趾 $t/2$ 和 $3t/2$ 处的最大主应力。

对于十字焊接型节点，热点应力应为距离单元交线 x_{shift} 处的应力，并通过相邻插值点的应力线性插值得到。应力读取位置可由下式计算：

$$x_{\mathrm{shift}}=\frac{t}{2}+x_{\mathrm{wt}} \tag{1-16}$$

式中：t 为热点处的板厚；x_{wt} 为焊脚长度，不大于 2 mm。

如图 1-4 所示，相邻插值点应力应由 A—A 线左右两侧单元中心点的应力平均得到。

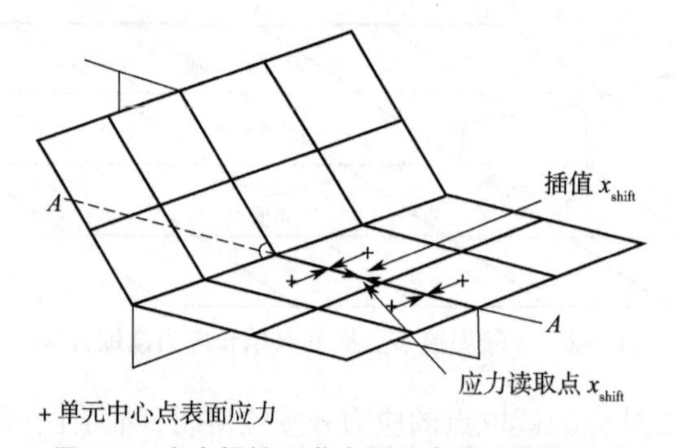

图 1-4　十字焊接型节点插值点应力获取方法

单元中心点应力按下式计算：

$$\sigma=\left(\sigma_{\mathrm{membrace}}+0.6f_{\mathrm{ld}}\sigma_{\mathrm{bending}}\right)\times\beta \tag{1-17}$$

式中：$\sigma_{\mathrm{membrace}}$ 为中面应力；f_{ld} 为系数，对于承受局部侧向载荷的板格取值为 1，否则取值为 0；β 为相交板角度修正系数，可以表示为

$$\beta=1.07-0.15\frac{x_{\mathrm{wt}}}{t}+0.22\left(\frac{x_{\mathrm{wt}}}{t}\right)^2 \quad (\alpha=135°) \tag{1-18}$$

$$\beta=1.09-0.16\frac{x_{\mathrm{wt}}}{t}+0.36\left(\frac{x_{\mathrm{wt}}}{t}\right)^2 \quad (\alpha=120°) \tag{1-19}$$

$$\beta=1.09+0.036\frac{x_{\mathrm{wt}}}{t}+0.27\left(\frac{x_{\mathrm{wt}}}{t}\right)^2 \quad (\alpha=90°) \tag{1-20}$$

其他相交板的角度修正系数应通过线性插值法确定；$\sigma_{\mathrm{bending}}$ 为弯曲应力，可以表示为

$$\sigma_{\mathrm{bending}}=\sigma_{\mathrm{surface}}-\sigma_{\mathrm{membrace}} \tag{1-21}$$

其中，$\sigma_{\mathrm{surface}}$ 为表面应力。

x_{shift} 处的应力线性插值方法如图 1-5 所示。

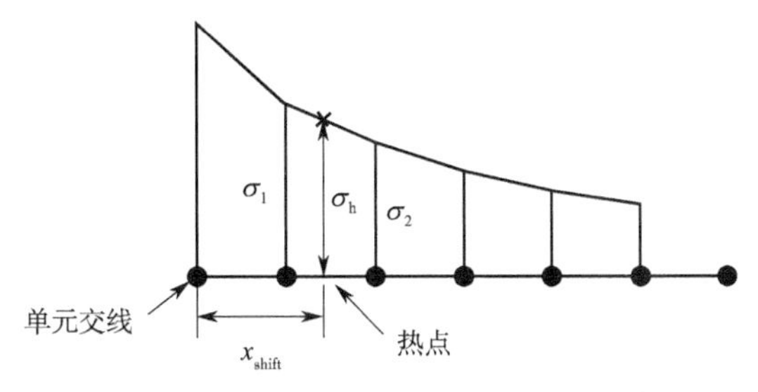

图 1-5　十字焊接型热点应力插值示意

对于板材自由边的疲劳评估,使用梁单元来获取热点应力,应力范围考虑梁单元的轴向力和弯曲应力,梁单元的高度与所考虑板材的厚度相同,宽度方向近似忽略。

1.2.6　应力传递函数计算

对应每一工况(给定装载、航向、遭遇频率)分别得到结构部位在单位波幅规则波下的应力响应余弦项 σ_C 和正弦项 σ_S,然后进行合成。应力的峰值就可以表示为 $\sigma_A=\sqrt{\sigma_C^2+\sigma_S^2}$,此值即构成应力响应的传递函数 $H_\sigma(\omega_p,\theta)$。

1.3　疲劳评估谱分析方法

1.3.1　谱分析法原理

谱分析法是船舶与海洋工程中一种常用的研究方法,主要针对波浪载荷与结构响应,基于随机过程理论中的线性系统变换。

线性理论认为,海洋中的波浪是平稳的过程,具有随机性,由于是线性系统,因此经过转换算得的交变应力也是平稳的过程,同样具有随机性。根据随机过程理论,两个平稳随机过程的功率谱密度 $G_{XX}(\omega)$ 和 $G_{\eta\eta}(\omega)$ 之间关系见式(1-2)。

功率谱密度 $G_{XX}(\omega)$ 可根据式(1-2)计算得到,从而可以确定其所有的统计特性。

$$m_0=\int_0^\infty G_{XX}(\omega)\mathrm{d}\omega \tag{1-22}$$

根据上式可以进一步得到波浪载荷的特征值。

1.3.2　应力响应传递函数

通过三维线性频域水弹性理论计算单位波幅下的垂向波浪弯矩响应 $M(\omega)$,如图 1-6 所示。基于梁理论得到垂向波浪弯矩产生的应力响应传递函数

$$H_\sigma(\omega)=\frac{M(\omega)}{W} \tag{1-23}$$

其中,W 为船体梁截面惯性矩(mm^4)。

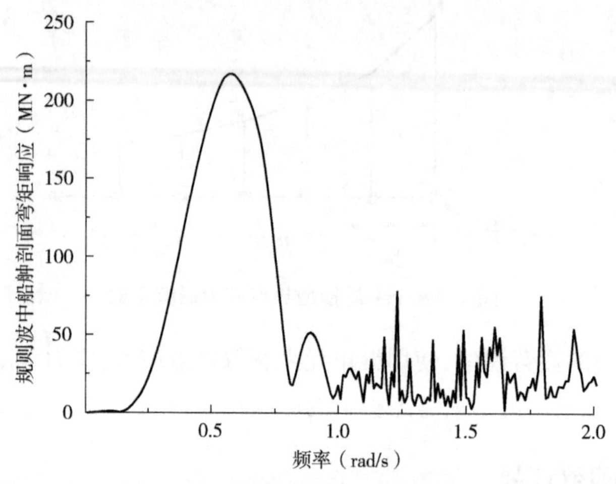

图 1-6 V = 5 kn 迎浪时船舯剖面垂向弯矩在规则波中的响应

1.3.3 应力响应谱

在采用谱分析方法评估船舶结构疲劳强度时，波浪的功率谱密度采用双参数波浪谱（Pierson-Moskowitz，P-M 谱），该波浪谱是由国际船舶结构会议（International Ship Security Certificate，ISSC）建议使用的。

$$G_{\eta\eta}(\omega)=\frac{H_s^2}{4\pi}\left(\frac{2\pi}{T_z}\right)^4\omega^{-5}\exp\left(-\frac{1}{\pi}\left(\frac{2\pi}{T_z}\right)^4\omega^{-4}\right) \tag{1-24}$$

式中：H_s 为有义波高（m）；T_z 为平均跨零周期（s）。

在分析中，实际的响应频率应选用遭遇频率 ω_e，其与波浪频率 ω 的换算关系为

$$\omega_e=\omega\left(1+\frac{\omega U}{g}\cos\theta\right) \tag{1-25}$$

式中：θ 为航向角；U 为航速。

按照遭遇频率的定义，将输入的波能谱 $G_{\eta\eta}(\omega)$ 转换为以遭遇频率表达的波能谱 $G_{\eta\eta}(\omega_e)$，利用对应频率微元的能量不变关系

$$G_{\eta\eta}(\omega)\mathrm{d}\omega=G_{\eta\eta}(\omega_e)\mathrm{d}\omega_e \tag{1-26}$$

$$G_{\eta\eta}(\omega_e)=\frac{G_{\eta\eta}(\omega)}{1+\dfrac{2\omega U}{g}\cos\theta} \tag{1-27}$$

应力的响应谱可由式（1-2）得到，表示为

$$G_{XX}(\omega_e)=\left|H_\sigma(\omega_e)\right|^2\cdot G_{\eta\eta}(\omega_e) \tag{1-28}$$

式中：$H_\sigma(\omega_e)$ 为按式（1-23）得到的应力响应传递函数。

1.4 疲劳累积损伤直接计算

1.4.1 疲劳计算部位筛选

参考各大规范疲劳评估方法，提出几类典型的疲劳校核部位，具体如下：

（1）纵骨或纵桁（船底、舷侧、纵壁、甲板及内壳等处）与横向强框架或横舱壁的连接部位；

（2）甲板横梁与舷侧肋骨、纵桁、纵壁连接点；

（3）大开口角隅；

（4）舭部肋骨与肋板连接部位；

（5）强力上层建筑端部；

（6）其他应力集中较为显著的部位。

船体及海上结构典型节点众多，结构特殊且外载荷复杂，即使是相同结构形式的节点若处在不同的位置其疲劳强度问题也不尽相同，从大量节点中筛选出能够表征全船疲劳寿命的疲劳校核节点存在一定困难，因此，需要采用一种基于有限元直接计算的疲劳评估部位筛选方法。具体步骤如下。

1）结构节点信息统计

将典型节点分为若干类，针对船体及海上结构主要可分为上层甲板下围与下层甲板连接点，上层建筑折角点，舱口角隅，板材交接处，桁材交接处，甲板横梁与舷侧肋骨交接处，桁材与板材交接处，舷侧强肋骨与甲板交接处，纵桁、横梁、支柱交接处等，然后统计其有限元节点信息。

2）典型节点应力集中系数确定

针对各类典型节点，若规范中已给出相应节点的应力集中系数，则采用规范值；若没有，则通过精细网格有限元计算方法确定其应力集中系数。

3）疲劳强度分析

采用基于有限元直接计算的简化算法或谱分析法，估算统计节点的累积损伤度，其中热点应力通过粗网格模型中提取的名义应力乘以应力集中系数得到。

4）累积损伤度排序

将计算获得的筛选节点的疲劳累积损伤度进行排序，选取疲劳累积损伤度较大的筛选节点类型进行统计，获得疲劳问题较为严重的典型节点类型。

5）疲劳评估部位的确定

根据筛选节点的类型和所在位置，结合累积损伤度，确定疲劳评估部位。

1.4.2 海况散布图与波浪功率谱的选取

海况散布图选用全球海况。波浪的功率谱密度采用两参数的 P-M 谱。

考虑所有方向波浪的贡献，结构交变应力响应的功率谱密度

$$G_{XX}(\omega_e)=\int_{-\pi/2}^{\pi/2} f(\theta)\left[H(\omega_e,\theta)\right]^2 G_{\eta\eta}(\omega_e)\mathrm{d}\theta \tag{1-29}$$

式中：$H(\omega_e,\theta)$为与船舶航向之间夹角为θ的波浪所对应的传递函数；$f(\theta)$为波浪扩散函数；θ为船舶航向和主浪向之间的夹角。

波浪扩散函数形式为

$$f(\theta)=k\cos^n(\theta) \tag{1-30}$$

其中，k和n的取值要满足下式：

$$\int_{-\pi/2}^{\pi/2} f(\theta)\mathrm{d}\theta=1 \tag{1-31}$$

1.4.3 应力范围短期分布

相关研究表明，短期海况中的交变应力，其峰值服从瑞利分布，概率密度函数

$$f_\sigma(\sigma)=\frac{\sigma}{m_0}\exp\left(-\frac{\sigma^2}{2m_0}\right) \quad (0\leqslant\sigma<+\infty) \tag{1-32}$$

式中：σ为应力峰值；m_0为交变应力过程的功率谱密度$G_{XX}(\omega_e)$的零阶矩。

考虑波浪的扩散性，响应谱的n次矩

$$\begin{aligned} m_n&=\int_0^{+\infty}\omega_e^n G_{XX}(\omega_e)\mathrm{d}\omega_e \\ &=\int_0^{+\infty}\omega_e^n\int_{-\pi/2}^{\pi/2} f(\beta)\left[H(\omega_e,\theta-\beta)\right]^2 G_{\eta\eta}(\omega_e)\mathrm{d}\beta\mathrm{d}\omega_e \quad (n=0,2) \end{aligned} \tag{1-33}$$

交变应力过程的标准差σ_X为应力响应谱的0阶矩的函数，可以表示为

$$\sigma_X=\sqrt{\int_0^{+\infty} G_{XX}(\omega)\mathrm{d}\omega}=\sqrt{m_0} \tag{1-34}$$

特定海况和航向下相应应力范围S的概率密度函数和分布函数可以表示为

$$f_S(S)=\frac{S}{4m_0}\exp\left(-\frac{S^2}{8m_0}\right) \quad (0\leqslant S<+\infty) \tag{1-35}$$

$$F_S(S)=1-\exp\left(-\frac{S^2}{8m_0}\right) \quad (0\leqslant S<+\infty) \tag{1-36}$$

式中：S为应力范围；m_0为响应谱的0阶矩。

除此之外，在计算特定时间内的应力循环次数时，需要先计算平均跨零率f_0，其出现在产生交变应力的过程中，即每秒内以正斜率上穿零均值的平均次数，可以表示为

$$f_0=\frac{1}{2\pi}\sqrt{\frac{m_2}{m_0}} \tag{1-37}$$

计算带宽修正系数$\lambda(m,\varepsilon)$时采用下式：

$$\begin{cases} \lambda(m,\varepsilon)=a(m)+[1-a(m)](1-\varepsilon)^{b(m)} \\ a(m)=0.926-0.033m \\ b(m)=1.587m-2.323 \\ \varepsilon=\sqrt{1-\dfrac{m_2^2}{m_0 m_4}} \end{cases} \tag{1-38}$$

式中：m 为 S-N 曲线斜率倒数；m_4 为响应谱的 4 阶矩；$a(m)$、$b(m)$ 和 ε 均为与响应谱相关的系数。

1.4.4　特定海况和航向下疲劳累积损伤度计算

船舶在第 i 海况和第 j 航向中航行期间的累积损伤度 D_{ij} 可按下式计算：

$$D_{ij}=\frac{T_{ij}f_{0ij}}{A}\left(2\sqrt{2}\sigma_{Xij}\right)^m\Gamma\left(1+\frac{m}{2}\right)=\frac{T_{ij}f_{0ij}}{A}\left(2\sqrt{2m_{0ij}}\right)^m\Gamma\left(1+\frac{m}{2}\right) \tag{1-39}$$

式中：T_{ij} 为船舶在第 i 海况和第 j 航向中的航行时间；$T_{ij}f_{0ij}$ 为该航行状态期间应力范围循环次数；σ_{Xij}、m_{0ij} 分别为船舶在第 i 海况和第 j 航向中航行时，应力交变过程的标准差和功率谱密度的零次矩；A、m 为所用 S-N 曲线的两个参数；$\Gamma\left(1+\frac{m}{2}\right)$ 为伽马函数，对于 $m=3$，$\Gamma\left(1+\frac{m}{2}\right)=1.33$；$f_{0ij}$ 为该应力交变过程的跨零率，可表示为

$$f_{0ij}=\frac{1}{2\pi}\sqrt{\frac{m_{2ij}}{m_{0ij}}} \tag{1-40}$$

1.4.5　疲劳累积损伤度计算

在得到应力范围的短期分布之后，很容易计算得到相应的疲劳累积损伤度。设计疲劳寿命期内，低频分量引起的疲劳损伤度 $D_{\text{wave,s}}$ 可按下式计算：

$$D_{\text{wave,s}}=\frac{T}{2}\left(2\sqrt{2}\right)^m\Gamma\left(1+\frac{m}{2}\right)\sum_{n=1}^{n_1}\sum_{j=1}^{n_s}\sum_{i=1}^{n_h}\left[\lambda_{nji}p_n p_j p_i f_{0,nji}\left(\sigma_{nji}\right)^m\mu_{nji}\right] \tag{1-41}$$

式中：T 为计算疲劳寿命（s），取为 $3.1557\times10^7 f_t T_D$（其中，T_D 为设计疲劳寿命（a）；f_t 为船舶海上航行时间比例系数，可取为 0.5 或与相应的疲劳评估指南或规范规定一致）；n_1、n_s、n_h 分别为装载工况总数、海况总数、浪向总数；p_n、p_j、p_i 分别为第 n 装载工况、第 j 海况、第 i 浪向的概率；λ_{nji} 为第 n 装载工况、第 j 海况、第 i 浪向垂向波浪弯矩波频分量或总弯矩应力响应的带宽修正系数；$f_{0,nji}$ 为第 n 装载工况、第 j 海况、第 i 浪向垂向波浪弯矩波频分量或总弯矩应力响应的跨零上穿频率（1/s）；σ_{nji} 为第 n 装载工况、第 j 海况、第 i 浪向垂向波浪弯矩波频分量或总弯矩应力响应的标准差（N/mm²）；μ_{nji} 为韦布尔（Weibull）分布参数。

$$\mu_{nji}=1-\frac{\Gamma\left(1+\frac{m}{2},\nu_{nji}^2\right)-\nu_{nji}^{-\Delta m}\Gamma\left(1+\frac{m+\Delta m}{2},\nu_{nji}^2\right)}{\Gamma\left(1+\frac{m}{2}\right)} \tag{1-42}$$

$$\nu_{nji}=\frac{S_Q}{2\sqrt{2}\sigma_{nji}} \tag{1-43}$$

其中，ν_{nji} 为韦布尔分布参数；m、Δm、S_Q 为 S-N 曲线系数。

在计算垂向波浪弯矩波频分量应力响应产生的疲劳累积损伤 $D_{\text{wave,s}}$ 时采用式（1-41），式中的带宽修正系数 λ_{nji}、跨零上穿频率 $f_{0,nji}$ 和应力响应的标准差 σ_{nji} 按各自的方法进行计算。

1.4.6 结构疲劳寿命的计算

根据得到的设计寿命期的疲劳累积损伤度 D，可得到疲劳寿命：

$$T_{\text{f}}=\frac{1}{D}\times T_{\text{d}} \tag{1-44}$$

式中：T_{f} 为疲劳寿命（a）；T_{d} 为设计寿命（a）。

1.5 考虑非线性砰击影响的疲劳评估方法

1.5.1 时域非线性水弹性力学运动方程求解

在时域内，船体运动的非线性水弹性力学方程可以写成如下形式：

$$(\boldsymbol{a}+\boldsymbol{\mu})\ddot{p}_r(t)+(\boldsymbol{b}+\boldsymbol{B})\dot{p}_r(t)+(\boldsymbol{c}+\boldsymbol{C}+\boldsymbol{C}')p_r(t)+\int_{-\infty}^{t}K_{sr}(t-\tau)\dot{p}_r(\tau)\mathrm{d}\tau=$$
$$\{F_{\text{I}}(t)\}+\{F_{\text{D}}(t)\}+\{F_{\text{slam}}(t)\} \tag{1-45}$$

式中：$\boldsymbol{a}$ 为船体的广义质量；$\boldsymbol{b}$ 为船体的阻尼；$\boldsymbol{c}$ 为船体的刚度矩阵；μ 为流体的无穷大附加质量；$\boldsymbol{B}$ 为考虑航速效应的阻尼；$\boldsymbol{C}$ 为考虑航速效应的刚度矩阵；$\boldsymbol{C}'$ 为流体的回复力刚度矩阵；$p_r(t)$ 为广义主坐标列阵的第 r 阶模态主坐标分量；$K_{sr}(t)$ 为延迟函数，可体现不规则波中的记忆效应；$F_{\text{I}}(t)$ 为波浪主干扰力；$F_{\text{D}}(t)$ 为绕射力；$F_{\text{slam}}(t)$ 为由于船体剧烈运动引起的砰击力。

为了求解船体结构的运动方程，需要确定作用在弹性船体上的如下非线性流体载荷。

1. 静水回复力

船体瞬时平均湿表面上的非线性静水回复力载荷

$$F_{\text{S}}(t)=-\rho g\sum_{k=1}^{m}p_{k\text{a}}\iint_{S(t)}\boldsymbol{n}\cdot\boldsymbol{u}_r w_k\mathrm{d}s-F_{\text{G}r} \tag{1-46}$$

式中：ρ 为流体密度；$p_{k\text{a}}$ 为第 k 阶模态的垂向位移；$\boldsymbol{n}$ 为流体指向船体内部的法向矢量；$\boldsymbol{u}_r$ 为位移矢量；w_k 为第 k 阶振型的船体局部结构位移；$F_{\text{G}r}$ 为广义重力。

$$F_{\text{G}r}=\iint_{S(t)}F_{\text{g}}w_k\mathrm{d}s \tag{1-47}$$

式中：$S(t)$ 为局部段湿表面积；F_{g} 为该分段重力；w_k 为 k 阶振型产生的结构位移。

2. 入射波力

根据时域波浪力卷积关系，船体的入射波力可表示为

$$F_{\mathrm{I}r}(t)=\int_{-\infty}^{+\infty}h_r^{\mathrm{I}}(t-\tau)\zeta(\tau)\mathrm{d}\tau \quad (r=1,2,\cdots,m) \tag{1-48}$$

$$h_r^{\mathrm{I}}(t)=\frac{1}{\pi}\int_0^{\infty}H_r^{\mathrm{I}}(\mathrm{i}\omega)\mathrm{e}^{\mathrm{i}\omega t}\mathrm{d}\omega \quad (r=1,2,\cdots,m) \tag{1-49}$$

式中：$\zeta(\tau)$为不规则波波面起伏（m）；$t-\tau$为代表时域波浪的系统延时；$h_r^{\mathrm{I}}(t)$为第 r 阶模态下的波浪入射力的脉冲响应函数；$H_r^{\mathrm{I}}(\mathrm{i}\omega)$为单位波幅规则波作用于船体上产生的波浪入射力的频响函数。

3. 绕射波力

与入射波力的求解方法相同，不规则波中船体绕射力表达式为

$$F_{\mathrm{D}r}(t)=\int_0^{t}h_r^{\mathrm{D}}(t-\tau)\zeta(\tau)\mathrm{d}\tau \quad (r=1,2,\cdots,m) \tag{1-50}$$

$$h_r^{\mathrm{D}}(t)=\frac{1}{\pi}\int_0^{\infty}H_r^{\mathrm{D}}(\mathrm{i}\omega)\mathrm{e}^{\mathrm{i}\omega t}\mathrm{d}\omega \quad (r=1,2,\cdots,m) \tag{1-51}$$

式中：$h_r^{\mathrm{D}}(t)$为任意模态下的波浪绕射力的脉冲响应函数；$H_r^{\mathrm{D}}(\mathrm{i}\omega)$为单位波幅规则波作用于浮体上产生的波浪绕射力的频响函数。

为了求解船体结构的运动方程，需要确定作用在弹性船体上的非线性流体载荷。

4. 辐射力

时域辐射力的表达可分为瞬时项与记忆项相加的形式：

$$F_{\mathrm{R}sr}(t)=-\mu_{sr}\ddot{p}_r(t)-B_{sr}\dot{p}_r(t)-C_{sr}p_r(t)+\int_{-\infty}^{t}K_{sr}(t-\tau)\dot{p}_r(\tau)\mathrm{d}\tau \tag{1-52}$$

式中：时域附加质量μ_{sr}，只与几何外形、单位运动和弹性变形相关；时域流体阻尼B_{sr}和流体回复力C_{sr}，仅与航速、船体几何外形、单位运动和弹性变形相关；流体响应记忆项$K_{sr}(t)$是船体几何外形、航速和时间的函数。

5. 砰击力

当船体与波浪相对速度大于零时，对于任意时刻 t，船体所受砰击力

$$F_{\mathrm{f}}(t)=\frac{\mathrm{d}}{\mathrm{d}t}\left[m_{\infty}(t)\frac{\mathrm{d}}{\mathrm{d}t}w_{\mathrm{rel}}(t)\right] \tag{1-53}$$

式中：$m_{\infty}(t)$为频率趋于无穷大时垂荡附加质量；$w_{\mathrm{rel}}(t)$为船体表面点$P(x_{\mathrm{b}},y_{\mathrm{b}},z_{\mathrm{b}})$与波浪的垂向相对位移，表达式为

$$w_{\mathrm{rel}}(t)=z-x_{\mathrm{b}}\sin\varphi-y_{\mathrm{b}}\sin\theta-\zeta_r(t) \tag{1-54}$$

式中：z为重心处的垂荡响应；θ为重心处的横摇响应；φ为重心处的纵摇响应；$\zeta_r(t)$为规则波的波面升高，其表达式为

$$\zeta_r(x_{\mathrm{b}},y_{\mathrm{b}},t)=\zeta_{\mathrm{a}}\cos[\omega_{\mathrm{e}}t+k(x_{\mathrm{b}}\cos\beta-y_{\mathrm{b}}\sin\beta)+\varepsilon] \tag{1-55}$$

式中：ζ_{a}为规则波波幅；k为规则波波数；ω_{e}为波频；β为航向角；ε为初始相位。

当考虑船体在流场中的弹性变形后，船体与波浪的垂向相对位移的表达式为

$$w_{\mathrm{rel}}(t)=\sum_{r=1}^{m}w_r p_r(t)-\zeta_r(t) \tag{1-56}$$

式中：w_r为结构位移；$p_r(t)$为广义主坐标列阵的第r阶模态主坐标分量。

对应的垂向相对速度

$$\dot{w}_{\mathrm{rel}}(t)=\sum_{r=1}^{m}w_r \dot{p}_r(t)-\dot{\zeta}_r(t) \tag{1-57}$$

此时，加入船体振动方程的砰击作用力可以写成如下形式：

$$F_{\mathrm{slam}}(t)=\iint_{S(t)}F_{\mathrm{f}}(t)w_r\mathrm{d}s \tag{1-58}$$

时域非线性水弹性力学方程通常采用四阶龙格-库塔（Runge-Kutta）法求解。

龙格-库塔法为显式单步法。经典的龙格-库塔法具有四阶精度，其步进求解的格式如下：

$$\begin{cases}y_{n+1}=y_n+\dfrac{1}{6}(K_1+2K_2+2K_3+K_4) \quad (n=0,1,2,\cdots)\\ K_1=hf(x_n,y_n)\\ K_2=hf\left(x_n+\dfrac{1}{2}h,y_n+\dfrac{1}{2}K_1\right)\\ K_3=hf\left(x_n+\dfrac{1}{2}h,y_n+\dfrac{1}{2}K_2\right)\\ K_4=hf(x_n+h,y_n+K_3)\end{cases} \tag{1-59}$$

给定初值，对于上述标准一阶微分方程组用龙格-库塔法步进求解，即可获得运动响应时历。

解出主坐标后，利用模态叠加原理，就可以得到船体结构的位移$w(x,t)$、弯矩$M(x,t)$和剪切力$V(x,t)$。

$$w(x,t)=\sum_{r=0}^{m}p_r(t)w_r(x) \tag{1-60a}$$

$$M(x,t)=\sum_{r=0}^{m}p_r(t)M_r(x) \tag{1-60b}$$

$$V(x,t)=\sum_{r=0}^{m}p_r(t)V_r(x) \tag{1-60c}$$

1.5.2 雨流计数法

将不规则的、随机的载荷时间历程转化成为一系列循环的方法，称为循环计数法。雨流计数法是其中一种。适用于以典型载荷谱段为基础的重复历程。既然载荷是某典型段的重复，则取最大峰或谷处起止作为典型段，将不失其一般性，如图 1-7 所示。

图 1-8 给出雨流计数过程示意图，简化雨流计数方法如下。

（1）由随机载荷谱中选取适于雨流计数的、最大峰或谷处起止的典型段，作为计数典型段，如图 1-7 中 1—1′ 段（最大峰起止）或 2—2′ 段（最大谷起止）。

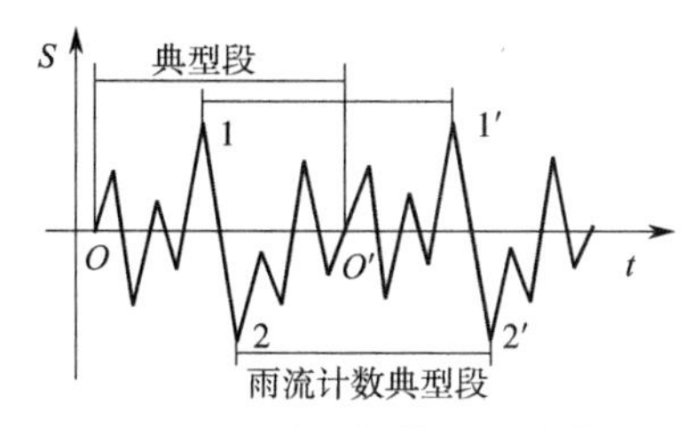

图 1-7 雨流计数典型段的选取

（2）将谱历程曲线旋转 90° 放置，如图 1-8 所示。将载荷历程看作多层屋顶，假想有雨滴沿最大峰或谷处开始往下流。若无屋顶阻挡，则雨滴反向继续流至端点。图 1-8（a）中雨滴从 A 处开始，沿 AB 流动，经过 B 点后落至 CD 屋面，流至 D 处；因再无屋顶阻挡，雨滴反向沿 DE 流动至 E 处，下落至屋面 JA'，结束。所示的雨流路径为 $ABDEA'$。

（3）记下雨滴流过的最大峰、谷值，作为一个循环。图中第一次流经的路径，给出的循环为 ADA'。循环的参量、载荷变程和平均载荷可由图 1-8（a）中读出，如 ADA' 循环的载荷变程 $\Delta S=5-(-4)=9$，平均载荷 $S_m=[5+(-4)]/2=0.5$。

（4）从载荷历程中删除雨滴流过的部分，对各剩余历程段，重复上述雨流计数。直至再无剩余历程为止。第二次雨流如图 1-8（b）所示，得到 BCB' 和 EHE' 循环；第三次雨流如图 1-8（c）所示，得到 FGF' 和 IJI' 循环，计数完毕。

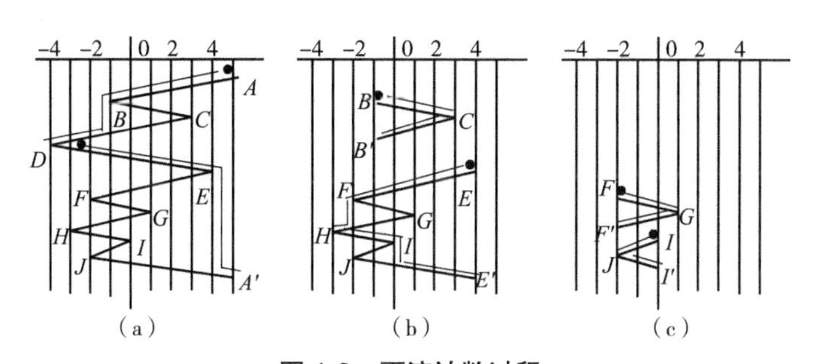

图 1-8 雨流计数过程

（a）第一次雨流 （b）第二次雨流 （c）第三次雨流

将上述雨流计数的结果列入表 1-3 中，表中还给出了循环路径及循环参数。

表 1-3 雨流计数结果

循环路径	变程	均值
ADA'	9	0.5
BCB'	4	1
EHE'	7	0.5
FGF'	3	-0.5
IJI'	2	-1

载荷如果是应力，则表中所给出的变程是 ΔS，应力幅则为 $S_a=\Delta S/2$，平均载荷 S_m 即表

中均值。所以,雨流计数是二参数计数。有了上述两个参数,循环就完全确定了。与其他计数法相比,简化雨流计数法的另一优点是,计数的结果均为全循环。典型段计数后,其后的重复只需考虑重复次数。

1.5.3 Miner 线性累积损伤理论

如图 1-9 所示,载荷 S 的 n 次循环图谱即变幅载荷谱。

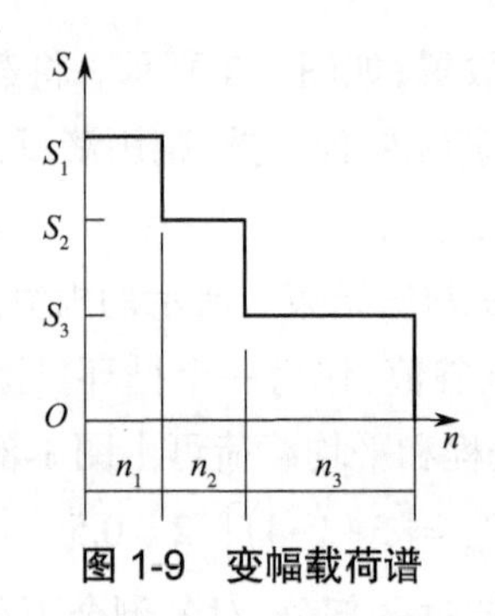

图 1-9 变幅载荷谱

若构件在某恒幅应力水平 S 作用下,循环至破坏的寿命为 N,则可定义其在经受 n 次循环时的损伤

$$D = n/N \tag{1-61}$$

显然,在恒幅应力水平 S 作用下,若 $n=0$, 则 $D=0$,构件未受疲劳损伤;若 $n=N$,则 $D=1$,构件发生疲劳破坏。

构件在应力水平 S_i 下作用 n_i 次循环的损伤为 $D_i = n_i/N_i$。若在 k 个应力水平 S_i 作用下,各经受 n_i 次循环,则可定义其总损伤

$$D = \sum_{i=1}^{k} D_i = \sum n_i/N_i \quad (i = 1,2,\cdots,k) \tag{1-62}$$

破坏准则为

$$D = \sum n_i/N_i = 1 \tag{1-63}$$

式中:n_i 为在 S_i 作用下的循环次数,由载荷谱给出;N_i 为在 S_i 作用下循环到破坏的寿命,由 S-N 曲线确定。线性累积损伤示意如图 1-10 所示。

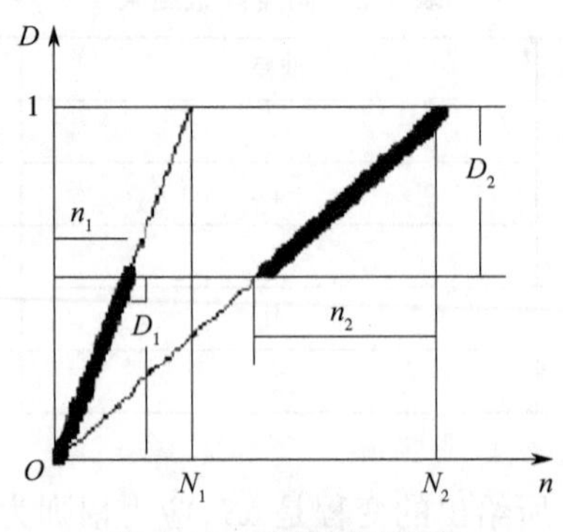

图 1-10 线性累积损伤

图 1-10 中示出了最简单的变幅载荷(两个水平载荷)下的累积损伤。从图中坐标原点出发的射线,是给定应力水平 S_i 下的损伤线。注意到 N_i 是由 S-N 曲线确定的常数,则损伤 D 与载荷作用次数 n 的关系,由 $D=n/N$ 的线性关系描述。因此,上述 Miner 累积损伤理论是线性的。图中,构件在应力水平 S_1 下经受 n_1 次循环后的损伤为 D_1,再在应力水平 S_2 下经受 n_2 次循环,损伤为 D_2,若总损伤 $D=D_1+D_2=1$,则构件发生疲劳破坏。由 $D=\sum_{i=1}^{k}D_i=\sum n_i/N_i$ 还可以看到,Miner 累积损伤与载荷 S_i 的作用先后次序无关。

1.5.4　基本考虑

(1)基于三维非线性时域分析方法,计算船体梁垂向波浪弯矩的时间历程。

(2)船体梁垂向波浪弯矩包含低频和高频分量,其中,低频分量为不含砰击颤振影响的垂向波浪弯矩(即波频分量),高频分量为砰击颤振诱导的垂向波浪弯矩。

(3)分别将垂向波浪弯矩波频分量和总弯矩的应力响应应用于疲劳损伤计算。

1.5.5　应力响应

非线性时域计算得到的船体梁垂向波浪弯矩是以随时间变化的载荷峰值和谷值表征的,即弯矩的时间历程,将弯矩时间历程转化为疲劳计算点的应力时间历程。

用于分析的载荷历程应考虑具有足够多的统计样本,一般可取 3 h 时间历程。图 1-11 截取了某船在 $V_s=18$ kn,$H_s=9.5$ m,$T_z=5.5$ s 迎浪工况下船舯剖面载荷时历曲线中的一段。

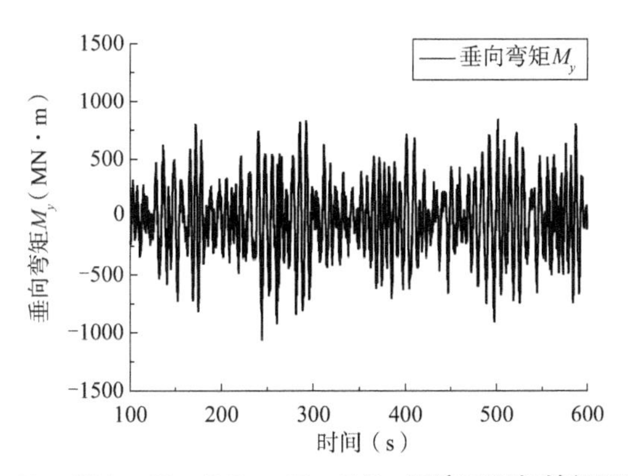

图 1-11　$V_s=18$ kn,$H_s=9.5$ m,$T_z=5.5$ s 迎浪工况船舯剖面载荷时历

1.5.6　疲劳损伤计算

根据 CCS《波激振动和砰击颤振对船体结构疲劳强度影响计算指南》,可分别对垂向波浪波频分量引起的损伤度和计及砰击颤振引起的总损伤度以及砰击颤振对疲劳损伤的贡献度和影响系数进行计算。

1. 垂向波浪弯矩波频分量引起的疲劳累积损伤度

采用雨流计数法对应力循环波频分量进行计数统计，获得各装载工况、海况和浪向下的各应力范围的循环次数$n_{nji}\left(S_{w,k}\right)$。

结合 S-N 曲线和 Miner 线性累积损伤准则，按下式获得单位时间内第 n 装载工况、第 j 海况和第 i 浪向角的疲劳损伤度$d_{nji,w}$。

$$d_{nji,w}=\sum_{k=1}^{n_{S,w}}\frac{n_{nji}(S_{w,k})}{N(S_{w,k})t_{nji,w}} \tag{1-64}$$

式中：$n_{nji}\left(S_{w,k}\right)$为第 n 装载工况、第 j 海况和第 i 浪向角条件下第 k 个应力范围$S_{w,k}$的循环次数；$N\left(S_{w,k}\right)$为根据 S-N 曲线获得的对应于应力范围$S_{w,k}$的疲劳失效循环次数；$n_{S,w}$为第 n 装载工况、第 j 海况和第 i 浪向角条件下应力范围的个数；$t_{nji,w}$为第 n 装载工况、第 j 海况和第 i 浪向角条件下载荷的拟合时间（s）。

计算点处波频分量的疲劳累积损伤度

$$D_{wave,t}=T\sum_{n=1}^{n_l}\sum_{j=1}^{n_s}\sum_{i=1}^{n_h}p_n p_j p_i d_{nji,w} \tag{1-65}$$

式中：n_l、n_s、n_h 分别为装载工况数、海况数和浪向角数；p_n、p_j、p_i 分别为第 n 个装载工况、第 j 个海况和第 i 个浪向角出现的概率。

2. 总弯矩引起的疲劳损伤

采用雨流计数法对包含波频分量和计及砰击颤振高频分量的总弯矩产生的应力进行计数统计，获得各装载工况、海况和浪向下的各应力范围的循环次数$n_{nji}\left(S_{t,k}\right)$。

结合 S-N 曲线和 Miner 线性累积损伤准则，按下式获得单位时间内第 n 装载工况、第 j 海况和第 i 浪向角的疲劳损伤度$d_{nji,t}$。

$$d_{nji,t}=\sum_{k=1}^{n_{S,t}}\frac{n_{nji}\left(S_{t,k}\right)}{N\left(S_{t,k}\right)t_{nji,t}} \tag{1-66}$$

式中：$n_{nji}\left(S_{t,k}\right)$为第 n 装载工况、第 j 海况和第 i 浪向角条件下第 k 个应力范围$S_{t,k}$的循环次数；$N\left(S_{t,k}\right)$为根据 S-N 曲线获得的对应于应力范围$S_{t,k}$的疲劳失效循环次数；$n_{s,t}$为第 n 装载工况、第 j 海况和第 i 浪向角条件下应力范围的个数；$t_{nji,t}$为第 n 装载工况、第 j 海况和第 i 浪向角条件下载荷的拟合时间（s）。

计算点处总弯矩引起的疲劳累积损伤度：

$$D_{total,t}=T\sum_{n=1}^{n_l}\sum_{j=1}^{n_s}\sum_{i=1}^{n_h}p_n p_j p_i d_{nji,t} \tag{1-67}$$

根据式（1-66）和式（1-67）分别算得波浪弯矩波频分量和总弯矩应力响应产生的疲劳累积损伤$D_{wave,t}$和$D_{total,t}$，砰击颤振对疲劳损伤的贡献度α_W可由下式获得。

$$\alpha_W=\frac{D_{total,t}}{D_{wave,t}}-1 \tag{1-68}$$

其中，α_W应不小于零。

如计入非线性砰击颤振影响，船体结构疲劳强度评估计算垂向应力范围时应乘以影响系数 K_p，其取值应满足下式：

$$\begin{cases} \alpha_W = K_p^m \dfrac{\Gamma\left(1+\dfrac{m}{\xi}\right)-\Gamma\left(1+\dfrac{m}{\xi},\nu_{ts}\right)+\nu_{ts}^{-\frac{\Delta m}{\xi}}\Gamma\left(1+\dfrac{m+\Delta m}{\xi},\nu_{ts}\right)}{\Gamma\left(1+\dfrac{m}{\xi}\right)-\Gamma\left(1+\dfrac{m}{\xi},\nu_{ws}\right)+\nu_{ws}^{-\frac{\Delta m}{\xi}}\Gamma\left(1+\dfrac{m+\Delta m}{\xi},\nu_{ws}\right)}-1 \\ \nu_{ts} = \left(\dfrac{S_Q}{K_p\Delta\sigma_{HG,VW}}\right)^{\xi}\ln N_R \\ \nu_{ws} = \left(\dfrac{S_Q}{\Delta\sigma_{HG,VW}}\right)^{\xi}\ln N_R \end{cases} \tag{1-69}$$

式中：m 为按对应规范选取的 S-N 曲线反斜率；ν_{ts}、ν_{ws} 分别为总应力和垂向应力的跨零频率；Δm 为 S-N 曲线的两段反斜率差；ξ 为应力范围长期韦布尔分布的形状参数；S_Q 为 S-N 曲线两线段交点处的应力范围值；$\Delta\sigma_{HG,VW}$ 为船体垂向波浪弯矩产生的应力范围；N_R 为对应于相应概率水平的循环数。

1.5.7　疲劳损伤非线性修正

全船范围内，沿船长方向各剖面受到砰击影响程度不尽相同，准确确定不同剖面处的砰击影响系数存在一定难度。在实际计算过程中，可以采用简化计算的方法对非线性载荷影响下的疲劳累积损伤计算进行修正。

1. 简化计算中对垂向弯矩产生的应力修正

根据垂向弯矩产生的应力的计算方法，通过非线性影响系数对其进行修正，计算方法如下：

$$\begin{cases} \Delta\sigma_v = K_p \cdot K_{gaxial}\left(M_{wr,h}-M_{wr,s}\right)\cdot 10^{-3}\,|\,z-n_0\,|\,/I_N \\ K_p = 1+0.114K_w \end{cases} \tag{1-70}$$

式中：$\Delta\sigma_v$ 为波浪引起的船体梁垂向弯曲应力范围（N/mm^2）；$M_{wr,s}$、$M_{wr,h}$ 分别为中垂、中拱波浪弯矩幅值（kN · m），对应 10^{-2} 概率；$|z-n_0|$ 为船体横剖面水平中和轴距考虑点的垂直距离（m）；I_N 为船体横剖面横向的惯性矩（m^4）；K_{gaxial} 为轴向受力时的应力集中系数；K_p 为计及砰击颤振对垂向应力范围影响系数；K_w 为砰击弯矩沿船长分布系数，如图 1-12 所示。

2. 谱分析计算结果的非线性修正

考虑非线性砰击载荷对疲劳寿命的影响需对谱分析计算损伤度进行修正，修正方法如下：

$$\begin{cases} D = K_D D_0 \\ K_D = 1+0.49K_w \end{cases} \tag{1-71}$$

式中：D 为计及非线性砰击影响计算疲劳损伤度；D_0 为线性谱分析计算疲劳损伤度；K_D 为计及砰击颤振对疲劳损伤影响系数；K_w 为砰击弯矩沿船长分布系数。

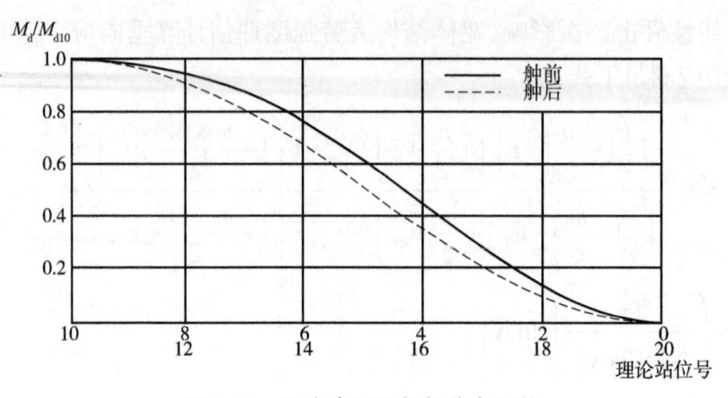

图 1-12　砰击弯矩沿船长分布系数

M_d—使船体产生疲劳变形的弯矩；M_{d10}—第 10 站位的弯矩

第2章　反复载荷作用下新型海上结构疲劳损伤评估

船舶及海洋结构长时间处于载荷环境中，随着使用时间的增长，产生结构疲劳损伤的可能性也逐渐增大。本章结合笔者课题组承担的工信部极地邮轮项目，利用试验数据、理论及数值模拟等研究手段，研究浮冰随机重复碰撞下邮轮结构的动态响应特性，揭示浮冰重复碰撞下邮轮结构变形与累积损伤机理，对极地邮轮在冰区航行过程中的结构疲劳损伤进行评估。

随着全球气候变暖，极地航道上大量散布着随机漂浮的浮冰，极地邮轮在航行中不可避免遭受随机分布浮冰的反复碰撞，这给极地邮轮航行带来了极大的困难和潜在威胁。目前，在极地船舶结构安全性方面有不少极地船舶航行船-冰碰撞响应的研究，对极地航道上广泛分布的浮冰威胁关注也逐渐增多，但对极地船舶在航行过程中遭受浮冰随机重复碰撞造成的船体结构累积变形疲劳损伤关注度还不够高，迫切需要给予足够的关注。

笔者参考极地船舶设计规范，研究极地邮轮与冰的作用方式和冰-船碰撞相互作用过程中海冰的破坏模式，并利用数值和理论计算方法对冰载荷进行计算，总结出冰-船碰撞过程中的冰载荷特征；通过实验数据研究冰的力学性质，建立浮冰动态力学模型并将其镶嵌于数值计算程序中，开展简化模型的船-冰重复碰撞模拟，研究浮冰重复碰撞下邮轮结构动态变形损伤、刚度变化及回弹效应，总结碰撞参数对船体结构动态变形及累积损伤的影响规律，建立浮冰重复碰撞下船体结构动态响应的理论模型；总结浮冰几何参数和撞击参数的统计特性，建立浮冰与邮轮船体结构碰撞的概率模型，并进行船冰重复碰撞下的极地邮轮疲劳累积损伤评估。

2.1　冰-船作用下载荷特征研究

船舶在冰区航行过程中，船体垂向倾角的不同使得船体不同部位（艏、舯、艉部）与海冰发生作用时的物理进程具有极大的差别，因而船体各部位的船冰作用方式具有极大的差距。

1. 海冰破坏模式

冰是一种复杂的材料，在不同的应变率下，表现出完全不同的破坏特征，如图 2-1 所示。当加载速率较低时，冰在压力作用下的变形可以用弹-塑性理论模拟。变形的不可恢复阶段具有高度的非线性。随着加载速率的增加，冰的断裂开始占重要地位，后者包含材料微观结构的改变对其组成形式的影响。

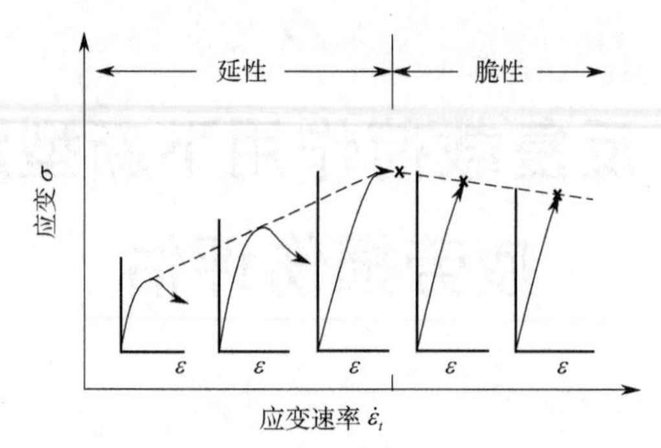

图 2-1 冰的单轴抗压强度与应变速率的关系

当冰在结构物前以脆性特征发生破坏时，其破坏形式根据结构形式的不同而有所改变，包括大范围断裂、局部破碎和弯曲破坏。当冰以延性特征发生破坏时，以塑性变形为主。不同的破坏机理对应着不同的冰力计算方法。

2. *船艏破坏模式*

在冰区船舶的艏部线型设计中通常考虑四个基本特征角度：外倾角、水线角、艏柱倾角、纵剖线角。其中，外倾角影响船舶的下浸性能；水线角影响破冰船排出碎冰块的能力；艏柱倾角和纵剖线倾角影响破冰船的破冰能力和下浸性能。船艏的形状设计是为了以最小的推进力促成船舶在冰区的破冰航行，及促使船舶前方的浮冰发生破坏并沿船体发生滑移清除，避免碎冰堆积现象的出现。

天然海冰的抗弯强度低于抗压强度，因而当冰体与结构相互作用时，弯曲破坏时产生的冰载荷明显低于同等冰条件下冰体发生挤压破坏的冰载荷。因此，船艏线型设计的根本目标是保证冰体发生理想的弯曲破坏。

如图 2-2 所示，冰排在船艏前的弯曲破坏进程可以划分为三个阶段：断裂、翻转和滑移清除。冰排的破坏进程始于其自由端与船舶接触后发生局部挤压破坏。该局部挤压冰载荷伴随船舶的推进而增大，同时还使得冰排与船舶的接触面积也相应增大。这一过程导致了冰排的变形，与变形相对应的是弯曲应力的不断累积，最终引发了冰排的弯曲破坏。破坏后的碎冰块随后出现向下的翻转运动，直至与船身平行。碎冰流沿船体滑移，最终被船体挤到两侧冰盖下面。

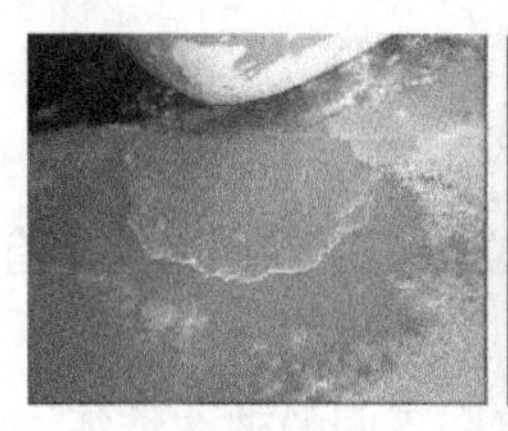
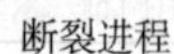

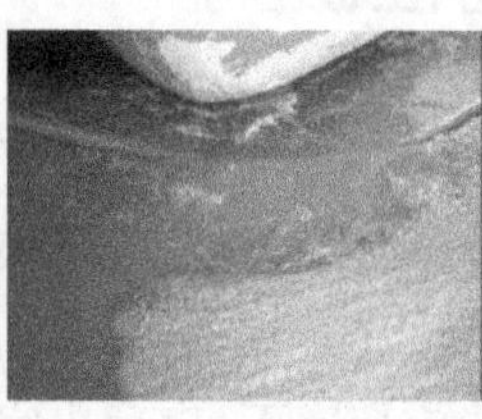

图 2-2 冰排破坏进程

断裂进程的研究主要关注环向裂纹、径向裂纹的形成与扩展。通过模型试验研究可以发现，冰体中出现径向裂纹时，载荷达到最大值；当冰体中出现环向裂纹时，结构受到的冰载荷值降至最大值的一半左右，并在这一范围内持续一段时间。后来的研究表明冰排中径向裂纹的发生先于环向裂纹,环向裂纹的出现最终使得冰排发生断裂破坏。冰排发生初次断裂破坏后,还可能发生二次断裂。冰块的翻转进程中需要重点关注以下现象:首先,冰块发生翻转运动后船舶与冰块间形成间隙,而海水无法立刻将这一间隙充满,这样间隙中会有空气涌入,这些涌入的空气将增大后续与船体发生相互作用的冰排上的静水压力,从而使得船舶总阻力进一步上升;其次,当海水充满冰块翻转运动所形成的间隙后,船舶的运动状态以及整个冰-船相互作用进程都将受到自由液面效应的影响。在冰块翻转进程中,船舶还将受到碎冰块的撞击作用。已有研究表明,冰块的翻转运动将造成船舶航行过程中的失稳现象。当碎冰块沿船身发生滑移清除运动时,将产生一定的摩擦阻力,这部分阻力在船舶总航行阻力中占有很大的比例。船艏线型的合理设计将有利于碎冰块沿船舶的滑移清除运动,这样避免了碎冰在船艏前的碎冰堆积现象的出现。

2.2　船舯与船艉破坏模式

当船舶航行方向与冰体的漂移方向不在同一直线时,船体中部、尾部将受到冰体的直接作用。一般而言,冰区船舶的船舯外壳垂向倾角很小,因此,当冰体与船舯发生相互作用时,冰排一般以挤压破坏模式为主。根据《芬兰-瑞典冰极规范》(*Finnish-Swedish Ice Class Rules*, FSICR),由于肋骨和壳板的抗弯刚度不同,肋位上的冰载荷要高于肋位之间壳板上的冰载荷,预测冰载荷分布如图 2-3 所示。

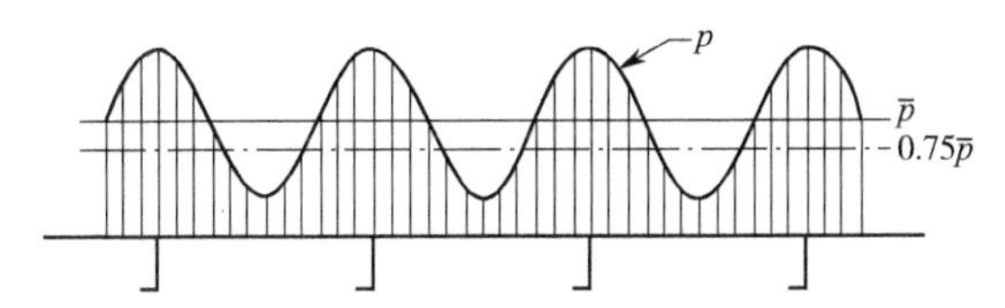

图 2-3　冰载荷在船舯区域的理论分布

研究人员在冰排与宽大型结构相互作用过程的研究中发现了冰体破坏的新规律。早期研究表明,冰排在大尺度结构的整个宽度范围内呈现非连续性接触,因而,冰排的局部破坏具有明显的非同时性。在冰排发生非同时破坏时观察到了明显的独立破坏区域,冰排在这些独立破坏区域内发生了同时破坏。研究发现,作用于宽大结构上的冰载荷大部分集中在“高压力区”,如图 2-4 所示。高压力区的应力方向是三向的,边界封闭处的应力较低,中心位置处的应力较高,从边界到中心整体呈现从低到高的分布趋势。这些区域中还会发生剪切破坏,剪切破坏导致了冰排内部微观结构的改变。这种微观结构改变后的冰排与完整冰排相比在顺应性方面有了明显提高。当压力较小时,靠近高压力区边缘的地方伴随碎冰的重新结晶而出现微观断裂,同时,会有重新结晶的材料出现在高压力区的中心位置,一般认为这一过程是低压力造成的。当冰载荷达到某一水平时,碎冰层整体上变得非常松软,此时会出现碎冰频繁被挤出的现象。高压力一般存在于远离自由表面的极度封闭区域,其所处位置会随断裂破坏的发生而变化,其出现位置的不确定性难以得到有效估计。

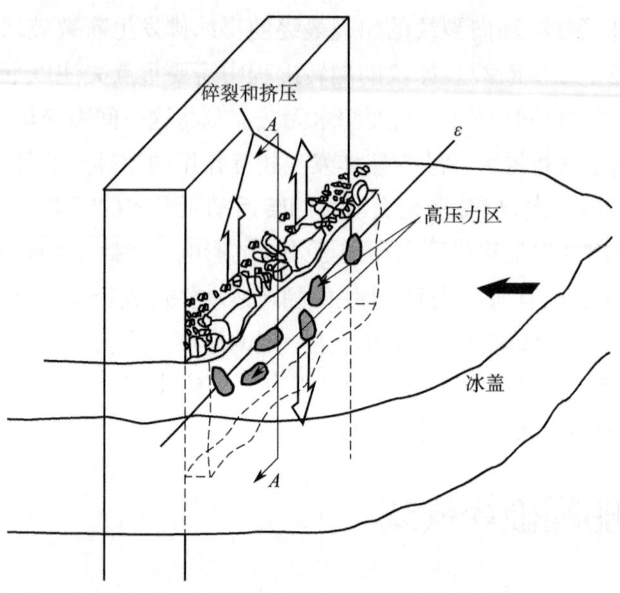

图 2-4 冰载荷高压力区及剥落、挤压破坏

2.3 邮轮结构重复碰撞试验研究

冰水池内的物理模型试验探究船-冰碰撞载荷的动态特征，是船-冰碰撞中一种重要的研究手段。本书拟用冰水池船模试验模拟极地邮轮在不同冰况下遭受浮冰随机重复碰撞的过程，再将测量得到的动载施加至邮轮数值模型，从而建立浮冰重复碰撞下船体结构动态响应的预报模型。试验拟模拟船体以一定质量和速度撞击浮冰的船-冰碰撞情形。试验对象为本项目针对的极地小型邮轮，系列试验在天津大学冰力学与冰工程实验室完成。

1. 模型冰制备与条件模拟

试验采用国际第二代低温模型——冰-尿素冰。模型冰中所含尿素类似于天然海冰中的盐水泡，可在回温过程中吸热渗透、析出，进而构成了模型冰中的缺陷结构，增大了模型冰的孔隙率、降低了冰强度，从而更好地满足缩尺条件下较低冰强度的需求。制备过程中通过对模型冰生长过程、结晶尺寸及纹理结构的控制，使其在冰的变形与破坏模式、冰载荷特征等关键性问题的模拟上与现实情况保持高度的相似性，如图 2-5 所示。依据国际拖曳水池会议（International Towing Tank Conference，ITTC）的推荐规程测量模型冰的性质，模型冰基本符合天然海冰的性质规律，对于船-冰碰撞设计载荷情形的模拟，能够在实现弯曲强度指标相似的同时，实现压缩强度指标与弯曲强度指标的协调。

典型浮冰区条件的冰水池试验模拟仍在常规模型冰（母冰层）制备的基础上进行。如图 2-6 所示，浮冰区试验针对船舶在浮冰条件下的航行进行模拟，并考虑航速、浮冰尺寸、冰密集度等多种因素的影响。如图 2-7 所示，浮冰试验前需将冰水池内的母冰层人工切割为漂碎冰块，为了对现场情况进行真实模拟，浮冰大小尺寸需要严格限制，因此切割过程中浮冰尺寸被保持在 0.5~2 倍船宽范围内。通过将试验场景与现场照片进行比较可以得到，模型试验中的浮冰尺寸与现场的浮冰尺寸保持了较高的吻合度。

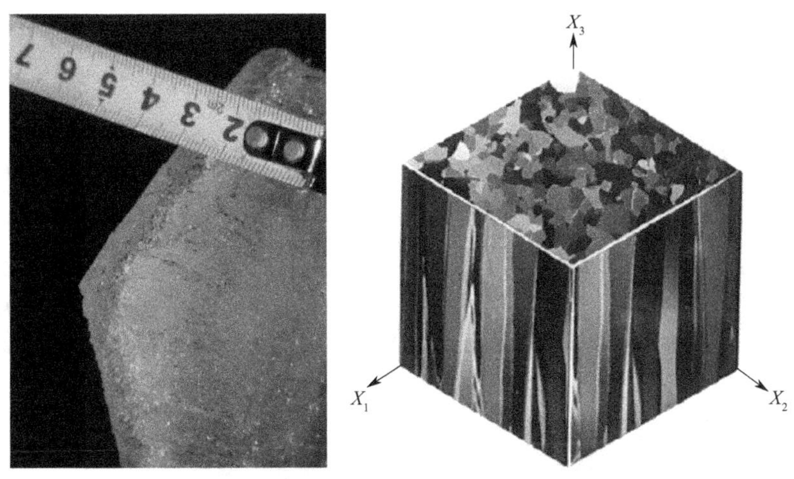

图 2-5　模型冰断面与天然海冰结构对比图

图 2-6　船舶行驶在浮冰区

图 2-7　试验前的浮冰场景

2. 试验船模

试验船模根据 1∶20 的几何缩尺比进行加工，如图 2-8 所示。在本项试验中，需要模拟冰排在船体结构前的破坏和运动模式。在这一过程中惯性力、重力和弹性力的作用占主导地位，因此，试验使用傅汝德（Froude）和柯西（Cauchy）相似准则对现实结构进行缩尺。根据上述相似准则可以得到，几何长度、冰强度、冰厚和冰弹性模量的缩尺比为 λ，时间和速度的缩尺比为 $\lambda^{1/2}$，质量和力的缩尺比为 λ^3。主要物理参数的比尺见表 2-1，原型和模型的主尺度参数见表 2-2。

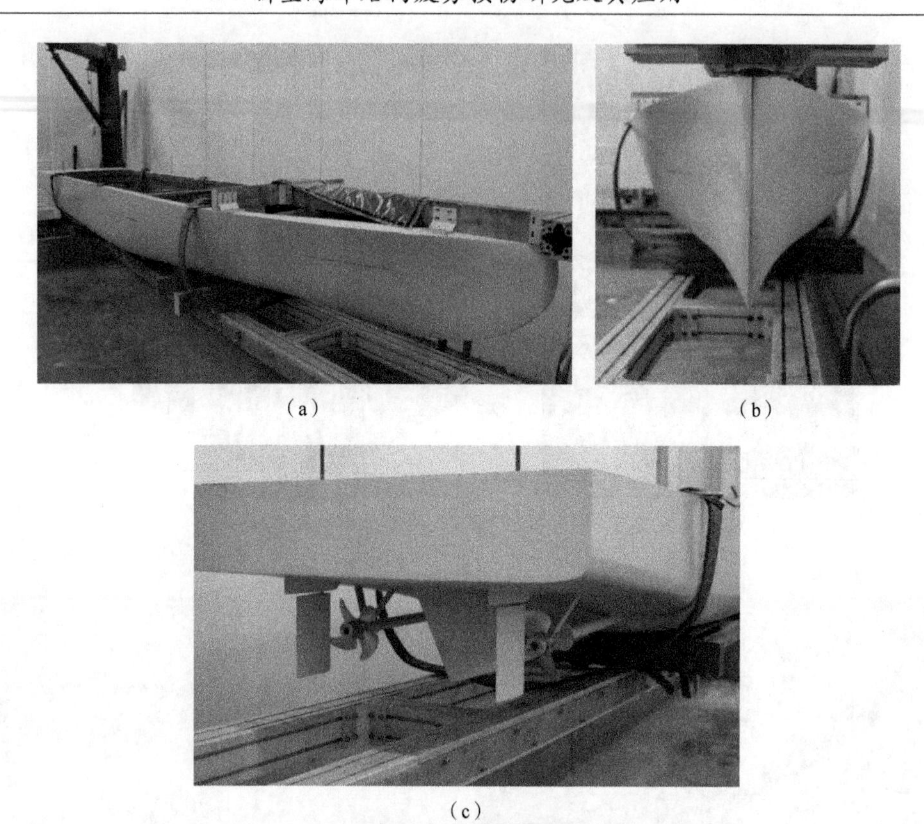

图 2-8 试验船模照片

(a)船模整体 (b)船艏 (c)船模艉部及推进系统

表 2-1 主要物理参数的比尺

物理量	比尺	物理量	比尺
长度	λ	冰强度	λ
时间	$\lambda^{1/2}$	冰厚	λ
速度	$\lambda^{1/2}$	弹性模量	λ
转速	$\lambda^{-1/2}$	力	λ^3
质量	λ^3	压强	λ
扭矩	λ^4	功率	$\lambda^{3.5}$

表 2-2 原型和模型的主尺度参数

参数	原型数值	模型数值
船长	104.4 m	5.22 m
船宽	18.4 m	0.92 m
型深	8.5 m	0.425 m
冰区吃水	5.55 m	0.277 5 m
排水量	6 646 t	0.831 t

3. 试验过程

按照预定的试验安排，每组试验的具体过程如下。

（1）制取模型冰，按照天津大学冰力学与冰工程实验室的模型冰制备技术流程，制取达到目标厚度值的模型冰盖。

（2）标定传感器，安装试验模型。

（3）模型冰强度测试，在水池不同位置用悬臂梁法测试模型冰的强度，当测量结果达到试验要求时开始试验。

（4）驱动试验拖车，试验中主要采用主拖车拖曳船模碰撞浮冰的方式进行，试验开始时将主拖车的拖曳速度设定为目标航速。试验过程中通过数据采集系统对各项物理量进行实时采集和记录，并通过高清摄录设备对试验现象进行录制。船模拖曳连接形式如图 2-9 所示。

（5）整理、保存采集到的数据，进行下一组次试验测试。

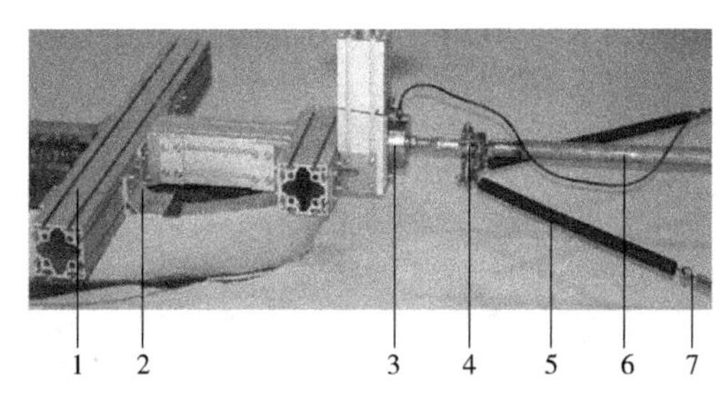

图 2-9　船模拖曳方式

1—横向牵引梁；2—连接梁；3—轮辐式拉压力传感器；4—方向节；5—弹簧；6—刚性水平拖曳杆；7—弹簧刚度调节器

4. 试验工况与组次

结合目标极地小型邮轮 PC6 级的冰区航行能力，针对典型浮冰区条件下的船舶冰水池阻力与功率预报试验，在原型浮冰厚度 1.0 m 和 0.5 m，冰密集度 90%、70% 和 50%，原型航速 3 kn、5.0 kn 和 8.0 kn 的条件下进行。试验采用拖曳自航的方式进行测试。试验工况见表 2-3。

表 2-3　试验工况

试验方式	原型冰厚	冰密集度	原型航速
拖曳自航	1.0 m 0.5 m	90% 70% 50%	3 kn 5 kn 8 kn

5. 试验测量

在船-冰碰撞过程的试验模拟中，需要实现测试数据在空间上与时间上的连续性。这就对试验测试的手段提出了以下两个要求。

1)高速的采样频率

冰-船碰撞过程总体具有短时效应,而其中由于冰体变形与破坏的复杂进程,冰载荷的波动就极为迅速。这就要求测试过程中的采样频率必须足够高,以能够准确捕捉冰载荷的变化历程。

2)密集且连续排列的测试单元

冰载荷沿空间的分布同样随碰撞过程各阶段的发展,而处于快速演变之中。因此,试验时必须在覆盖碰撞过程所有可能经历的区域内布置测试单元。同时,测试单元的尺寸要足够小、数量要足够多、排列要足够紧密,这样才能准确捕捉载荷的变迁历程。

试验采用目前世界上最先进的触觉式传感器对船体上的冰载荷进行测量,如图 2-10 所示。触觉式表面压力传感器由电阻式织物传感单元阵列组成,织物材料柔软,并有 120% 的延展性,外部包有聚酯型防水薄膜。当传感器位于不平整或者弯曲的表面时,不会因为翘曲而出现噪声。传感单元受到压力作用时,便接通电子回路,设备通过计算电阻阻值的变化而得出每个传感单元的压力值。

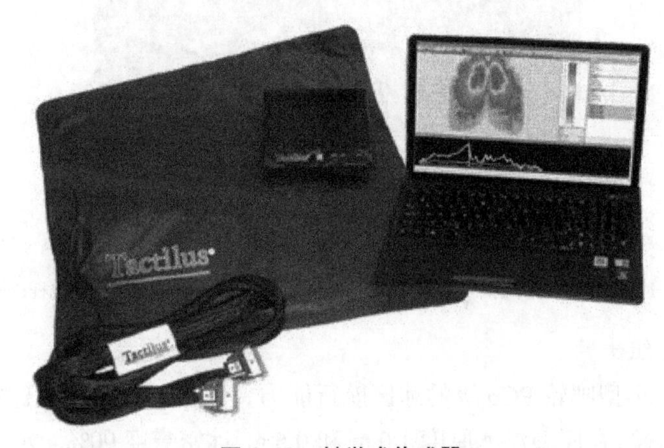

图 2-10 触觉式传感器

此外,试验中还将利用高精度的图像采集设备对作用过程进行水上与水下的同步实时记录,以实现对冰排破坏模式、断裂长度变化及碎冰运动进程进行精确观测。

尽管触觉式传感器能够对船体表面的压力分布进行精细的测量,但其测试数据形式却是以固定的时间间隔,记录载荷在三维空间分布情况的模式形成的。这样一来,试验中的数据信息就呈现出一种四维特征。面对这样的测试数据,尽管可以直接获得任意时刻下载荷的空间分布-视觉信息,但以如此方法形成的仅仅是一系列离散的载荷影像。船体与冰的相互作用是一个随时间连续变化的动态过程,在现实分析中,研究人员更希望获得关键区域载荷信息随时间变化的直观表象。这样的数据信息即称为载荷的动态历程可视化。

为满足载荷动态历程可视化的需求,需要对触觉式传感器所覆盖的船艏水线附近区域进行划分与提取。由于船体在破冰过程中存在着纵摇与升沉运动,且冰排的破坏模式以下压弯曲破坏为主,因此为保证冰载荷的完全捕捉,将传感器所对应的水线区域的垂向长度设定为至少 2 倍冰厚,即水线区域的上边界设定为水线以上 1 倍冰厚,下边界为水线以下 1 倍冰厚。同时,为了对船艏区域各位置处的载荷实现精细化提取,将传感器覆盖的水线区域沿船长方向划分为不同子区域,区域数字越小越接近艏柱,数字越大越接近船肩区域。

在 50%、70%、90% 冰密集度的试验中,对各子区域上所包含测点的最大压力时程进行提取后的冰载荷均有如下特点:冰载荷最高的区域出现在艏柱处,随后不定出现局部峰值,最后在接近船肩处的区域出现局部峰值。图 2-11 至图 2-13 分别给出 50%、70%、90% 冰密集度下的浮冰载荷时程-空间图。

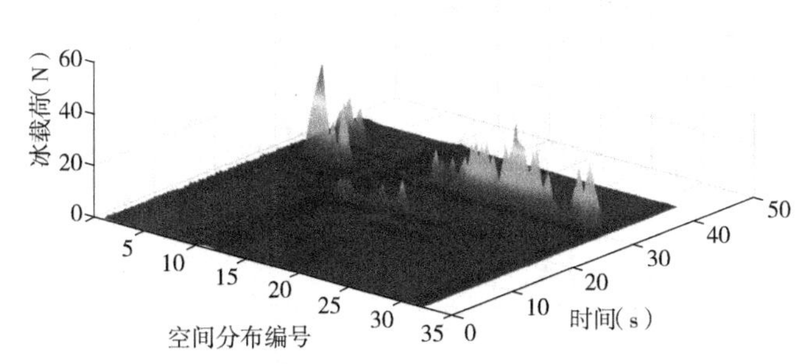

图 2-11　50% 冰密集度下冰载荷时程-空间图

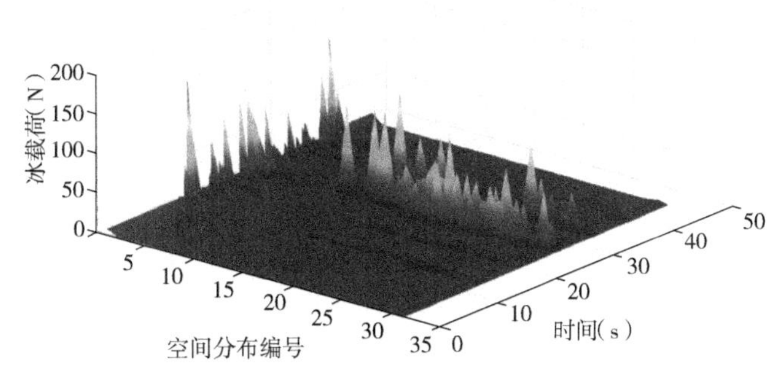

图 2-12　70% 冰密集度下冰载荷时程-空间图

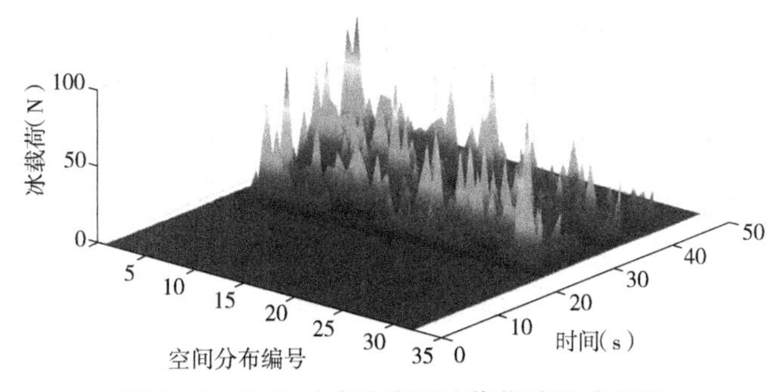

图 2-13　90% 冰密集度下冰载荷时程-空间图

2.4 邮轮结构重复碰撞数值仿真模拟研究

1. 模型建立

模型根据目标极地小型邮轮的艏部区域(剔除上层建筑)建立,如图 2-14 所示。截取区域的高度为 9.5 m,长度为 10.77 m,宽度为 9.33 m,设定截取区域足够反映船艏区域的响应过程,在有限元软件 ABAQUS 中进行数值仿真模拟。

模型的材料参数按照邮轮图纸进行设定,杨氏模量设为 210 GPa,泊松比取 0.3。有限元模型边界在实船上受到强构件如纵桁、横梁、舱壁等的支撑,因此将边界条件在上端和右端边界设为固支。

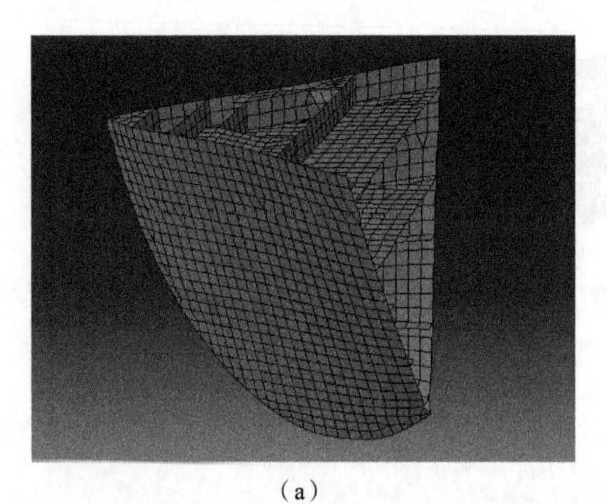

(a) (b)

图 2-14 船艏有限元模型

(a)外形 (b)内部

2. 载荷提取

为更贴近真实情况,从试验数据中提取载荷加载至船舶模型上。试验测量数据为船模不同点位的冰压力,将其根据传感器单元面积大小计算出浮冰压强载荷,再按照尺度比($\lambda=20$)进行还原,得到的每一个区域下的载荷时程曲线组合起来就可以模拟船冰重复碰撞载荷。

$$p_{i0}=\frac{F_i}{A}\quad (i=1,2,\cdots,32) \tag{2-1}$$

$$p_i=\lambda p_{i0}\quad (i=1,2,\cdots,32) \tag{2-2}$$

式中:p_{i0}为船模第 i 子区域上所承受的浮冰压强载荷;F_i为第 i 子区域上对所包含测点的最大压力时程进行提取后的冰载荷;A 为传感器单元的面积,每个测试单元的尺寸为 31.2 mm × 10.0 mm;p_i为经还原后实船第 i 子区域上所承受的浮冰压强载荷;λ为尺度比,取 20。

触觉式传感器每个测试单元的最大量程为 150 psi,采样频率为 50 Hz,时间间隔为 0.02 s,还原至模型后的时间间隔约为 0.09 s。有限元计算按照所提取的载荷曲线进行加载,加载区域为艏柱至船肩处水线处上下边界各 0.3 m 的区域,更好地拟合了试验和实际情况。

图 2-15 至图 2-17 为不同的冰密集度下船肩区域冰载荷时程曲线。

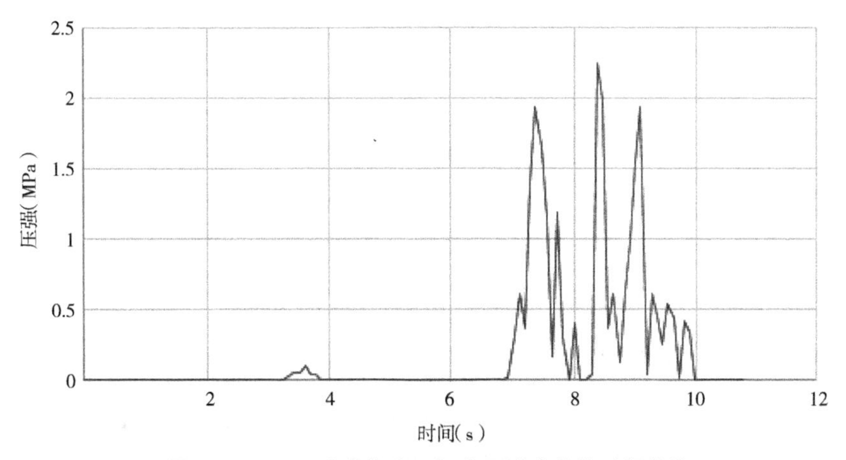

图 2-15　50% 冰密集度下船肩区域冰载荷时程曲线

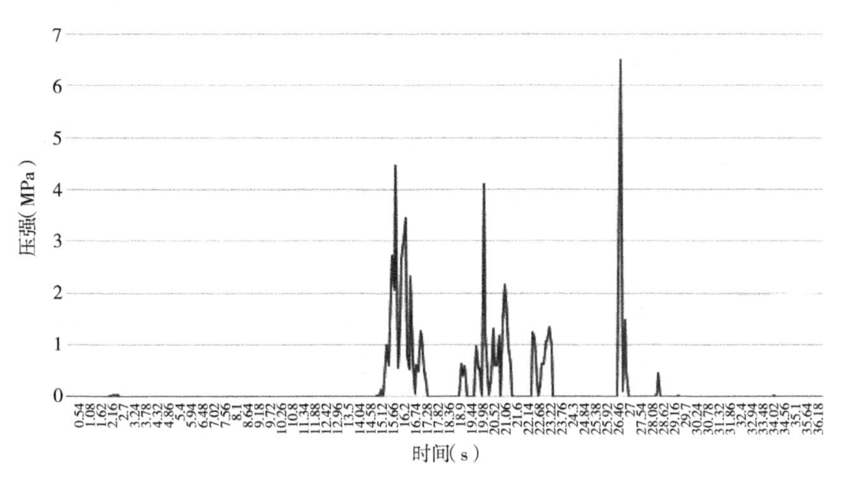

图 2-16　70% 冰密集度下船肩区域冰载荷时程曲线

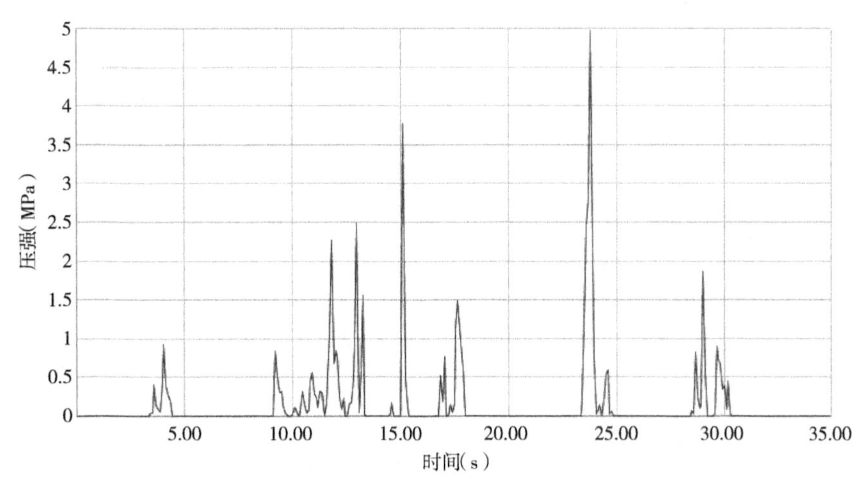

图 2-17　90% 冰密集度下船肩区域冰载荷时程曲线

3. 结果分析

1)应力

如图 2-18 至图 2-23 所示，50% 冰密集度、70% 冰密集度、90% 冰密集度船冰作用下船艏结构的应力峰值分别为 17.7 MPa、64.2 MPa、103.5 MPa，远低于材料的屈服强度。船体结构在冰载荷作用下的应力峰值与整体应力，都随着冰密集度的增加而显著增加。

不同冰密集度下的应力最大点均出现在靠近船艏的区域，位于艏柱与艏柱前第一道舱壁之间的纵桁，垂向高度均接近水线面高度，并在应力峰值点周围区域出现了较大的应力值。

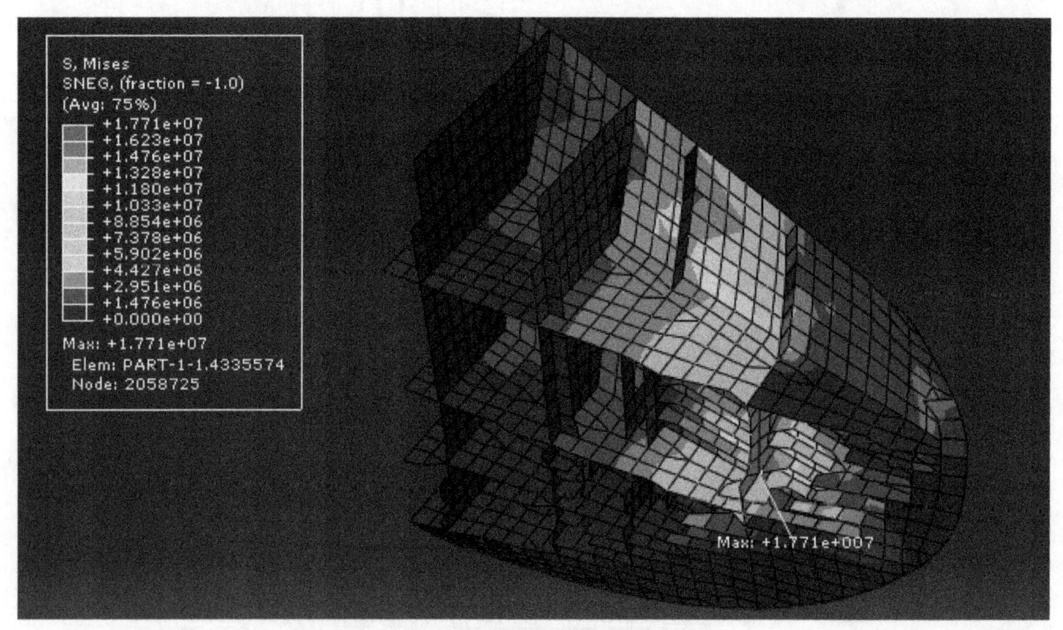

图 2-18　50% 冰密集度下应力峰值图

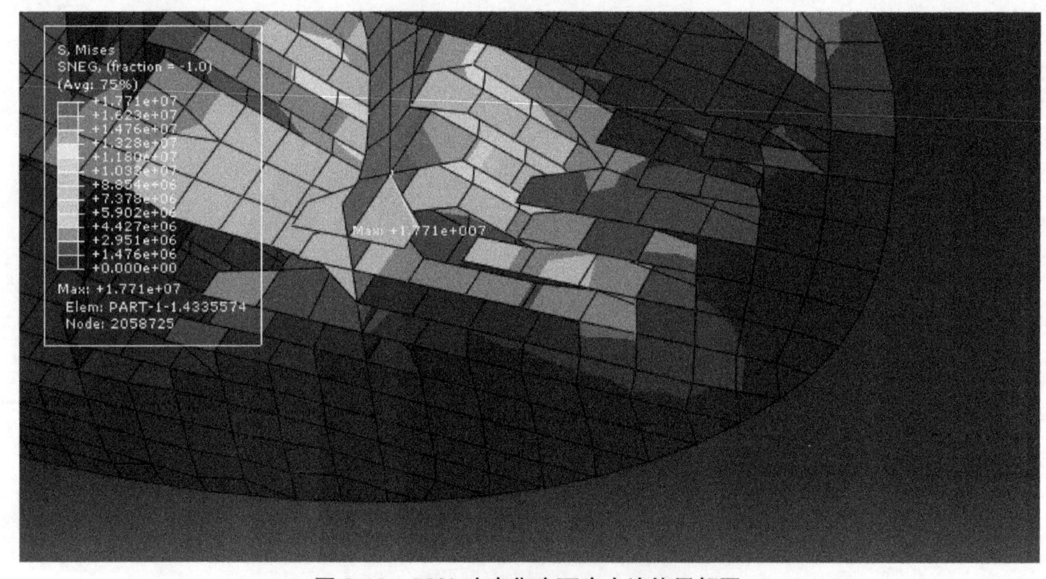

图 2-19　50% 冰密集度下应力峰值局部图

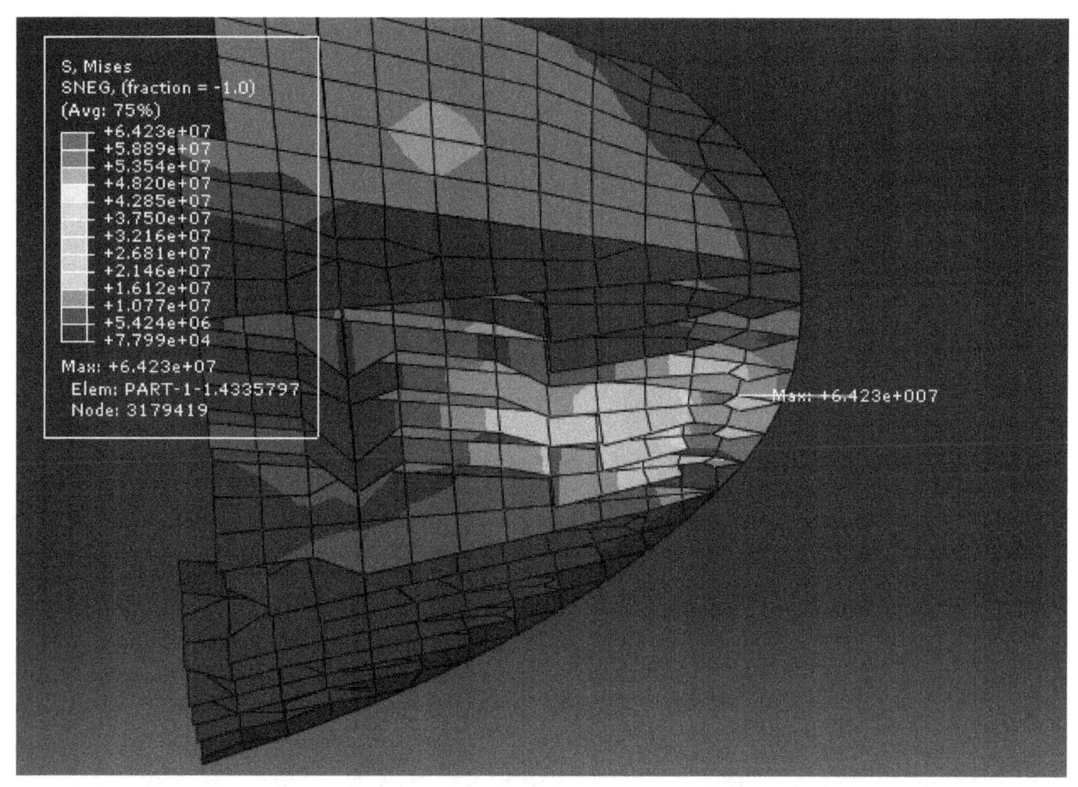

图 2-20　70% 冰密集度下应力峰值图

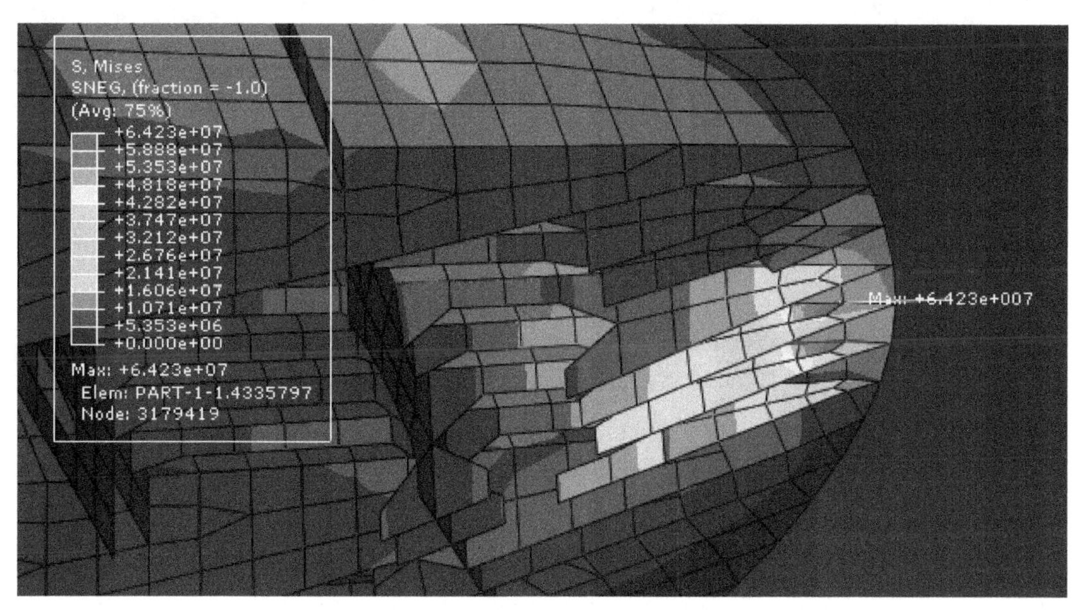

图 2-21　70% 冰密集度下应力峰值局部图

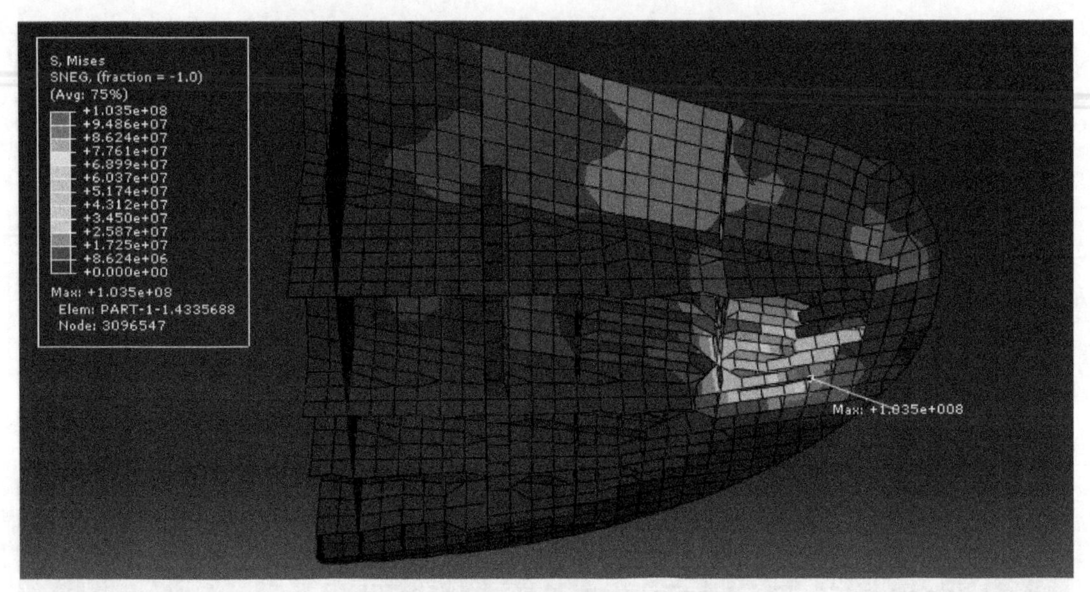

图 2-22 90% 冰密集度下应力峰值图

图 2-23 90% 冰密集度下应力峰值局部图

结合不同冰密集度船艏结构的应力云图和船艏区域船体外板的应力峰值云图(图 2-24 至图 2-26),水线上方的船体区域所承受的应力要明显大于水线下方的船体区域,船艏前端区域所承受的应力也要明显大于船艏后端区域,水线下方船体区域是较为安全的区域。

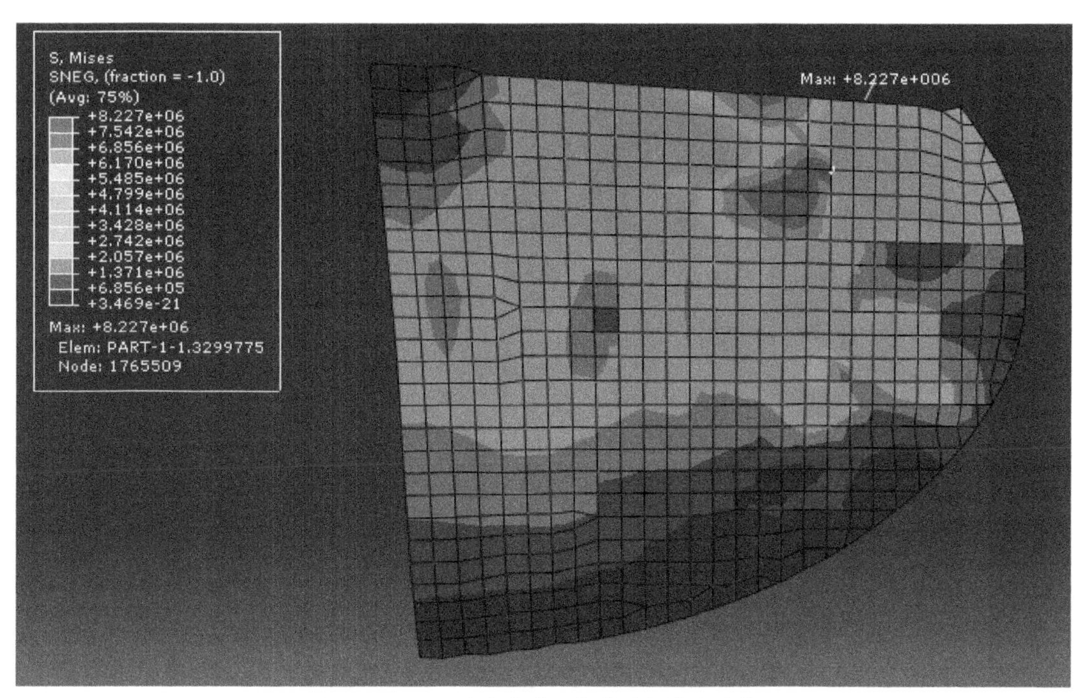

图 2-24　50% 冰密集度下船体外板应力峰值图

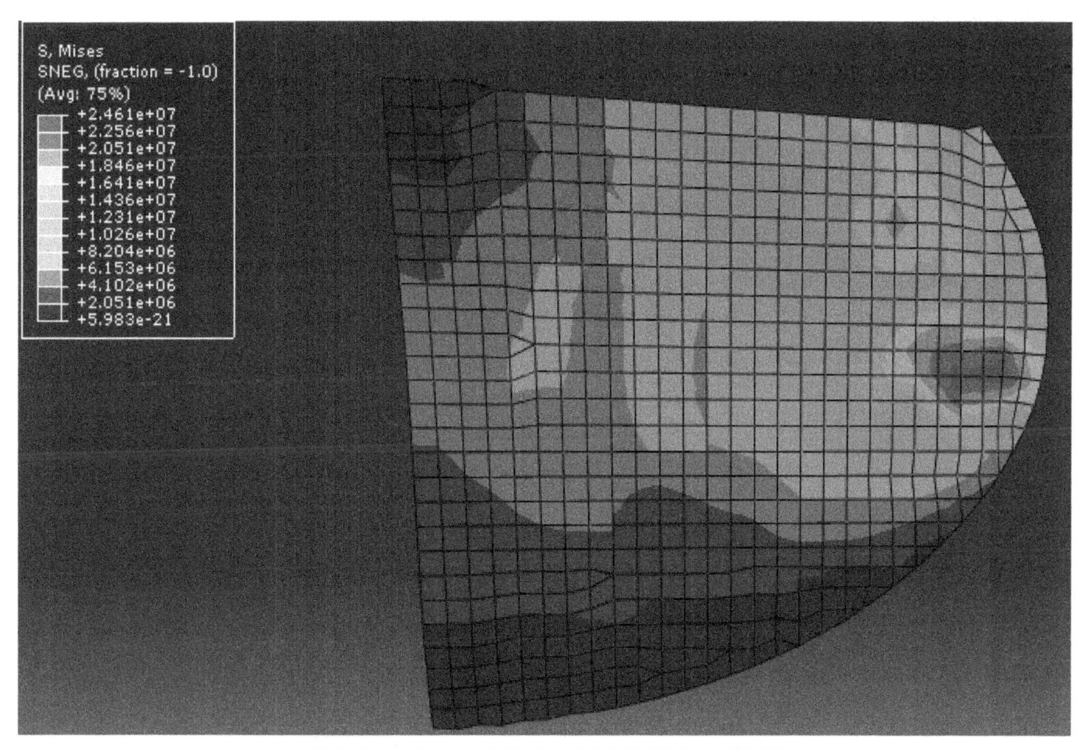

图 2-25　70% 冰密集度下船体外板应力峰值图

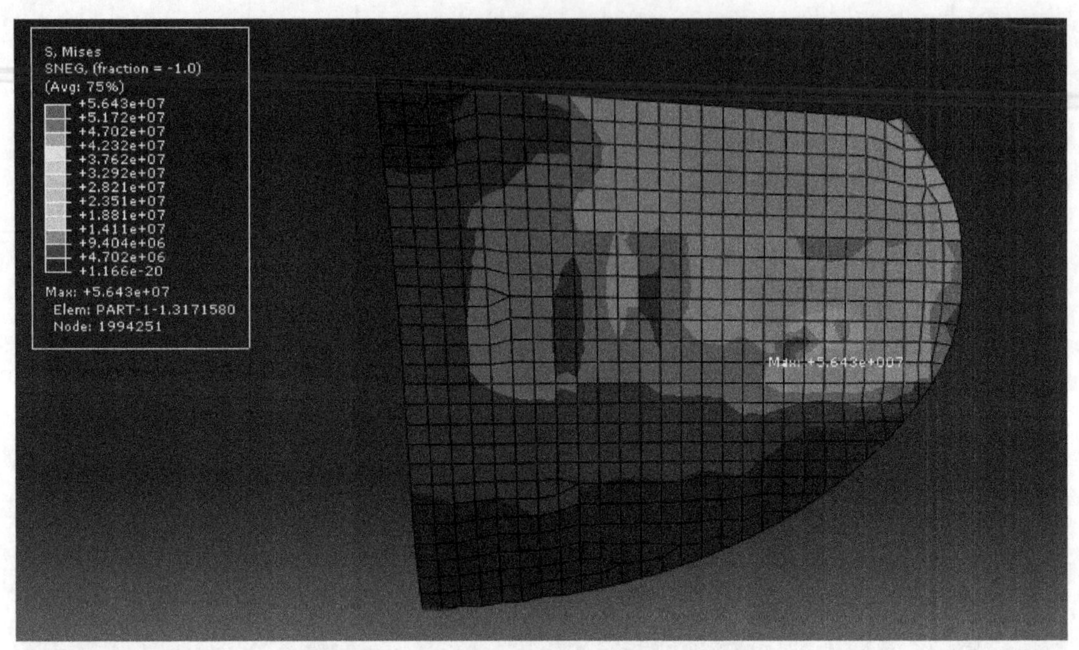

图 2-26 90% 冰密集度下船体外板应力峰值图

图 2-27 为 90% 冰密集度下应力峰值点的应力-应变曲线，较好地体现了材料在弹性阶段的变形特征。

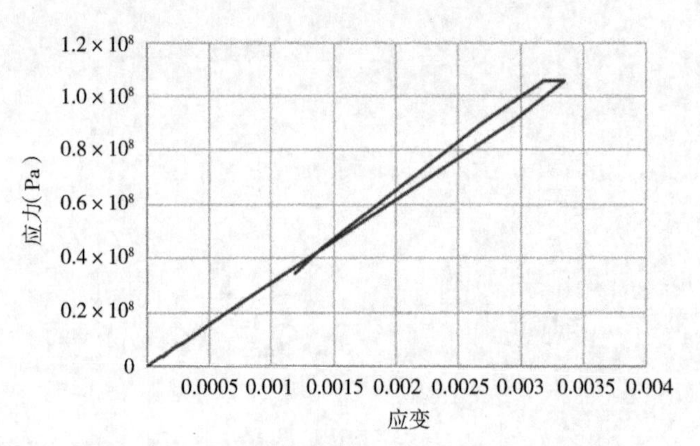

图 2-27 90% 冰密集度应力峰值点应力-应变曲线

2）冰体破碎引起的变形折减和能量吸收折减

通常因为不同冰密集度下浮冰的侧向限制条件，在 90% 和 70% 冰密集度的浮冰中，浮冰块破碎断裂的现象更为明显；而在 50% 冰密集度的浮冰中，浮冰块向外漂移的现象则更为显著。因此在计算冰体破碎引起变形折减和能量吸收折减的时候，聚焦于 90% 和 70% 冰密集度工况的船冰作用上。

浮冰和船体的碰撞主要集中在水线面区域，因此在计算冰体碰撞引起的变形和能量折减时，随机选取了水线高度上的点进行研究。

图 2-28 为 70% 冰密集度下各点的变形折减图。通过计算得出经历冰体破碎后，各点

的变形折减比为 18.001 6% 至 19.968 1% 不等，均值为 19.511 7%。

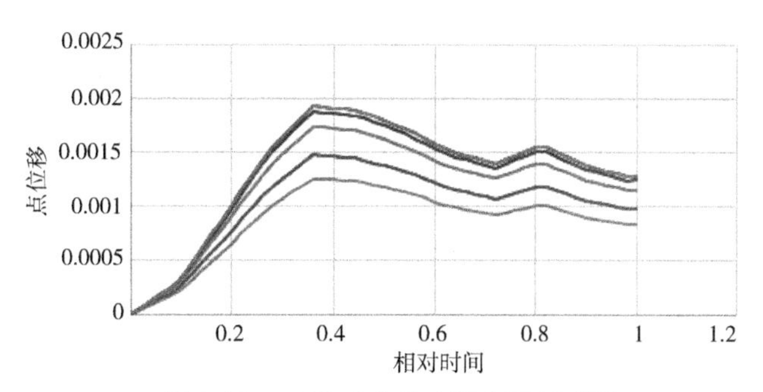

图 2-28　70% 冰密集度下变形折减图

90% 冰密集度作用下船体结构的变形折减比与作用区域有关。靠近艏柱的区域，变形折减较为明显，变形折减比为 33.818 1% 至 36.451 2% 不等，均值为 34.915 2%（图 2-29）。而在远离艏柱的区域，几乎没有出现变形折减的情况，可能是在高密集度浮冰工况下，艏柱以外的区域冰体破碎的情况并不明显（图 2-30）。而艏柱区域利用船艏的破冰能力，冰体破碎较为充分，冰体破碎下的变形折减比甚至还大于 70% 冰密集度工况下的变形折减比。

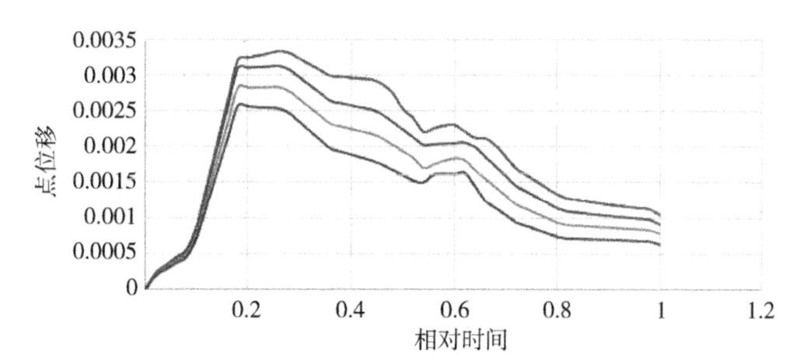

图 2-29　90% 冰密集度下艏柱区域变形折减图

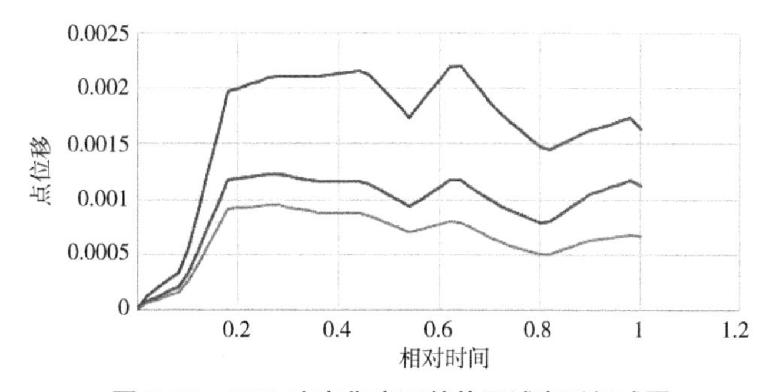

图 2-30　90% 冰密集度下其他区域变形折减图

图 2-31 和图 2-32 分别为 70% 冰密集度与 90% 冰密集度作用下船体内能的变化图。70% 冰密集度作用下，船体内能峰值为 651.085 J，能量吸收折减比为 35.927 3%。90% 冰密集度作用下，船体内能峰值为 2 384.53 J，能量吸收折减比为 35.814 2%，略小于 70% 冰密集度作用的能量吸收折减比，原因可能是相当密集的浮冰虽然有效阻止了浮冰的向外漂移，但

也可能造成部分冰体破碎不充分,冰体破碎引起的能量吸收折减比并不会比 70% 冰密集度作用的能量吸收折减比高。

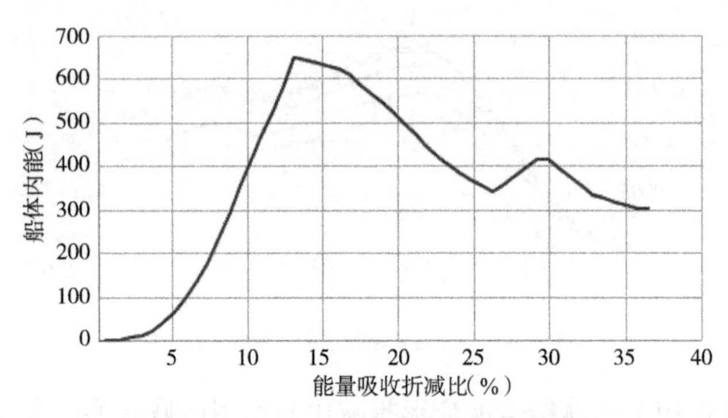

图 2-31 70% 冰密集度下船体内能

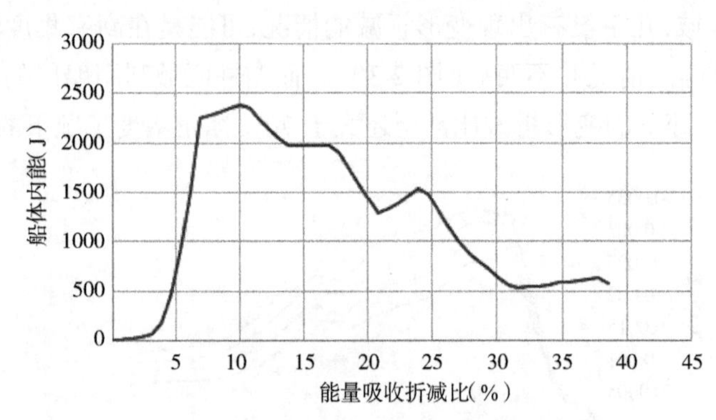

图 2-32 90% 冰密集度下船体内能

如图 2-33 所示, 50% 冰密集度作用下,船体内能峰值为 106.135 J,能量吸收折减比为 17.521 3%,远小于 70% 冰密集度与 90% 冰密集度下的能量吸收折减比。这也证明了 50% 冰密集度的浮冰中,浮冰块常常向外漂移,导致冰体破碎并不充分,从而能量吸收折减比相对较小。

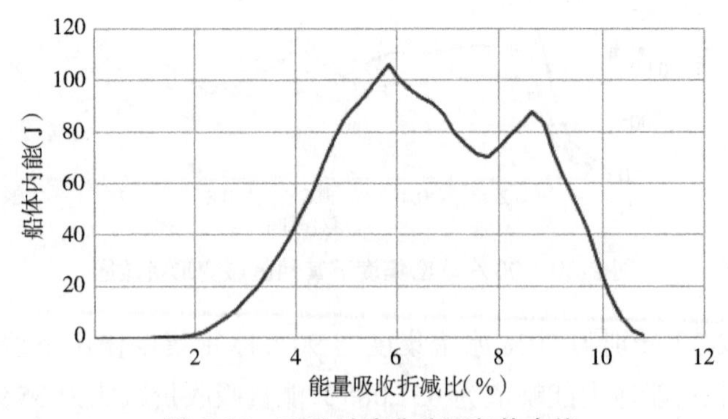

图 2-33 50% 冰密集度下船体内能

在 50%、70% 和 90% 冰密集度作用下,船体内能上升速率都非常快,下降则相对缓慢。

随着冰密集度的增加，船体内能峰值和内能增加速率都有显著增加。

3）响应规律

50%、70%、90% 冰密集度作用下船体应力峰值分别为 17.7 MPa、64.2 MPa、103.5 MPa。不同冰密集度下的应力峰值均出现在靠近船艏的区域，位于艏柱与艏柱前第一道舱壁之间的纵桁，原因可能是船艏区域虽然结构较密集，但承受的冰载荷较大。图 2-34 为不同冰密集度下应力峰值对比图，由图可知，50%、70%、90% 冰密集度作用与应力峰值几乎呈线性关系。

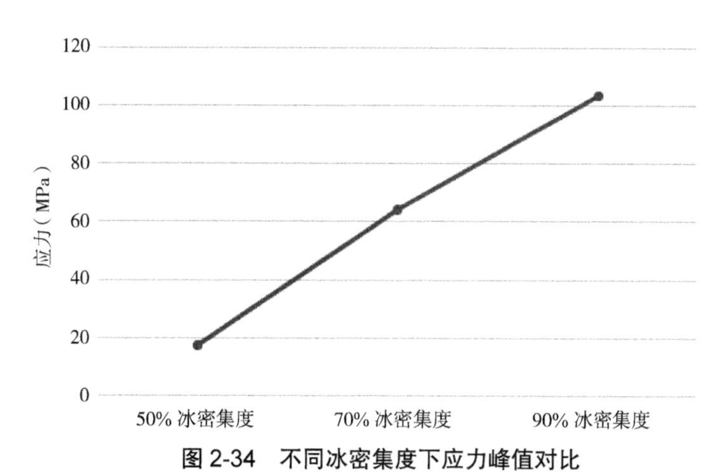

图 2-34　不同冰密集度下应力峰值对比

不同冰密集度下的应力峰值均出现在整体碰撞过程的中后段时间，图 2-35 为不同冰密集度下应力峰值出现时间与整体碰撞时间的比值。

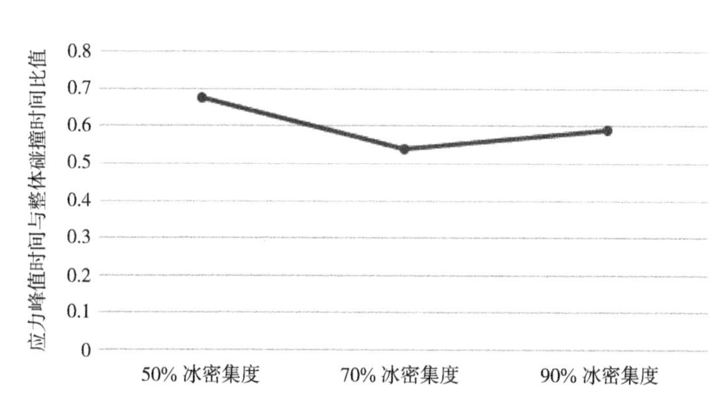

图 2-35　应力峰值时间与整体碰撞时间比值

50%、70%、90% 冰密集度作用下船板的应力峰值分别为 8.227 MPa、24.61 MPa、56.43 MPa。图 2-36 为不同冰密集度下船板区域应力峰值对比图。

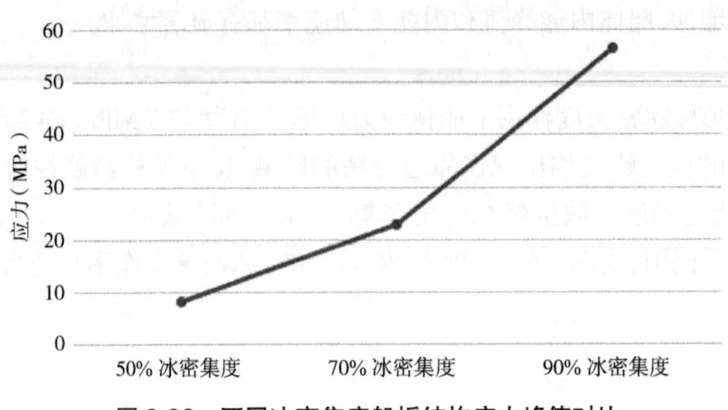

图 2-36 不同冰密集度船板结构应力峰值对比

如图 2-37 和图 2-38 所示，50%、70%、90% 冰密集度作用下船艏舱壁的应力峰值分别为 2.71 MPa、3.623 MPa、7.376 MPa，甲板应力峰值分别为 10.83 MPa、13.95 MPa、27.69 MPa。

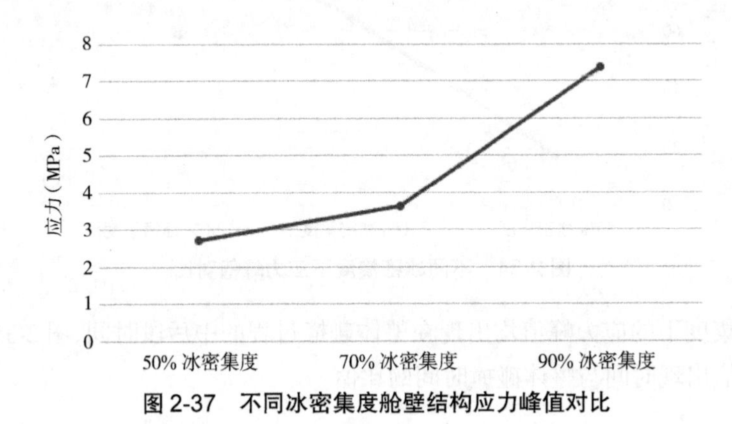

图 2-37 不同冰密集度舱壁结构应力峰值对比

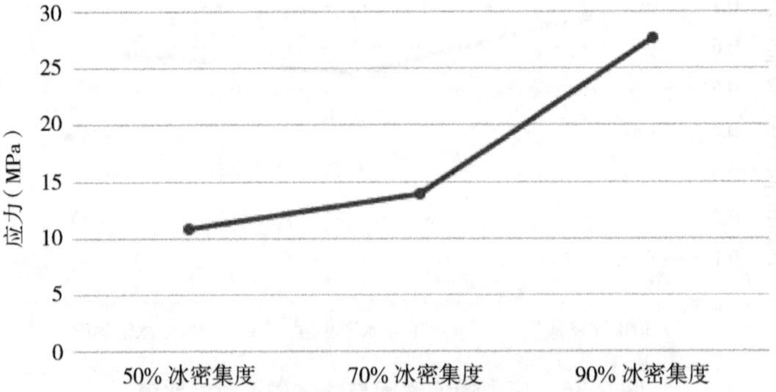

图 2-38 不同冰密集度甲板结构应力峰值对比

与整体结构应力峰值的变化规律相同，船板、舱壁和甲板结构在船冰作用下的应力峰值也呈现了随着冰密集度增大而增大的特征。除了承受应力峰值的纵桁结构，船板结构也受到了较大应力，船板应力峰值达到了整体结构应力峰值的 38.3%~54.5%。

2.5 浮冰作用下邮轮结构累积损伤评估方法

基于冰池试验的试验数据和有限元的计算数据，本部分提出了一种船-冰随机重复碰撞下结构变形累积损伤失效的概率评估方法，如图 2-39 所示。

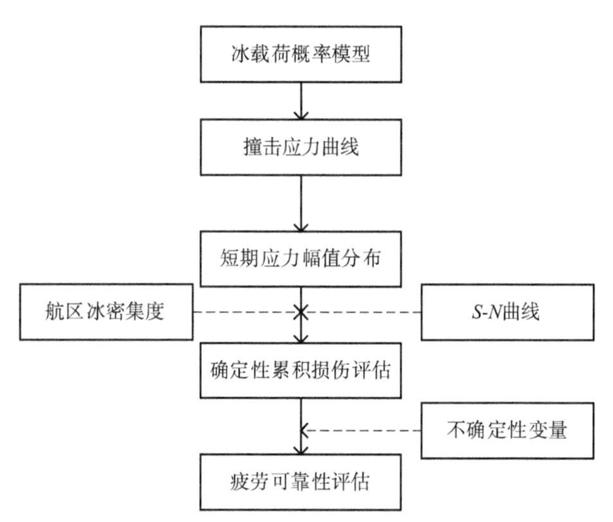

图 2-39　概率评估方法流程

总体评估流程如下。

(1)处理冰池试验中所得到的冰载荷数据，得到冰载荷概率模型和撞击频次统计。其中，冰载荷概率模型的计算，先通过瑞利分离方法得到冰载荷峰值数据，然后用 Weibull 分布对冰载荷峰值进行拟合，得到载荷分布概率曲线 $P_{50\%}$、$P_{70\%}$、$P_{90\%}$，其分别为 50%、70%、90% 下的概率密度分布函数(PDF)。另外，通过统计峰值数据来得到撞击频次 $\upsilon_{50\%}$、$\upsilon_{70\%}$、$\upsilon_{90\%}$。

(2)结合一年内航行的海区情况，收集海区冰密集度的数据，将冰载荷数据输入有限元计算软件，得到冰-船碰撞下的应力曲线，运用雨流计数法得到应力幅值分布情况。

(3)运用 S-N 曲线，结合航区数据，进行确定性的累积损伤评估。

(4)结合有限元计算应力曲线，基于 S-N 曲线得到一年内不同冰密集度下的累积损伤为

$$D_j = \frac{N_T}{A}\int_0^{\infty} S_j^{\mathrm{m}} f_{S_j}(S_j)\mathrm{d}S_j \tag{2-3}$$

式中：$j = 50\%, 70\%, 90\%$；D_j 为不同冰密集度下的疲劳损伤；N_T 为经历时间的循环次数；A 为断裂循环次数；S_j^{m} 为循环应力 S_j 中的最大值；$f_{S_j}(S_j)$ 为循环过程中每次循环的应力值；S_j 为不同浮冰分布概率下的循环应力。

结合船舶一年内在不同冰密集度下航行的概率得到一年的累积损伤

$$D_0 = \sum_{j=50\%,70\%,90\%} p_j D_j \tag{2-4}$$

式中：p_j为冰密集度j的概率。

根据上式可得到确定性寿命

$$T_y = \frac{D}{D_0} \tag{2-5}$$

式中：D为发生疲劳破损时的累积损伤。

考虑到实际情况的不确定性，需进行浮冰作用下的疲劳可靠性评估。

在可靠性评估中，还需考虑以下几点不确定因素。

（1）由于实验数据采集、处理方法等原因，使所计算的应力与真实应力存在一些误差，此项用随机变量B表示。

（2）累积损伤理论认为当疲劳累积损伤度等于1时结构发生破坏，但事实上由于理论本身的近似性，真实结构发生破坏时并不总是等于1。为计及这一不确定因素，可用随机变量来表示结构发生疲劳破坏时的累积损伤度，于是，结构发生破坏时应有$D=D_f$（D_f为实际结构破坏的累积损伤）。

（3）S-N曲线是工程中常用的经验性公式，其参数A、m常通过实验测定，但由于实验条件与应用条件的差异、材料结构的不确定等，其参数A变化较大，可认为具有随机性，用ΔA表示；m变化较小，可认为是常数。不确性参数见表2-4。

表2-4 不确定性参数

变量	分布情况	均值	变异系数
D_f	对数正态分布	1	0.53
B	对数正态分布	1	0.2
ΔA	对数正态分布	1	0.3
m	常数	3	—

据此可得到疲劳寿命的概率分布

$$T_Y(\Delta, B, D_f) = \frac{\Delta D_f}{B^m} T_y \tag{2-6}$$

当疲劳寿命小于设计寿命时，结构发生疲劳破坏。因此极限状态方程表示如下：

$$g(Z) = T_Y - T_y = \frac{\Delta D_f}{B^m} T_y - T_y \tag{2-7}$$

结构疲劳失效的概率为计算所得的疲劳寿命T_Y小于设计寿命T_D的概率：

$$P_f = P(T_Y < T_D) \tag{2-8}$$

其中，对于船舶及海洋工程结构，设计寿命T_D通常取20年或者25年（对应于总共约10^8次应力循环）。

可靠性指标

$$\beta = -\phi^{-1}(P_f) \tag{2-9}$$

1. 浮冰几何参数和撞击参数的统计特性

1)峰值数据处理方法

瑞利分离法常用来识别时历曲线中冰载荷及冰载荷作用下结构响应峰值。该方法通过定义分离度 ξ 比较相邻的最大值和最小值,定义阈值来减少外界条件的干扰。具体规则是当两个最大值之间的最小值小于较小的最大值乘以分离度 ξ 时,则认为这两个最大值均为峰值,反之,舍去较小的最大值。采用瑞利分离法分离后的冰载荷如图2-40所示。

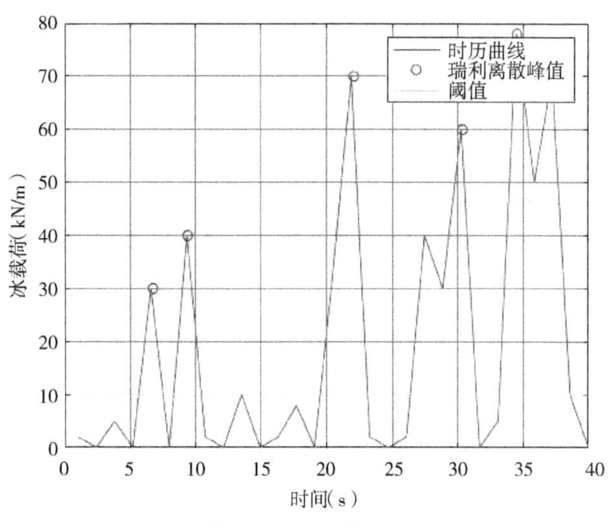

图2-40　瑞利分离法

运用瑞利分离法得到冰载荷的极值,用Weibull分布进行拟合,拟合结果如下。

(1)冰密集度为50%时,尺度参数为0.713,形状参数为1.30,如图2-41所示。

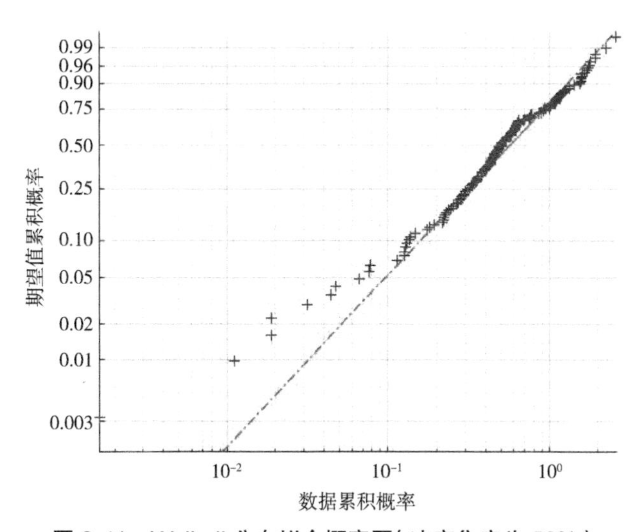

图2-41　Weibull分布拟合概率图(冰密集度为50%)

(2)冰密集度为70%时,尺度参数为0.676 7,形状参数为0.521 9,如图2-42所示。

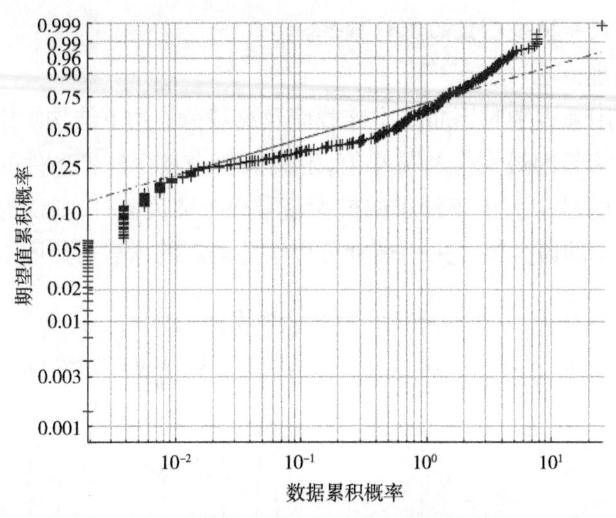

图 2-42 Weibull 分布拟合概率图(冰密集度为 70%)

(3)冰密集度为 90% 时,尺度参数为 0.991 7,形状参数为 0.835 6,如图 2-43 所示。

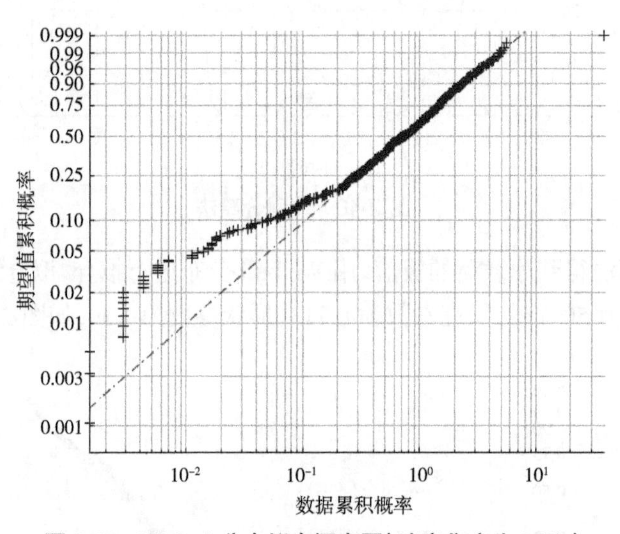

图 2-43 Weibull 分布拟合概率图(冰密集度为 90%)

2)撞击频次统计结果

对实验结果从船艏到船艉不同位置处的冰载荷峰值次数进行统计,得到的结果如图 2-44 至图 2-46 所示。由图可以看出,在 50% 冰密集度下,编号 11 位置处的撞击次数最多;70% 冰密集度下,编号 1 位置处的撞击次数最多;90% 冰密集度下,不同位置处的撞击次数分布相对均匀,没有明显的突变,而在接近船艉位置处的撞击次数相对更多。比较三种不同冰密集度下的撞击频次,可以看出 90% 冰密集度下的撞击频次比前两种明显增多。

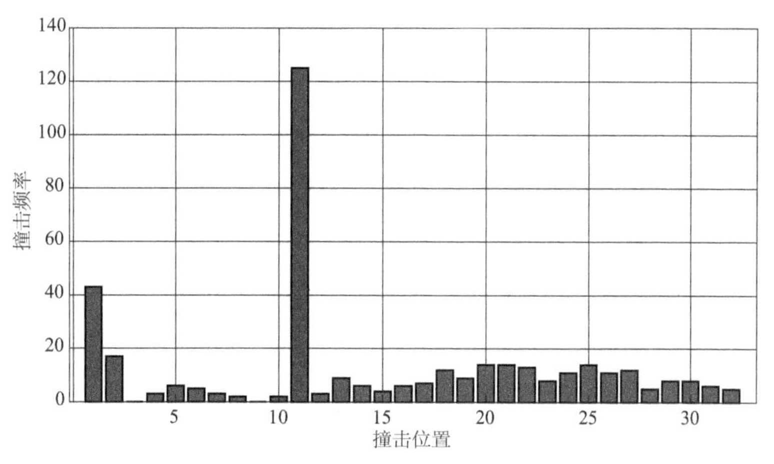

图 2-44　50% 冰密集度下的撞击频次统计结果

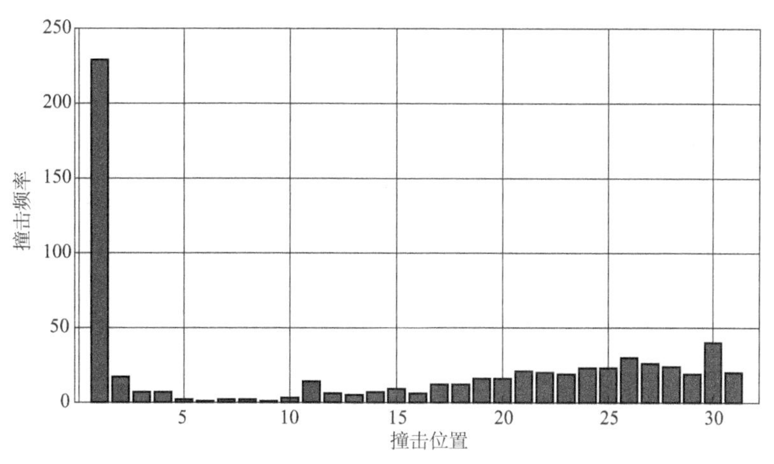

图 2-45　70% 冰密集度下的撞击频次统计结果

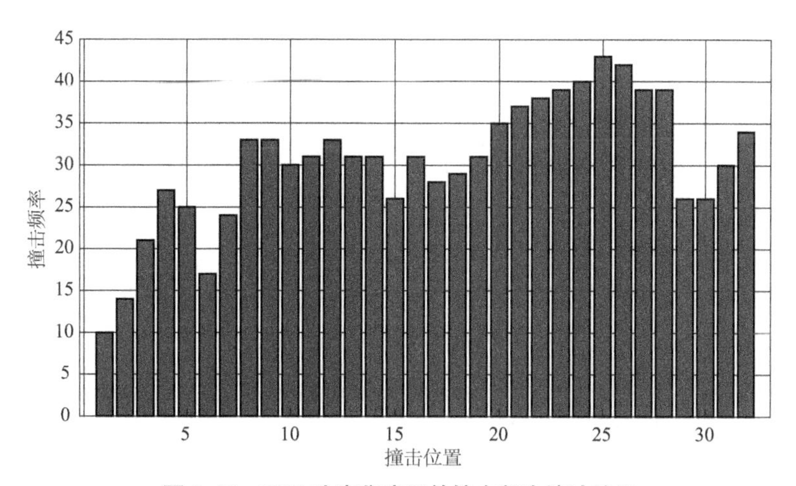

图 2-46　90% 冰密集度下的撞击频次统计结果

2.5.1 航区冰密集度数据

1. 航区情况

由邮轮预计航行数据已知：每年 5—9 月，邮轮从斯瓦尔巴特群岛到法兰士约瑟夫地群岛、东格陵兰岛、南格陵兰岛和西格陵兰岛，邮轮经过的海域包含喀拉海、巴伦支海、格陵兰海、拉布拉多海及巴芬湾。每年 10 月下旬至下年 3 月底，邮轮航区从南极半岛沿着半岛西侧向南延伸至南极圈、南极海峡、埃里伯斯和恐怖地带，航行海域为别林斯高晋海、阿蒙森海、罗斯海。根据收集的海冰数据，邮轮 5—9 月在北极航区航行，10 月到下年 5 月在南极航区航行。

据此编制邮轮航行海区的冰密集度，首先做如下假定。

（1）本研究假定在有冰覆盖的区域航行时，邮轮以 5 kn 的速度匀速航行，不考虑其他突发恶劣天气的影响。

（2）假定为了航行安全，邮轮总是沿着冰密集度最低的区域行走。

（3）本研究主要考虑的是邮轮受冰载荷重复碰撞的累积损伤，故所考虑的主要为冰密集度较高的区域，邮轮在高低纬度之间往返的航程忽略不计。

（4）本研究所研究的南极航线所需时间较长，故假定其航期排班为 2 月一期。目前已开辟的南极航线时长基本在 10~30 d。目前去往南极的邮轮航线线路主要有以下几种：第一种是南极半岛航线；第二种是南极半岛 + 南极圈航线，在南极半岛的基础上再向南航行一段穿过南极圈；第三种是福克兰群岛 + 南乔治亚岛 + 南极半岛航线，这种行程基本在 25 d 左右；最后一种是罗斯海航线，也是本研究中航期较长的一种，南极长线罗斯海航线目的地为高纬度南极的罗斯海，不论是从新西兰还是阿根廷出发，全程都需要 30 d 左右，费用为经典南极行程的 3 倍左右。

假设南极全程航线为根据地图测距测得的，为 4 956.2 km，所需时间为 4 956.2 km ÷ 5 kn = 535.23 h = 22.3 d，故假设每月在冰区航行的时间为 22.3 d。

本研究假定北极航线的航期为 15 d，其中 9 d 为航行时间，且航期之间无间隔。

对于北极航行，目前的北极经典航线主要有斯瓦尔巴德群岛航线、斯瓦尔巴德群岛 + 格陵兰 + 冰岛航线、北极点航线，还有时间比较长的西北航线和东北航线。由冰密集度的图可以看出，环斯瓦尔巴德群岛航线是冰密集度最大的项目，故本研究假定该邮轮的航线为环斯瓦尔巴德群岛航线。

2. 冰密集度加权处理

由于在冰池中只对 50%、70%、90% 三种对冰密集度情况进行了实船测试，因此在计算过程中将不同月份的冰密集度进行了转化，采用加权方法对海区的冰密集度 IC 进行处理，并在计算时考虑遇到冰密集度 100% 的区域时邮轮会考虑绕行的情况下，得到其处于不同冰密集度海区的概率（权重取均值情况）。

$$IC = \sum_{i=0\%,50\%,70\%,90\%} \omega_i i \tag{2-10}$$

式中：ω_i 为冰密集度 i 出现的概率。

根据不同月份南极区域的冰密集度，结合航线，假定不同月份航行海区的冰密集度为表 2-5 中的数据。

表 2-5　不同月份的南极冰密集度

月份	10	11	12	1	2	3
冰密集度	85%	75%	55%	35%	15%	35%

将其按照上述的加权方法加权，不同冰密集度计算权重如图 2-47 所示。

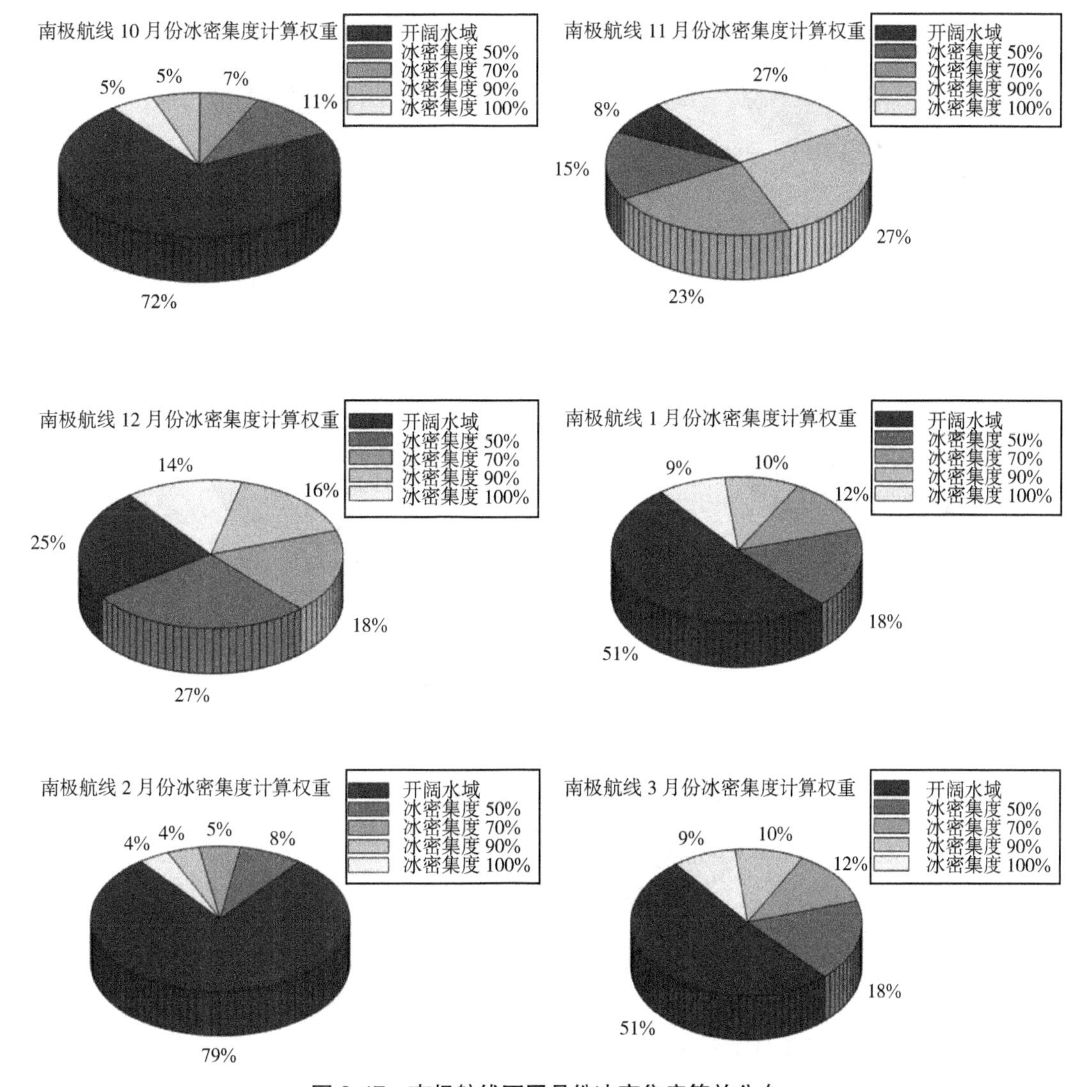

图 2-47　南极航线不同月份冰密集度等效分布

对于本研究所假定的北极航行航线——斯瓦尔巴德群岛航线，其不同月份的冰密集度见表 2-6。

表 2-6 不同月份北极航区冰密集度

月份	5	6	7	8	9
冰密集度	40%	25%	20%	10%	<10%

将其按照上述的加权方法加权，不同冰密集度的权重如图 2-48 所示。

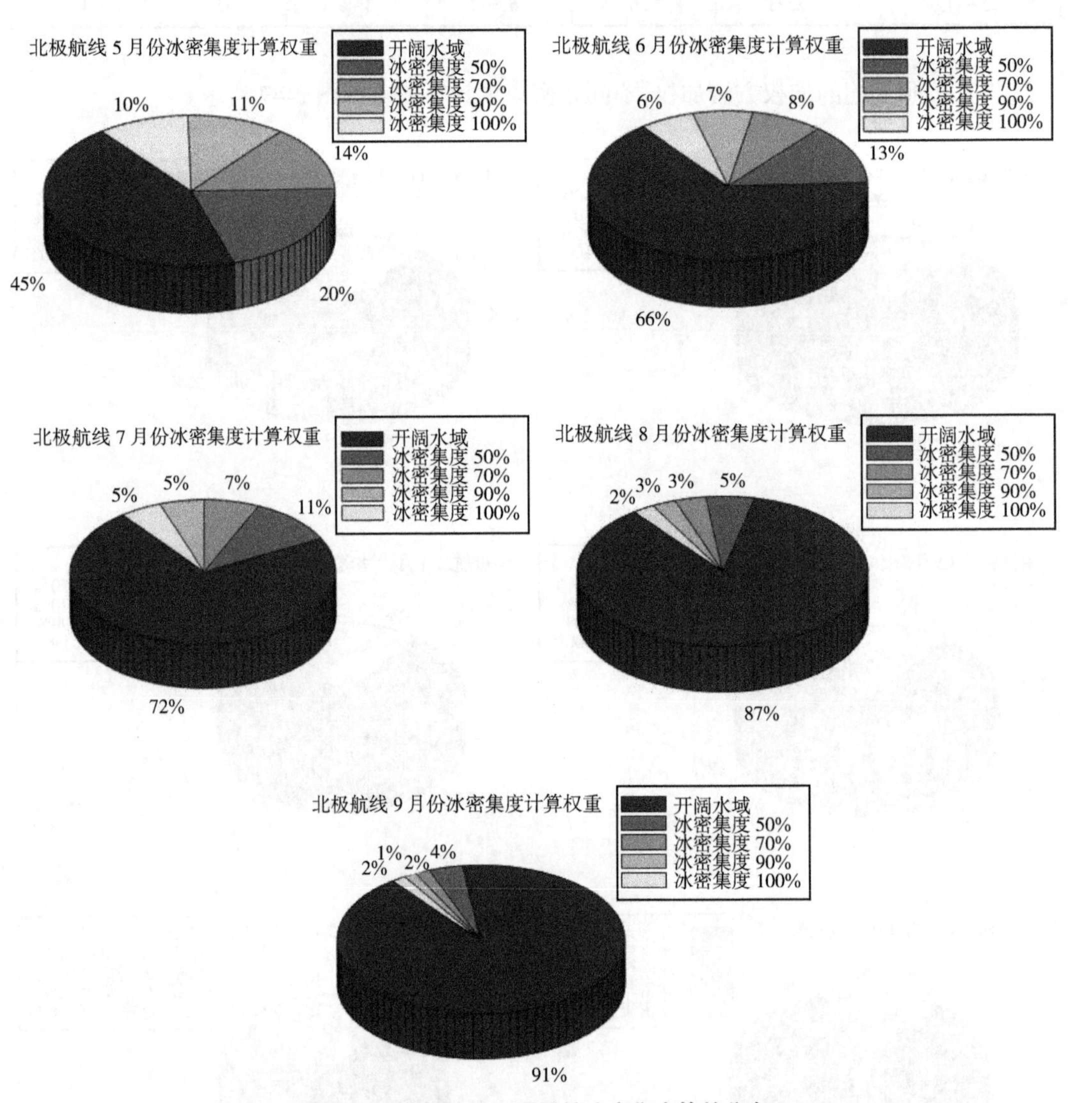

图 2-48 北极航线不同月份冰密集度等效分布

2.5.2 确定性疲劳累积损伤计算

本部分主要为通过有限元计算软件得到不同冰密集度下的冰-船碰撞的应力曲线，运用 *S-N* 曲线得到船在不同冰密集度下的累积损伤，然后结合航区数据得到船舶在一年内不同冰密集度下的航行时间和概率，进而得到一年内冰-船碰撞累积损伤的确定性评估结果。

1. 相关理论

1)S-N 曲线的选取

S-N 曲线是一种用来描述材料疲劳性能的曲线，它通常由材料的疲劳强度试验数据得出。挪威船级社(Det Norske Veritas，DNV)规范中的曲线形式如图 2-49 所示。

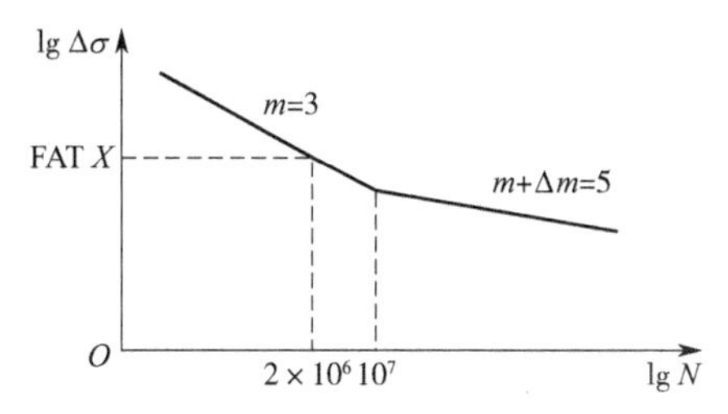

图 2-49　DNV 规范中的 S-N 曲线形式

其中曲线上 $\Delta\sigma$ 表示某一应力水平(单位为 N / mm^2)，N 表示在 $\Delta\sigma$ 的作用下材料达到疲劳破坏的循环次数，其表达式为

$$N\Delta\sigma^m = K \tag{2-11}$$

其中，m、K 为试验得出的参数。

对上式进行形式变换得

$$\lg N = \lg K_2 - m\lg\Delta\sigma \tag{2-12}$$

由 DNV 疲劳计算规范可知，钢结构在自由腐蚀条件下，如浸没在海水中，其疲劳寿命比在空气环境中短，但对于涂覆或阴极保护的钢在海水中的疲劳寿命大致与在空气中相同，因此选用在空气中的 S-N 曲线对船舶进行计算，见表 2-7。

如果是完全暴露在海水等腐蚀性环境下，则使用空气环境下的 S-N 曲线，但腐蚀性环境下的疲劳损伤需乘以 2.0。

表 2-7　DNV 规范中的常用 S-N 曲线

S-N 曲线	(FAT)(N/mm^2)	$\Delta\sigma$(N/mm^2)	$N \leqslant 10^7$		$N > 10^7$	
			$\lg K_2$	m	$\lg K_2$	m
B1	160	107.00	15.118	4	19.176	6
B	150	100.31	15.005	4	19.008	6
B2	140	93.63	14.886	4	18.828	6
C	125	78.92	14.640	3.5	17.435	5.5
C1	112	70.72	13.473	3.5	17.172	5.5
C2	100	63.14	13.30	3.5	16.902	5.5
D	90	52.63	12.164	3	15.606	5

根据表 2-7 选用 D 类曲线，数据见表 2-8。

表 2-8 DNV-D-A 曲线参数

S-N	(FAT)(N/mm²)	$\Delta\sigma_q$(N/mm²)	$N \leqslant 10^7$		$N > 10^7$	
			$\lg K_2$	m	$\lg K_2$	$m+\Delta m$
D	90	52.63	12.164	3	15.606	5

DNV 规范下 D 类 *S-N* 曲线(转折点纵坐标为 52.44)如图 2-50 所示。

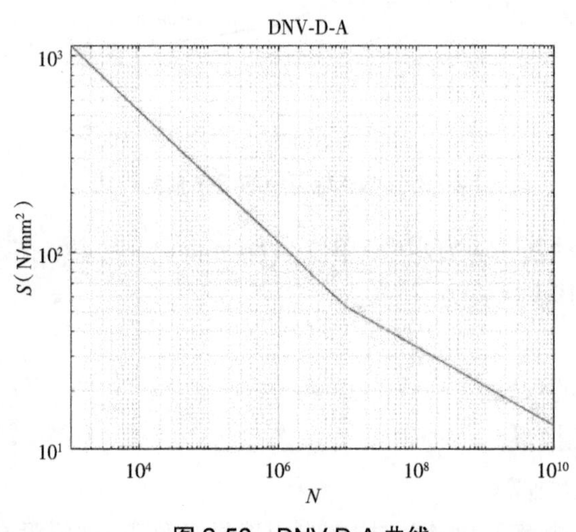

图 2-50 DNV-D-A 曲线

2)雨流计数法

雨流计数是随机疲劳载荷循环计数法中最为常用的方法,这种方法不仅可以较为准确地统计到载荷的变化趋势,还可以与材料的疲劳特性联系起来,因此得到了广泛应用。

雨流计数法又称为塔顶法,此计数方法是通过对计算得到的应力时间曲线进行最大峰值整理拼接使得曲线由最大值点开始并以最大值点结束,之后应用整理好的曲线计算各应力所对应的应力幅值,最后提取载荷循环的过程。具体过程如图 2-51 所示。

在工程累积损伤的计算理论中,选择使用 Miner 线性累积损伤准则的较多,但是越来越多的研究表明,单纯应用线性累积对载荷的作用进行计算所得到的结果可能会与实际情况有较大的偏差。因此在研究中没有使用 Miner 线性累积损伤准则,而是选用了比其计算准确度更高、应用前景更好的 Corten-Dolan 准则,其表达式为

$$N = \frac{N_1}{\sum_{i=1}^{k} \gamma_i \left(\sigma_i / \sigma_1\right)^d} \tag{2-13}$$

式中:N 为多级载荷下直到破坏的总循环数;σ_i 表示第 i 级应力水平的应力值;σ_1 表示最高应力水平的应力值,即此次载荷循环中的最大载荷;γ_i 表示第 i 级应力循环数在总循环数中所占的比例;N_1 表示在 σ_1 作用下直到破坏的循环数;d 表示材料常数;k 为循环的应力数。

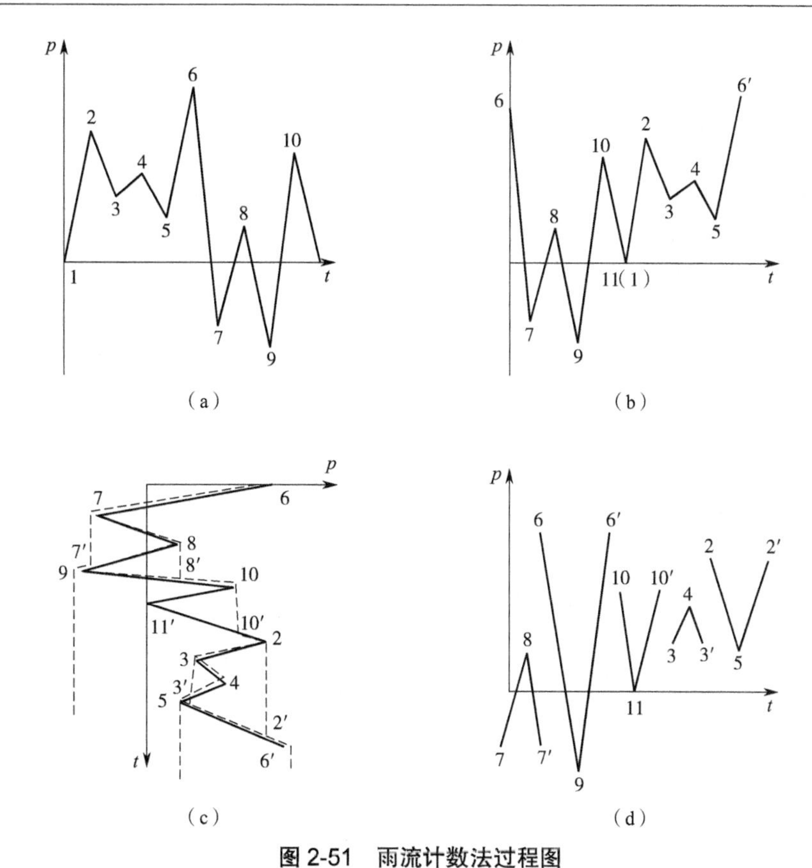

图 2-51　雨流计数法过程图

(a)时间-应力　(b)峰值拼接　(c)90° 旋转　(d)应力循环提取

可推出损伤变量 D 的表达式为

$$D=\left(N\sum_{i=1}^{k}\gamma_i\sigma_i^d\right)\Big/\left(N_1\sigma_1^d\right)=1 \tag{2-14}$$

因此,可得到应力 σ_i($1\leqslant i\leqslant k$)下作用N_{γ_i}次时的损伤积累

$$D_i=\frac{N_{\gamma_i}\sigma_i^d}{N_1\sigma_1^d}=\frac{n_i\sigma_i^d}{N_1\sigma_1^d} \tag{2-15}$$

式中:n_i为 σ_i 作用的总次数,$n_i=N_{\gamma_i}$。

根据以上公式可以发现,指数d出现在所有表达式中,因此可知它在疲劳累积损伤计算中有着非常重要的地位,在诸多研究文献中给出的常见材料的建议取值为:高强度钢 $d=4.8$,硬拉钢$d=5.8$。

2. 计算结果

1)疲劳校核点选取

由船舶结构强度校核中所得的应力云图可知,三种不同冰密集度下所受应力最大的点分别为 2058725 号、3179419 号、3096547 号单元,单元位置及应力情况如图 2-52 所示。

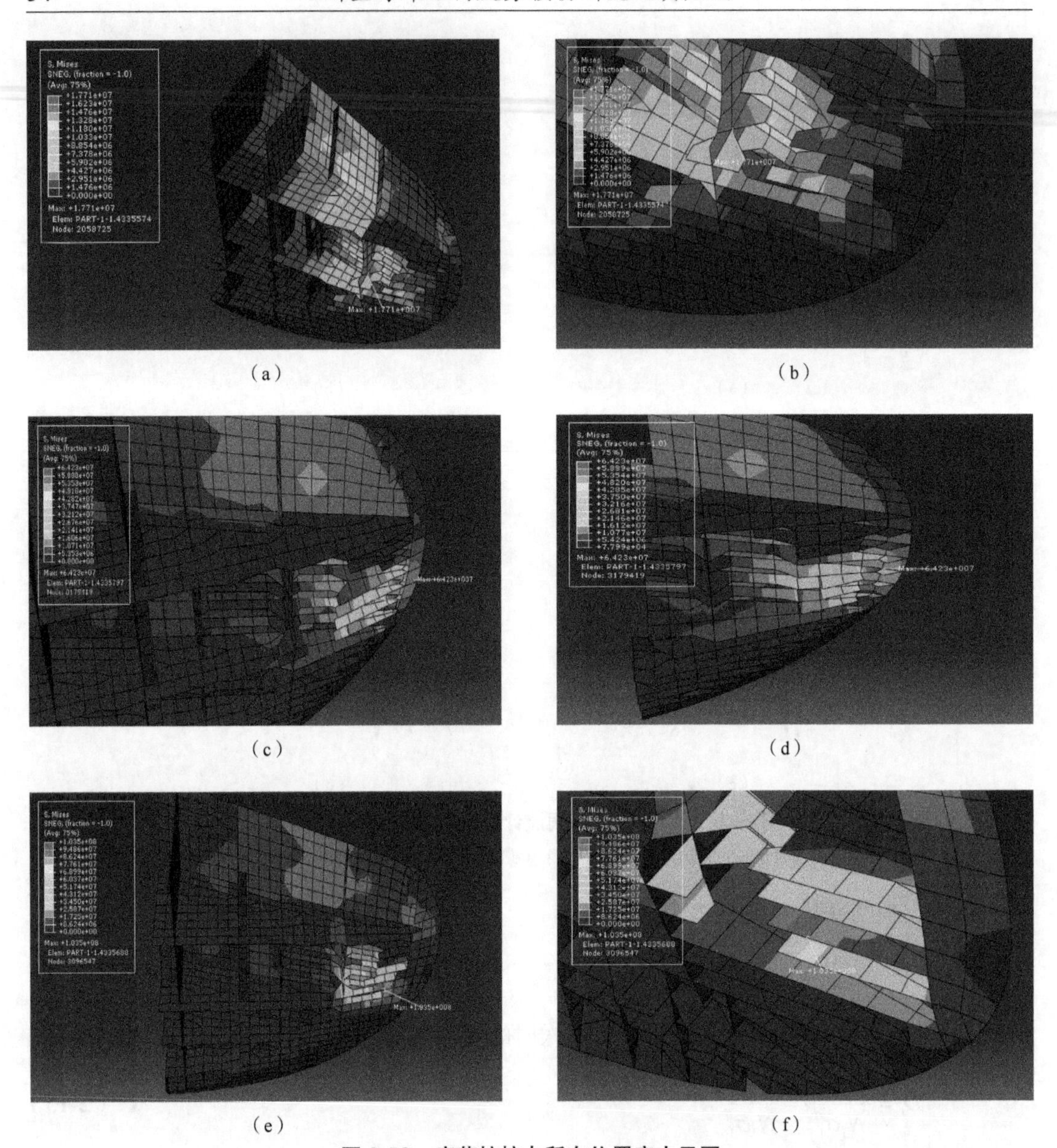

图 2-52 疲劳校核点所在位置应力云图

(a)(b)50% 冰密集度下船艏部分位置应力云图 (c)(d)70% 冰密集度下船艏部分位置应力云图
(e)(f)90% 冰密集度下船艏部分位置应力云图

2)应力时程曲线

由于在冰密集度为 50%、70%、90% 这三种工况下,应力最大点分别出现在不同的应力单元上,因此选择 2058727 号、3179419 号、3096547 号这三个单元作为疲劳校核点分别计算其累积损伤。不同工况下疲劳校核点的选取见表 2-9。

表 2-9　不同工况下疲劳校核点的选取

	冰密集度	位置一(单元)	位置二(单元)	位置三(单元)
工况一	50%	2058725 号	3179419 号	3096547 号
工况二	70%	2058725 号	3179419 号	3096547 号
工况三	90%	2058725 号	3179419 号	3096547 号

图 2-53 至图 2-55 给出三个位置在不同冰密集度下的应力时程曲线。

3)雨流计数

通过上述峰谷提取之后,应用三点雨流计数提取法对新的数据组提取力的循环。对三种工况下不同位置校核点的雨流计数如图 2-56 至图 2-58 所示。

4)疲劳损伤结果

应用上述数据处理及计算方法将三种工况下的疲劳校核点进行具体分析,将三种工况下的应力幅值数据进行统计,分别计算得到各个工况下的最大应力幅值,且根据文献,应力幅值的等级一般取 8 级,各应力幅值的等级为最大应力幅值的 12.5%、27.5%、42.5%、57.5%、72.5%、85%、95% 和 1 倍,将应力幅值及其对应的频数关系进行统计后,通过 Corten-Dolan 损伤累积理论,求出每个应力幅值下的疲劳损伤值,并将所有损伤值进行求和则可得到结构在该时间段内的总损伤值。

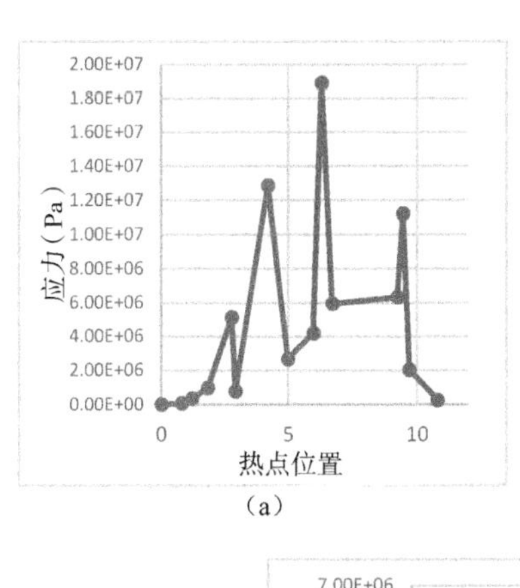

(a)

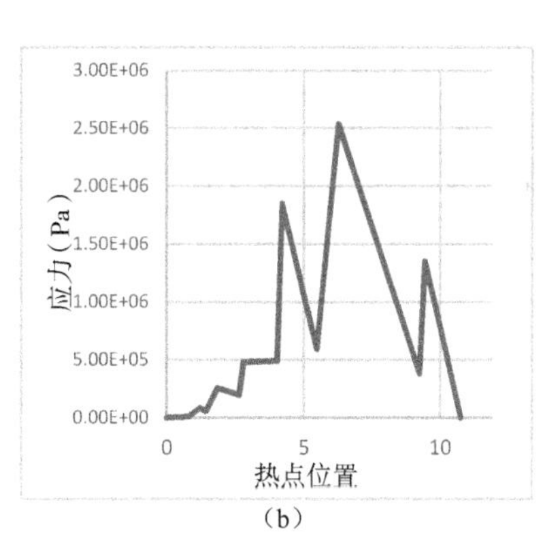

(b)

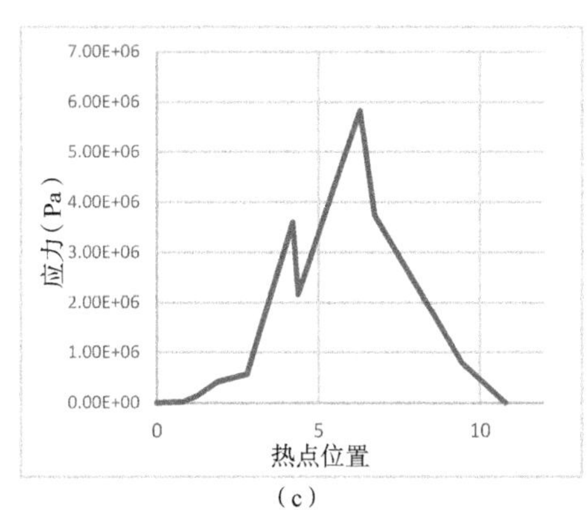

(c)

图 2-53　工况一下三个疲劳校核位置的应力时程

(a)热点位置一的应力时程曲线　(b)热点位置二的应力时程曲线　(c)热点位置三的应力时程曲线

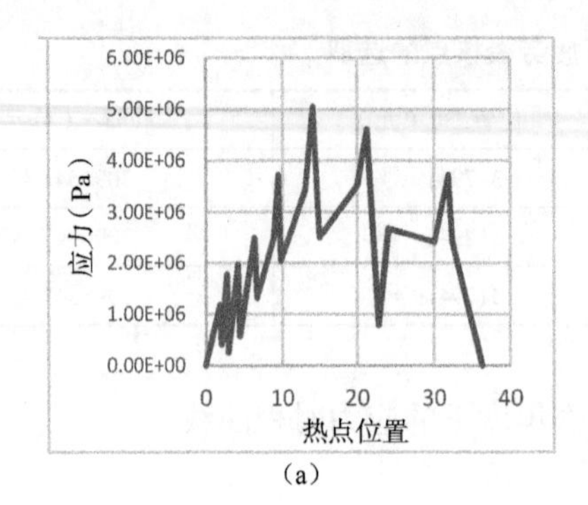

(a)

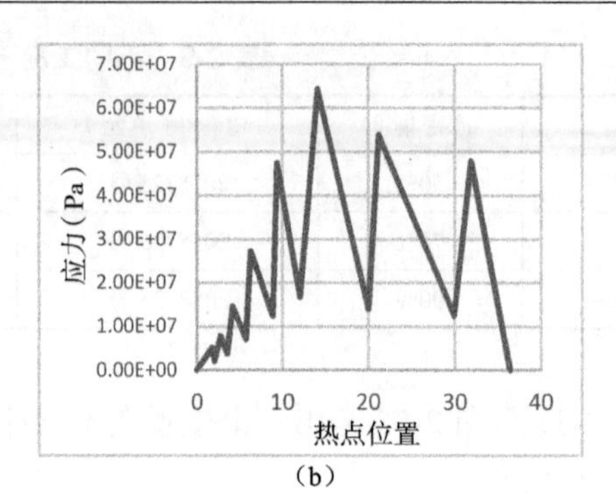

(b)

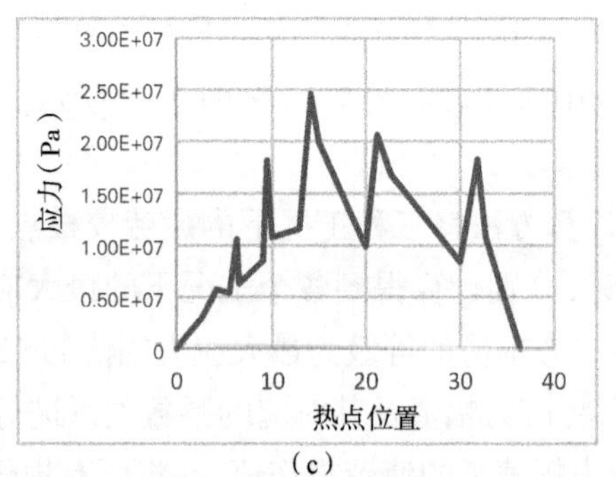

(c)

图 2-54　工况二下三个疲劳校核位置的应力时程

(a)热点位置一的应力时程曲线　(b)热点位置二的应力时程曲线　(c)热点位置三的应力时程曲线

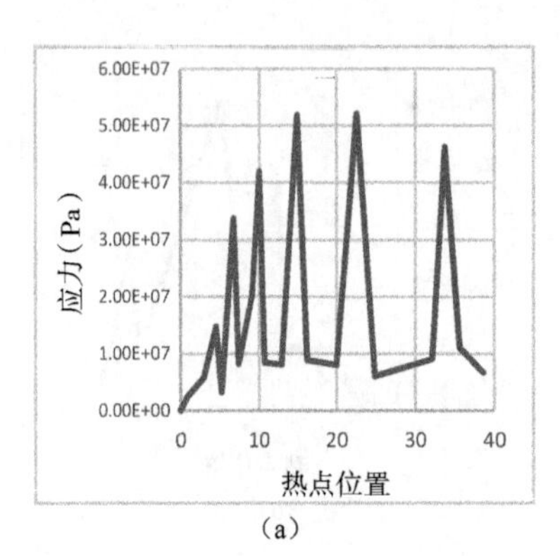

(a)

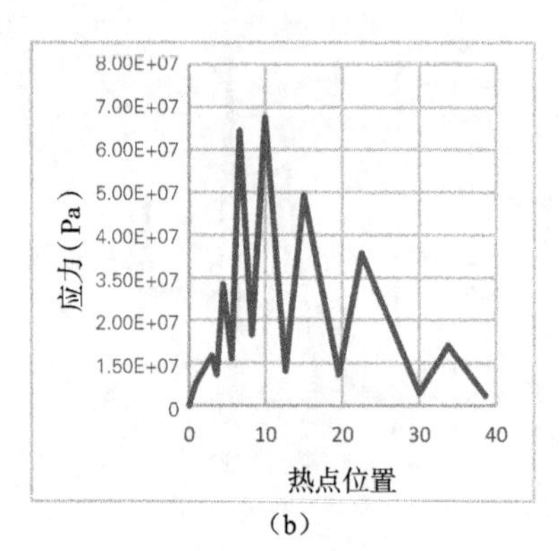

(b)

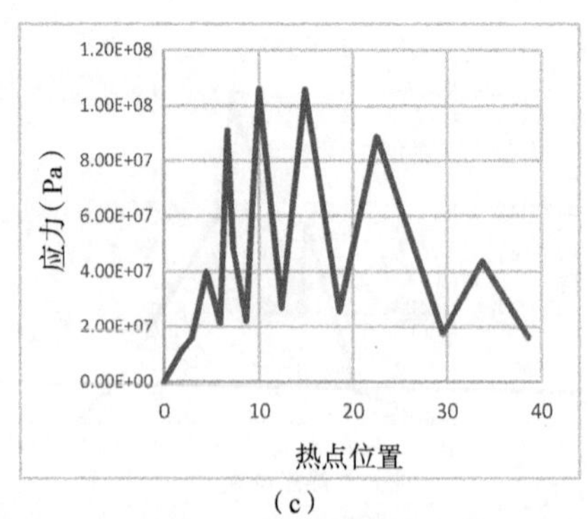

(c)

图 2-55　工况三下三个疲劳校核位置的应力时程

(a)热点位置一的应力时程曲线　(b)热点位置二的应力时程曲线　(c)热点位置三的应力时程曲线

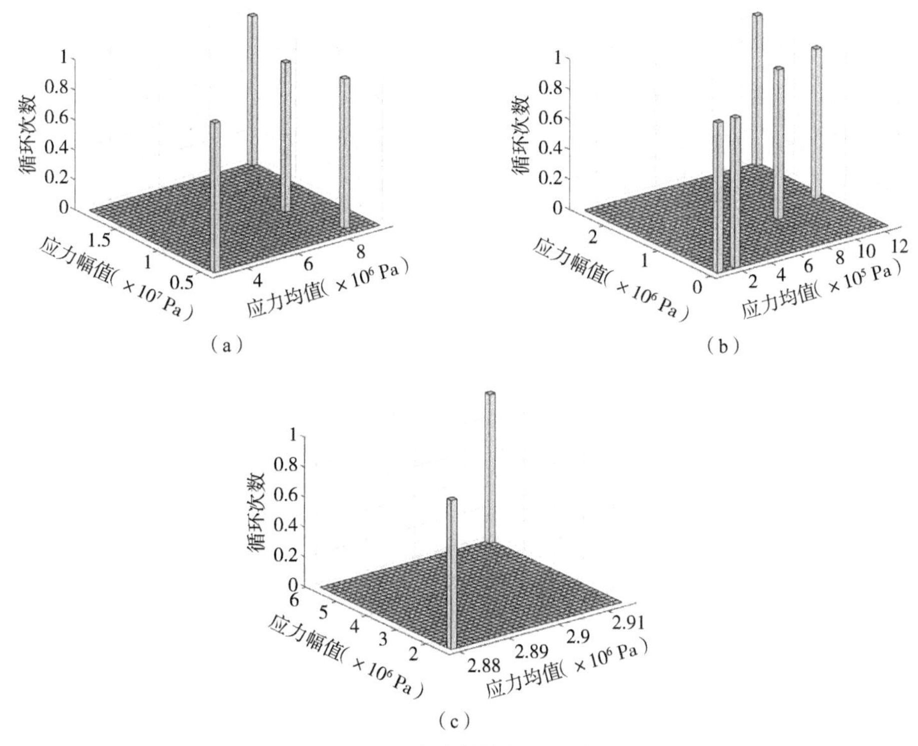

图 2-56　工况一下三个疲劳校核位置的雨流计数结果

(a)位置一　(b)位置二　(c)位置三

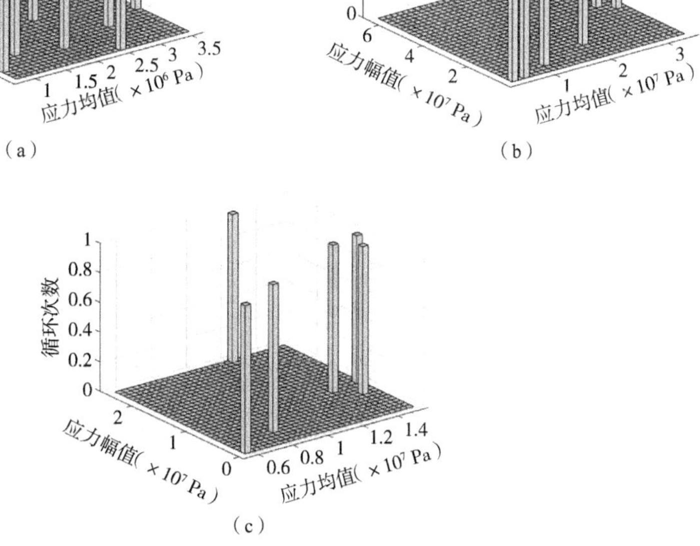

图 2-57　工况二下三个疲劳校核位置的雨流计数结果

(a)位置一　(b)位置二　(c)位置三

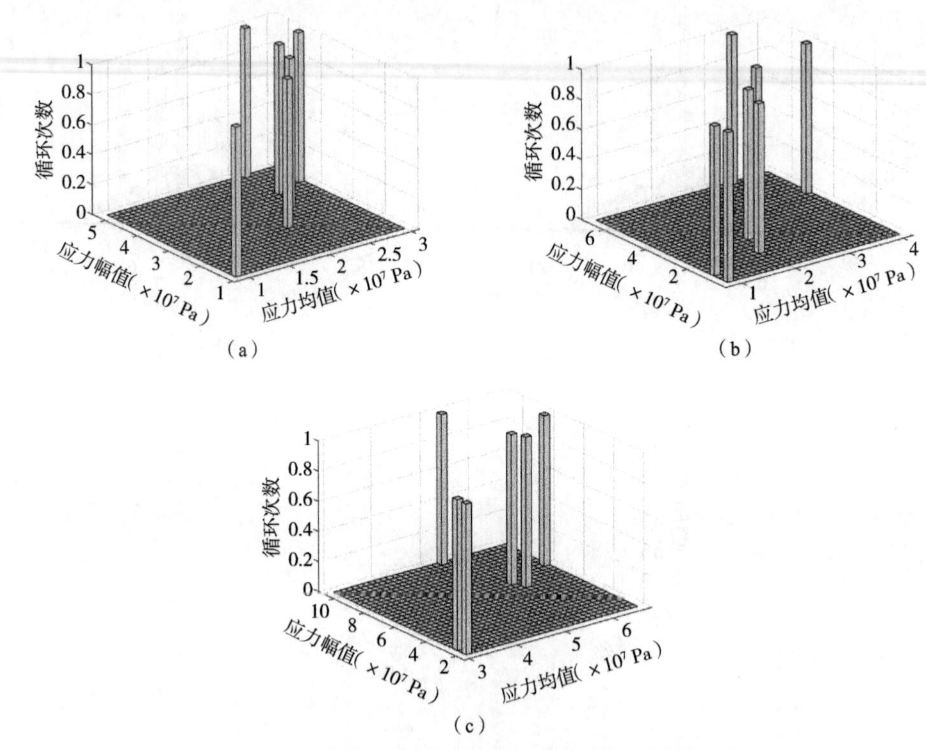

图 2-58 工况三下三个疲劳校核位置的雨流计数结果

(a)位置一 (b)位置二 (c)位置三

工况一下疲劳校核位置一的最大应力为 18.919 7 MPa,如图 2-59 所示。

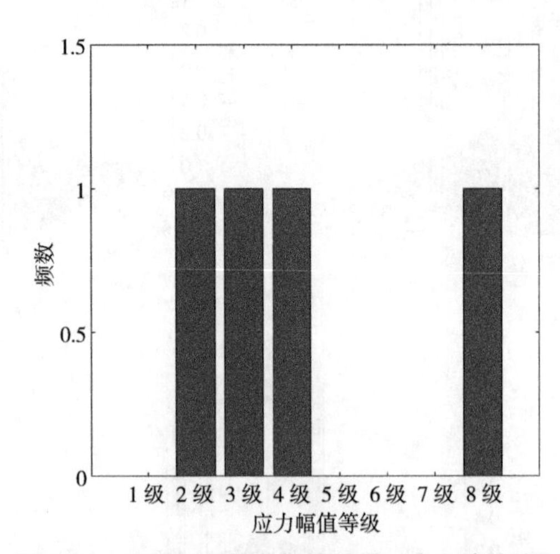

图 2-59 工况一下疲劳校核位置一应力统计结果

工况一下疲劳校核位置二的最大应力为 2.533 4 MPa,如图 2-60 所示。

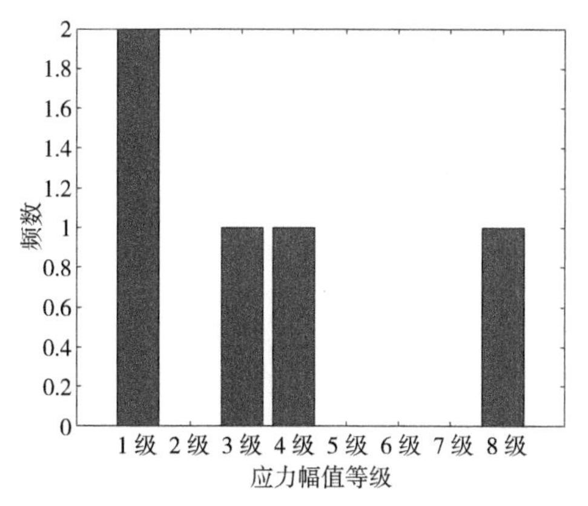

图 2-60　工况一下疲劳校核位置二应力统计结果

工况一下疲劳校核位置三的最大应力为 5.828 1 MPa，如图 2-61 所示。

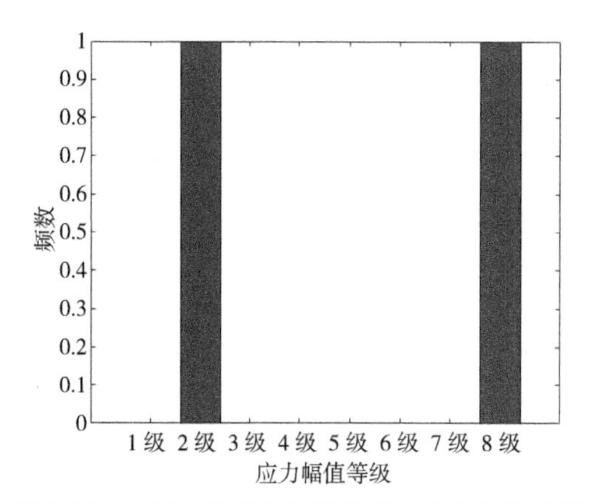

图 2-61　工况一下疲劳校核位置三应力统计结果

工况二下疲劳校核位置一的最大应力为 5.043 8 MPa，如图 2-62 所示。

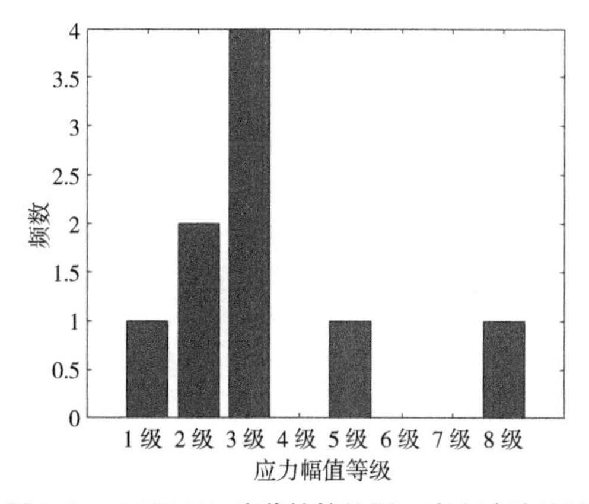

图 2-62　工况二下疲劳校核位置一应力统计结果

工况二下疲劳校核位置二的最大应力为 64.234 1 MPa，如图 2-63 所示。

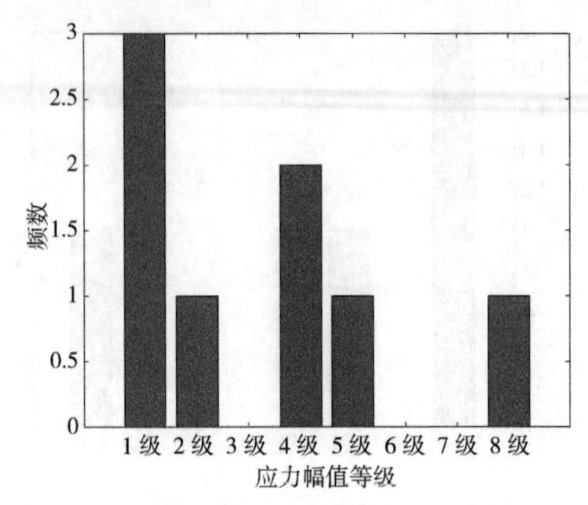

图 2-63　工况二下疲劳校核位置二应力统计结果

工况二下疲劳校核位置三的最大应力为 24.588 3 MPa,如图 2-64 所示。

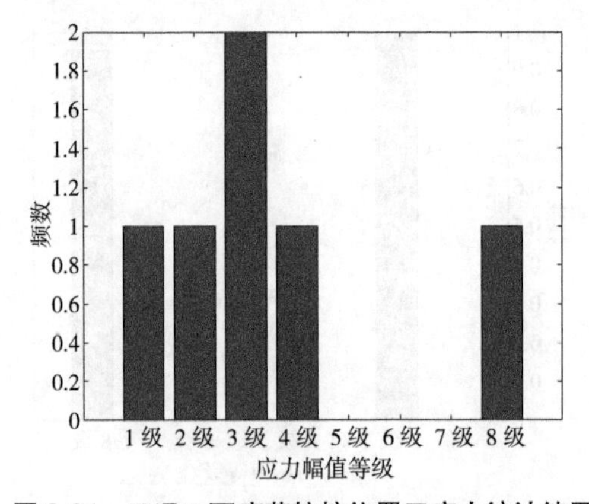

图 2-64　工况二下疲劳校核位置三应力统计结果

工况三下疲劳位置一的最大应力为 52.089 4 MPa,如图 2-65 所示。

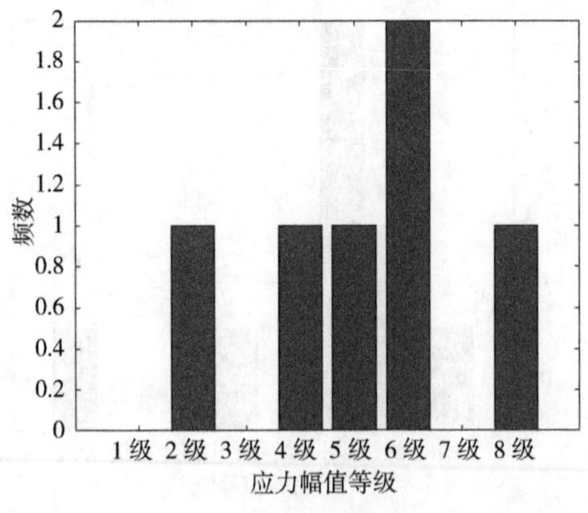

图 2-65　工况三下疲劳校核位置一应力统计结果

工况三下疲劳校核位置二的最大应力为 67.572 9 MPa,如图 2-66 所示。

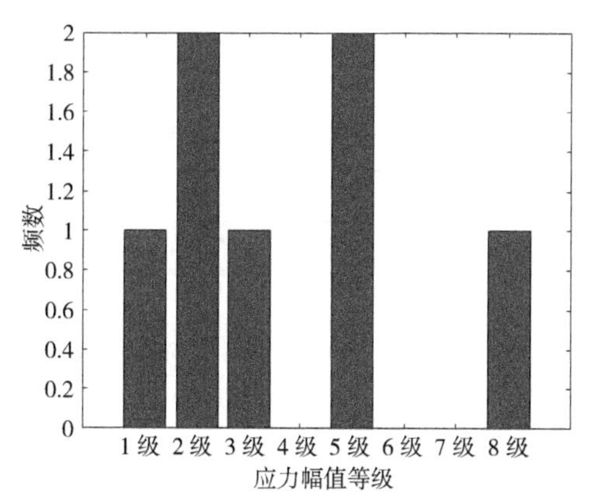

图 2-66　工况三下疲劳校核位置二应力统计结果

工况三下疲劳校核位置三的最大应力为 105.944 0 MPa，如图 2-67 所示。

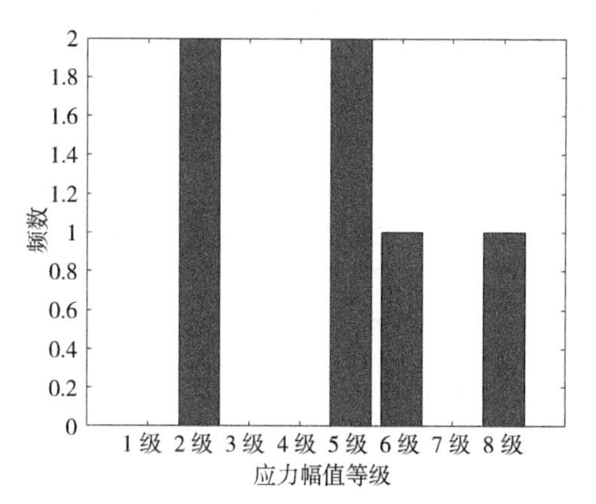

图 2-67　工况三下疲劳校核位置三应力统计结果

整理得到三种不同冰密集度下疲劳校核点的损伤结果见表 2-10。

表 2-10　累积损伤结果

工况	热点位置	载荷作用总时间(s)	载荷作用有效时间(s)	有效疲劳累积损伤 D_i
工况一	位置一	11	190	6.5393×10^{-10}
	位置二	11	190	1.2112×10^{-11}
	位置三	11	190	1.6694×10^{-12}
工况二	位置一	36	206	1.0382×10^{-12}
	位置二	36	206	2.4636×10^{-7}
	位置三	36	206	2.4611×10^{-9}
工况三	位置一	39	225	2.0928×10^{-7}
	位置二	39	225	3.0617×10^{-7}
	位置三	39	225	1.5401×10^{-6}

由上一节得出的疲劳损伤结果和之前的船舶航行时间及海冰覆盖情况得到该极地邮轮

的不同疲劳校核点在一年时间里的疲劳损伤见表 2-11 至表 2-13。

表 2-11 校核位置一一年内疲劳累积损伤

月份	5 月	6 月	7 月	8 月	9 月	10 月
疲劳损伤	1.601 9 × 10^{-4}	1.019 5 × 10^{-4}	7.286 3 × 10^{-5}	4.366 4 × 10^{-5}	1.468 0 × 10^{-5}	5.740 1 × 10^{-4}
月份	11 月	12 月	1 月	2 月	3 月	
疲劳损伤	4.848 7 × 10^{-4}	2.885 3 × 10^{-4}	1.804 1 × 10^{-4}	7.221 5 × 10^{-5}	1.804 1 × 10^{-4}	
总损伤	0.002 2					

表 2-12 校核位置二一年内疲劳累积损伤

月份	5 月	6 月	7 月	8 月	9 月	10 月
疲劳损伤	4.931 9 × 10^{-4}	2.969 4 × 10^{-4}	2.360 2 × 10^{-4}	1.192 9 × 10^{-4}	5.836 4 × 10^{-5}	1.161 6 × 10^{-3}
月份	11 月	12 月	1 月	2 月	3 月	
疲劳损伤	1.237 910^{-3}	8.342 8 × 10^{-4}	5.387 1 × 10^{-4}	2.200 9 × 10^{-4}	5.387 1 × 10^{-4}	
总损伤	0.005 7					

表 2-13 校核位置三一年内疲劳累积损伤

月份	5 月	6 月	7 月	8 月	9 月	10 月
疲劳损伤	1.173 6 × 10^{-3}	7.466 5 × 10^{-4}	5.335 6 × 10^{-4}	3.199 1 × 10^{-4}	1.068 2 × 10^{-4}	4.233 4 × 10^{-4}
月份	11 月	12 月	1 月	2 月	3 月	
疲劳损伤	3.566 1 × 10^{-3}	2.114 3 × 10^{-3}	1.321 6 × 10^{-3}	5.286 8 × 10^{-4}	1.321 6 × 10^{-3}	
总损伤	0.016 0					

应用可靠性随机变量数据及不确定性计算方法可以计算出邮轮的疲劳可靠度，见表 2-14（假定邮轮设计疲劳寿命为 20 年）。

表 2-14 关键节点疲劳可靠性

疲劳校核点	平均疲劳寿命（a）	可靠性指标	失效概率
2058727 号单元	454.5	3.5	2.326 3 × 10^{-4}
3179409 号单元	175.4	2.4	8.197 5 × 10^{-3}
3096547 号单元	62	1.2	1.150 7 × 10^{-1}

本章部分图例

说明：为了方便读者直观地查看彩色图例，此处节选了书中的部分内容进行展示。页面左侧的页码，为您标注了对应内容在书中出现的位置。

第 3 章　新型海洋结构疲劳可靠性研究

在工程实际中，整体结构的疲劳计算方法大体相同，然而对于不同结构而言，其局部结构的疲劳计算又存在一定差别。前文中介绍了海上结构疲劳计算方法，并且其中包含一些对船体或水上结构中特有局部结构的细化计算。而在水下结构中，对于海洋立管、海底管道的疲劳寿命评估，则需要根据具体结构形式再选取合适的计算参考规范及计算方法。

随着海洋立管、海底管道的不断发展，管线的结构形式、组成材料等也在日渐复杂，许多新材料、新形式结构的投入使用，使得传统的疲劳损伤分析方法不再能够完全适用。因此，本章以笔者承担的国家重点研发项目为基础，介绍复杂多层柔性立管疲劳损伤分析方法，并采用可靠性分析方法，完善疲劳损伤分析过程，考虑更全面，结果更准确。本章的目标结构兼具结构复杂性和材料复杂性，可以为深水管线整体结构疲劳强度计算评估提供参考。

本章中进行的立管结构总体疲劳强度分析流程如图 3-1 所示。

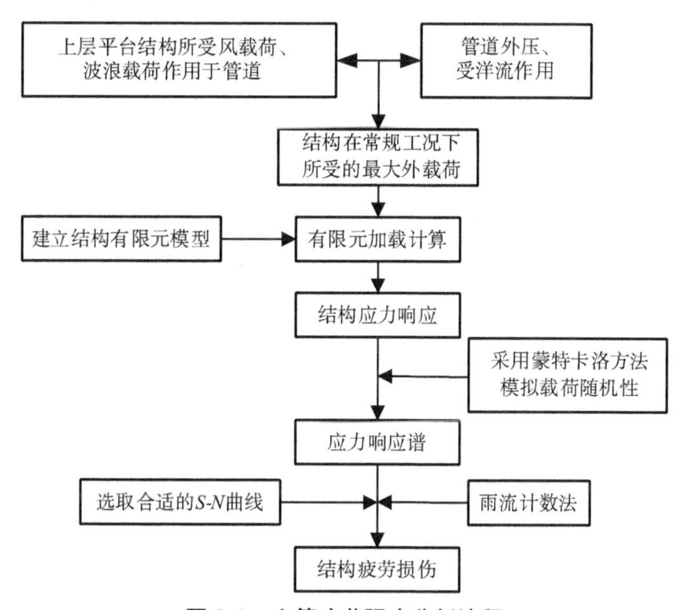

图 3-1　立管疲劳强度分析流程

3.1　疲劳计算基本理论

3.1.1　材料 *S-N* 曲线

一般情况下，材料所承受的循环载荷的应力幅越小，到发生疲劳破断时所经历的应力循环次数越长。*S-N* 曲线就是材料所承受的应力幅水平与该应力幅下发生疲劳破坏时所经历的应力循环次数的关系曲线。

柔性管抗拉铠甲层的材料为高强钢，根据 DNV-RP-C203 规范，高强钢应力疲劳曲线的方程式为

$$\lg N = 17.446 - 4.7\lg\Delta\sigma \tag{3-1}$$

式中：$\Delta\sigma$为应力范围；N 为 $\Delta\sigma$应力范围内发生疲劳所需的循环次数。

3.1.2 疲劳应力

1. 疲劳应力计算

在运用 *S-N* 曲线进行疲劳分析时，计算所需要的应力幅值、平均应力都是标量。但时程计算得到的应力是一个张量，因此需要基于应力张量计算一个标量值，用于疲劳应力分析。计算得到的这个标量值称为疲劳应力，根据材料和结构的不同，疲劳应力的计算方式也有所不同。本次疲劳校核中对各个位置的冯·米塞斯（Von Mises）应力进行计算，采用 Von Mises 应力进行疲劳分析。Von Mises 应力 σ_{vm} 的计算公式如下：

$$\sigma_{vm} = \sqrt{\frac{1}{2}[(\sigma_x-\sigma_y)^2+(\sigma_y-\sigma_z)^2+(\sigma_z-\sigma_x)^2+6(\tau_{xy}^2+\tau_{yz}^2+\tau_{xz}^2)]} \tag{3-2}$$

式中：σ_x、σ_y、σ_z分别为 x、y、z 方向上的应力；τ_{xy}、τ_{yz}、τ_{xz}分别为沿 xy、yz、xz 面的剪切应力。

2. 疲劳应力时程

结构的疲劳是由于动载荷的作用导致的，但一个结构在服役过程中可能同时受多个复杂载荷的作用。为了获得结构在当前工况下每个位置的应力时程，需要开展有限元计算，计算的方法一般有以下两种。

（1）直接法：直接用有限元计算结构在所有载荷下的动力学响应，并获得每个时间点结构的应力分布。

（2）叠加法：根据叠加法则，可以先用有限元静力学计算每个载荷工况下对应单位载荷时的应力分布，再将各个载荷的时程与单位载荷应力分布相乘，最后对所有工况应力相加就可以得到复杂工况下的应力时程。

采用直接法计算的应力时程是最精确的，但其计算量大。而且当结构的单元数目较多，计算时间步较长时，需要存储巨大的应力时程数据。所以，实际计算中采用叠加法。

在叠加法中，可以根据载荷特征分成几个独立的载荷工况。若一个结构同时受到 N 个载荷工况，则以载荷工况中的最大载荷 F_{max} 为准，那么载荷时程可以表示为以最大载荷为系数的时程过程 $F_i(t)$。采用叠加法计算结构的应力时程时，首先，针对模型进行工况中最大载荷的加载，计算结构的应力分布 σ_i^1，则结构在所有载荷工况下的应力时程可以通过叠加得到，即

$$\sigma(t) = \sum \sigma_i^1 F_i(t) \tag{3-3}$$

本次计算中通过 ABAQUS 所读取的应力结果为受到最大外载荷作用下的应力。在 0 到 1 中取 50 个随机数，作为循环应力的系数，循环时间为 5 s，设定载荷循环次数为 200 万次，以此作为计算中载荷的时程。

3.2　立管基本参数及模型建立

项目所研究的复杂结构为十二层复合柔性立管，从内至外分别为骨架层、内部护套层、抗压铠装层、内部减摩层、内部抗拉铠装层、外部减摩层、外部抗拉铠装层、四合减摩层以及外部护套层。其中，四合减磨层为四合一结构，共包含四层。立管实体结构示意如图 3-2 所示。

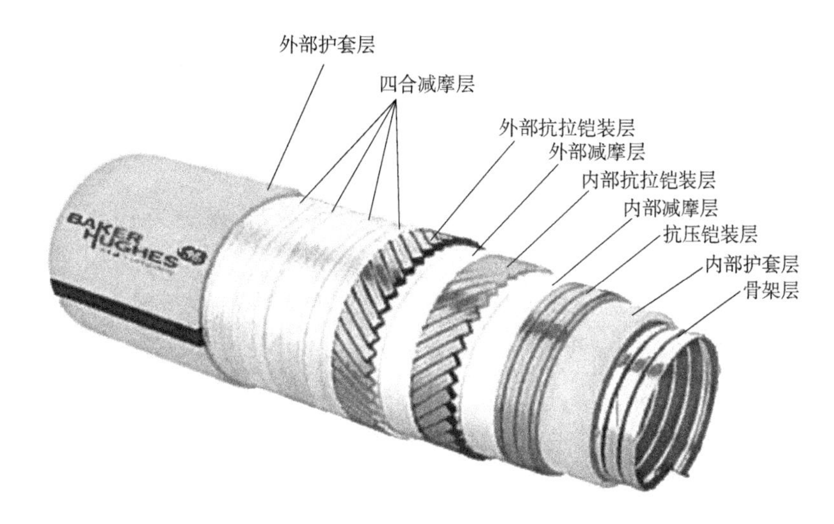

图 3-2　立管结构示意

9.25 inch(inch = 2.54 cm)的十二层非黏结采油立管各层类型、几何参数及材料类型见表 3-1。

表 3-1　十二层非黏结立管基本参数

层	材料	内径(mm)	厚度(mm)	外径(mm)	质量(kg/m)
骨架层	Duplex 2205	234.90	6.84	248.58	21.202
内部护套层	PA 12 Natural	248.58	7.00	262.58	5.733
抗压铠装层	Steel 110ksi UTS	262.58	8.00	278.58	44.243
内部减摩层	Tape PA11P2030mil	278.58	1.52	281.62	1.404
内部抗拉铠装层	Steel 190ksi UTS	281.62	3.00	287.62	18.304
外部减摩层	Tape PA11P2030mil	287.62	1.52	290.66	1.450
外部抗拉铠装层	Steel 190ksi UTS	290.66	3.00	296.65	18.855
四合减摩层	Polypropylene	296.65	0.30	297.24	0.256
	High Density Glass Filament	297.24	0.64	298.52	0.755
	Polypropylene	298.52	0.30	299.11	0.258
	Tape Polyester Fabric	299.11	0.41	299.93	0.255
外部护套层	PE100 Grade GP1000R	299.93	9.00	317.93	8.536

其中,参与结构强度的各层参数见表 3-2。

表 3-2 结构层基本参数

层	几何尺寸	极限强度	填充度
骨架层	55.0 mm × 1.2 mm	558 MPa	89.01%
抗压铠装层	18.0 mm × 8.0 mm	683 MPa	90.15%
内部抗拉铠装层	9.0 mm × 3.0 mm	1 179 MPa	92.28%
外部抗拉铠装层	9.0 mm × 3.0 mm	1 179 MPa	92.10%

在进行疲劳计算前,需要对结构进行应力分析。本章采用数值模拟方法,在有限元分析软件中建立多层立管结构模型建立,施加载荷并得到结构应力响应。

骨架层、铠装层以及减摩层和护套层的截面形式和缠绕方式参考通用非黏性柔性立管截面形状和相关信息建立,计入骨架层和铠装层的真实截面形状,并对减摩层和护套层做了一定简化和近似。在采用数值方法模拟时,为了避免边界条件对结果的影响,要采用足够的长度,因此在本项研究中,立管长度设为 1 000 mm。

使用通用软件进行非黏结柔性立管的三维分析时,采用的有限元软件主要有 ABAQUS 和 ANSYS。其中, ABAQUS 能够求解复杂的非线性问题, ANSYS 具有强大的建模功能。在深水载荷中,存在大量非线性载荷,因此本次项目中使用 ABAQUS 来模拟采油管的力学性能。

十二层采油管的剖面结构示意如图 3-3 所示。

图 3-3 采油管剖面结构示意

金属层模拟方法如下:将骨架层模拟为自锁 S 形截面螺旋带,将抗压铠装层模拟成 Z 形截面螺旋带,将抗拉铠装层模拟为矩形截面螺旋带。

对聚合物层的模拟方法如下:忽略聚合物层的实际几何形状将其简化为圆柱壳结构。需要特殊说明的是,由于采油管第八到第十一层的 FLEXTAPE 厚度很小、材料相似,因此把这四层近似成一层厚度为 1.65 mm 的减摩层。

根据上述建模思想,建立三维数值模型,模型长度为 1 000 mm,如图 3-4 所示。

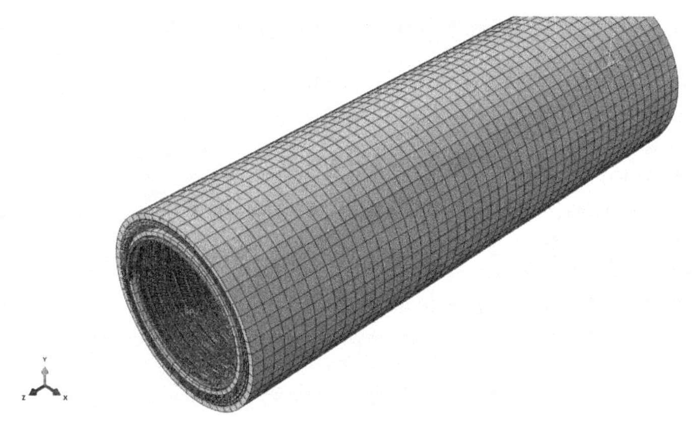

图 3-4　有限元整体示意

3.2.1　单元选择

单元选择对非黏结柔性立管截面力学性能分析尤为重要，一方面由于数值分析中存在的大量接触对单元选择造成一定限定，另一方面则由于此类立管可发生较大弯曲变形等，如果单元类型选择不当，则数值结果是不可取的。

由于在非黏结柔性立管的力学性能数值分析中涉及大量接触，为有效模拟层间接触、摩擦以及抗拉铠装层螺旋钢带滑移现象，所有层均采用 C3D8R 单元进行模拟。

3.2.2　材料属性定义

骨架层材料为双相不锈钢（Duplex2205），密度为 8.0 g/cm^3，杨氏模量为 200 GPa，泊松比为 0.3。

内护套层材料为 PA12 Natural，密度为 1.01 g/cm^3，杨氏模量为 8 700 MPa，泊松比为 0.3。

抗压铠装层材料为 Steel 110KSI UTS，密度为 8.0 g/cm^3，杨氏模量为 210 GPa，泊松比为 0.3。

减摩层材料为 Tape PA11 P2030mil，密度为 1.04 g/cm^3，杨氏模量为 4 000 MPa，泊松比为 0.3。

抗拉铠装层材料为 Steel 190ksi UTS，密度为 8.0 g/cm^3，杨氏模量为 200 GPa，泊松比为 0.3。

聚合层材料为聚合物，密度为 2.0 g/cm^3，杨氏模量为 73 GPa，泊松比为 0.3。

外护套层材料为 PE100 Grade GP100OR，密度为 1.0 g/cm^3，杨氏模量为 900 MPa，泊松比为 0.3。

3.2.3　接触设置

数值模拟分析前需要对 ABAQUS/Standard 和 ABAQUS/Explicit 两种求解器进行选择。一般问题的求解可以使用 Standard 隐式求解器，但在一些复杂的接触问题中，迭代分析可能不收敛且运算成本很高。隐式求解器必须进行迭代才能求解非线性问题，而显式求解器则无须进行迭代。另外，显式求解器对计算机性能的要求远小于隐式求解器。从计算成本来看，Explicit 更具优势。

在 ABAQUS/Explicit 中，有两种定义接触的方法。①通用接触算法：定义简单、方便，对接触面类型限制少，ABAQUS 会自动搜索相互接触面，因此计算量较大；②接触对算法：定义过程较复杂，需要定相互接触面，且对接触面类型限制较多，但计算量较小。由于采油管中存在大量接触，通过接触对算法定义接触是不现实的，因此采用通用接触算法进行分析。

在模拟非黏结采油管相邻层及各层内部结构间接触时需定义接触属性，包括接触面的法向行为和切向行为。接触面法向行为设置为硬接触（Hard Contact），即当相邻层间接触压力 $p \leqslant 0$ 时，立管相邻层发生分离。接触面间切向行为采用库伦摩擦，摩擦系数取为萨维克（Savik）和伯奇（Berge）给出的试验值 0.1。

3.2.4 边界条件

在（0，0，0）处设置几何参考点 RP1，在（0，0，1 000）处设置几何参考点 RP2。定义 RP1 和 RP2 所在端面分别为立管的底面和顶面，将各层底端截面所有节点与 RP1 耦合，将各层顶端截面所有节点与 RP2 耦合，耦合方式为运动耦合（Kinematic），耦合完成后如图 3-5 所示。

计算轴对称载荷下非黏结采油管力学性能时，RP1 边界条件为刚性固定，RP2 根据不同工况设置。

图 3-5 截面节点耦合示意

3.3 计算工况设置

计算工况以轴向拉伸载荷作为说明立管力学性能的主要工况，针对柔性立管受载较大位置结合受载情况进行数值模拟计算，轴压、环压、扭转、弯曲工况作为附加工况辅以说明立管的力学性能，根据实际结构在海洋环境中的运动响应情况及实测情况选取载荷值。

3.3.1 轴向拉伸工况

表 3-3 是截取危险点受到载荷大小由大到小排序的部分结果,因此选取轴向拉力 $F=35$ kN 和弯矩 $M=9$ kN·m 的工况。

表 3-3 危险点受拉和弯曲载荷数值

有效张力(KN)	弯矩(kN·m)
32.31	8.96
32.31	8.96
32.31	8.96
32.30	8.96
32.30	8.96

3.3.2 附加工况

轴向力、扭转以及压力作用计算工况见表 3-4 至表 3-6,其中表 3-4 中轴向力负值代表轴向压力,轴向力作用在 RP2 上;表 3-5 中扭矩正值代表逆时针扭矩,负值代表顺时针扭矩,扭矩也作用在 RP2 上;表 3-6 计算工况中,压力均匀作用在外部护套层。

表 3-4 轴向力作用下非黏结立管计算工况

计算工况	轴向力幅值(kN)	RP1 边界条件	RP2 边界条件
1	0	刚性固定	$U_3=-1$
2	0	刚性固定	$U_3=-2$
3	0	刚性固定	$U_3=-3$
4	0	刚性固定	$U_3=-4$

表 3-5 扭转作用下非黏结立管计算工况

计算工况	扭矩幅值(N·m)	RP1 边界条件	RP2 边界条件
1	4 000	刚性固定	限制轴向位移
2	-4 000	刚性固定	限制轴向位移
3	3 500	刚性固定	限制轴向位移
4	3 000	刚性固定	限制轴向位移
5	2 500	刚性固定	限制轴向位移

表 3-6 压力作用下非黏结立管计算工况

计算工况	压力幅值(MPa)	RP1 边界条件	RP2 边界条件
1	100	刚性固定	自由
2	150	刚性固定	自由
3	200	刚性固定	自由
4	250	刚性固定	自由

3.4 载荷作用下立管结构的力学性能

在立管结构所受载荷中,轴向力、扭转、弯曲三种载荷是发生反复变化的结构载荷,在循环载荷作用下结构会产生疲劳破坏。而立管内压基本恒定,不会引起结构疲劳损伤。因此在本章中,主要对结构在轴向力、扭转、弯矩加载下的响应进行分析,不考虑内压影响。如果对结构自身强度进行分析,则需要考虑压力载荷作用下的立管结构力学性能。

3.4.1 轴向拉伸载荷下的立管力学性能

本章在对多层柔性立管结构进行三维数值模拟时,能够有效计入接触摩擦、材料非线性、几何非线性等因素。为了确保 ABAQUS/Explicit 准静态算法的准确性,载荷的加载方式选取如图 3-6 所示的幅值曲线。

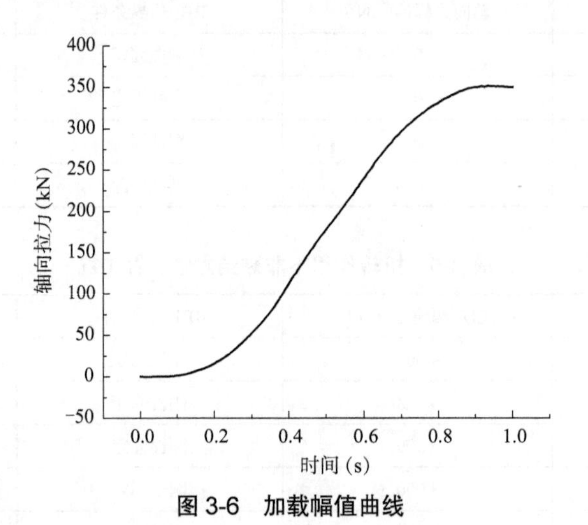

图 3-6 加载幅值曲线

轴向拉力下三维计算模型得到的立管应力云图如图 3-7 所示。由图可见,铺设角度大小相近、方向相反的抗拉铠装层是主要受力层。

柔性立管的主要受力层抗拉铠装层应力云图如图 3-8 所示。

可以看到两层抗拉铠装层中的部分螺旋条带都有出现应力集中的现象,为后续的失效研究提供了方向。

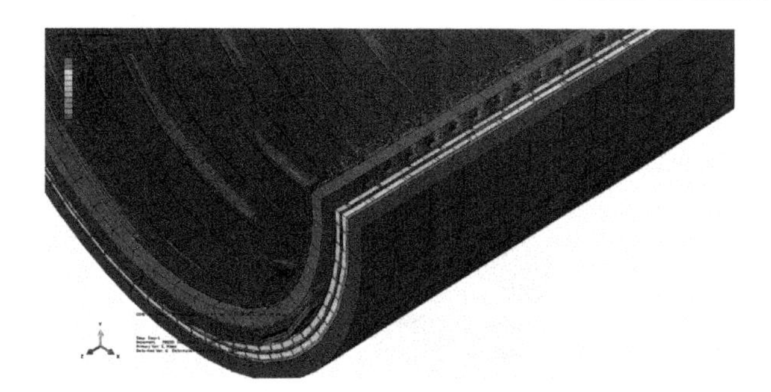

图 3-7　轴向拉伸载荷下的立管应力图

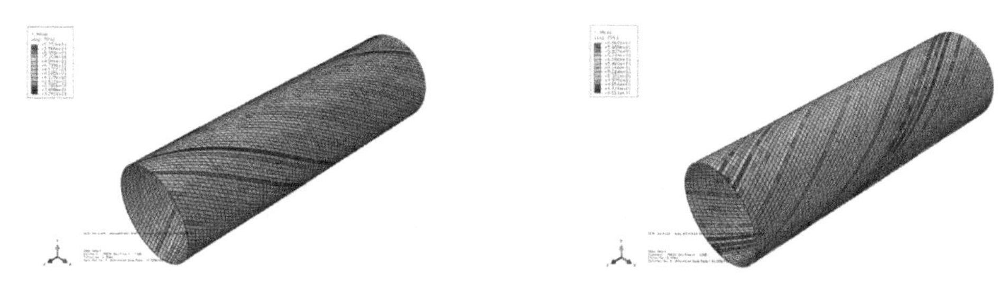

图 3-8　抗拉铠装层应力云图

图 3-9 给出了三维数值模型在轴向拉力作用下,拉力与延长率的关系曲线。可以看出,轴向拉力作用下的轴向拉力- 轴向延长率曲线斜率开始随着轴向延伸率的增大而增大,后趋于稳定呈线性分布。这是因为柔性立管在施加载荷的初期各层之间存在间隙,各层并未完全接触,使得金属层在径向发生了较大位移,而轴向刚度较小。随着拉力增加,各层之间充分接触,金属层径向位移减小,轴向刚度增大并趋于稳定。根据图 3-9,得到柔性立管的稳定轴向抗拉刚度为 4.1 MN。

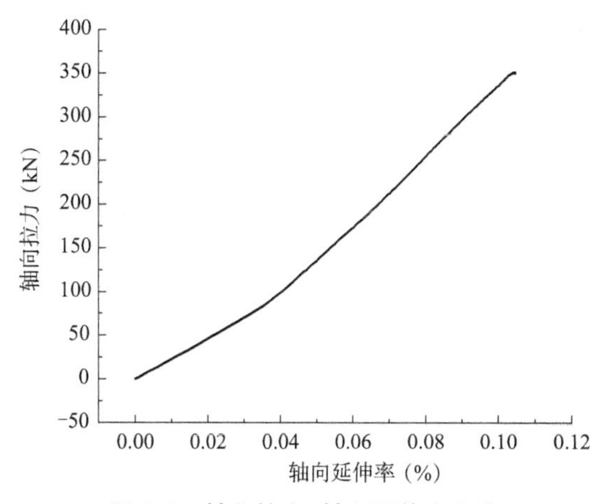

图 3-9　轴向拉力- 轴向延伸率曲线

3.4.2　轴向压力下的力学性能

轴向压力工况的计算结果如图 3-10 所示。从总体图中可以看到立管发生了鸟笼现象。

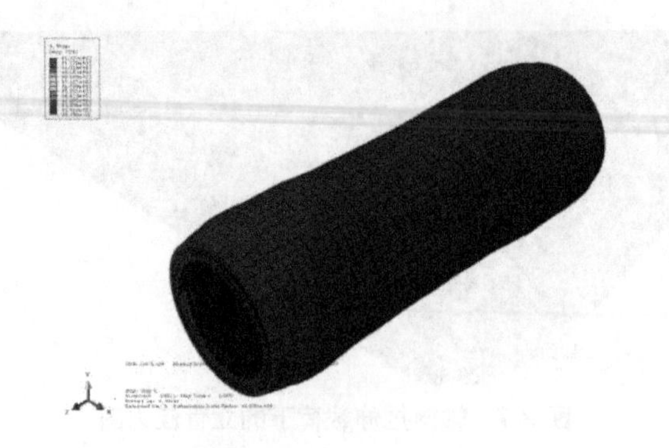

图 3-10 立管整体应力

立管剖面应力云图如图 3-11 所示。

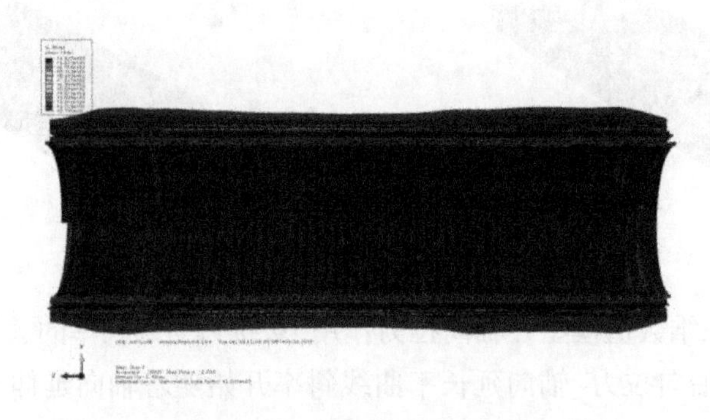

图 3-11 立管剖面应力云图

各金属层的应力云图如图 3-12 所示。

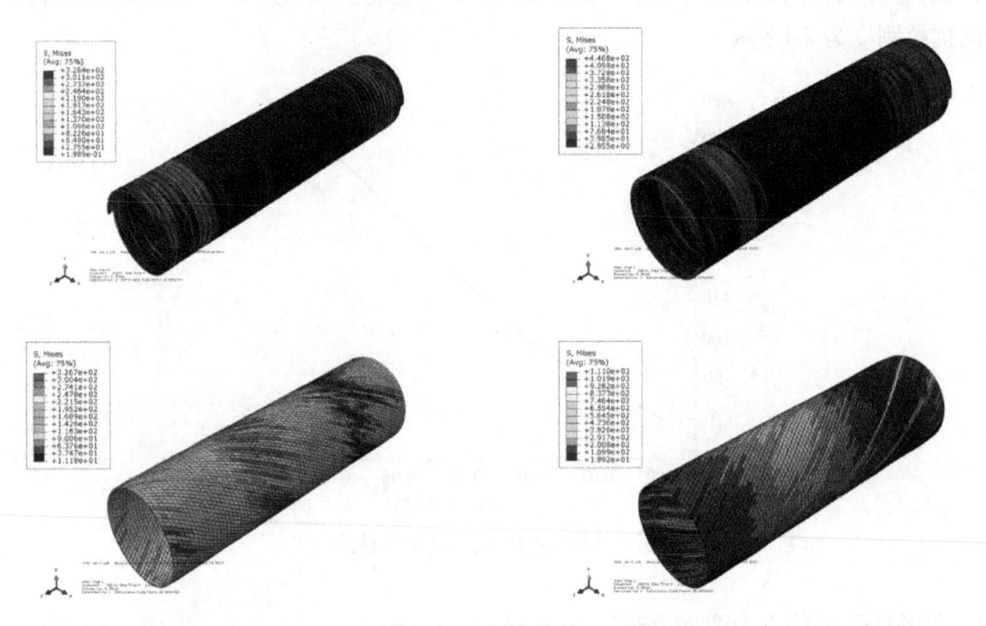

图 3-12 金属层应力云图

从图 3-10、图 3-11 和图 3-12 可以看出，非黏结立管的抗拉铠装层是承受轴向压力的主要构件。骨架层和抗压铠装层的端部位置应力大于中间位置，而内外抗拉铠装层的中间位置应力大于两端的应力。

图 3-13 显示了施加位移量和立管最大应力的关系。对比轴压工况下四组模拟数值，可以发现当施加的位移从 -1 增加到 -2 时，立管的最大应力有一个突变的过程。总体上，立管的应力都是随着施加位移的增大而增大。

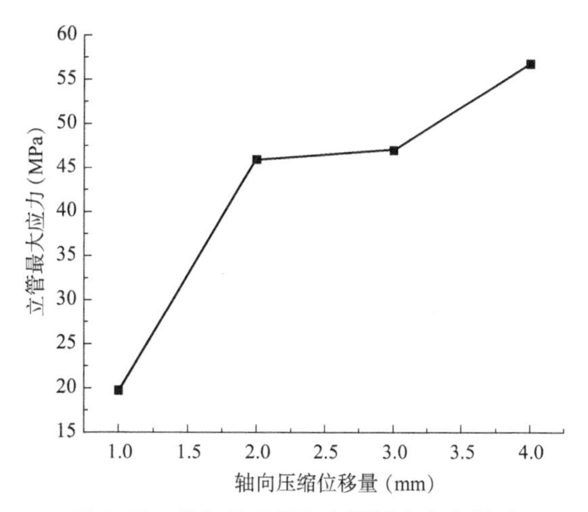

图 3-13　施加位移量和立管最大应力关系

3.4.3　扭转载荷下的立管力学性能

扭转载荷下立管的力学性能表现如图 3-14 至图 3-16 所示。

图 3-14　整体模型应力云图

图 3-15 剖面应力云图

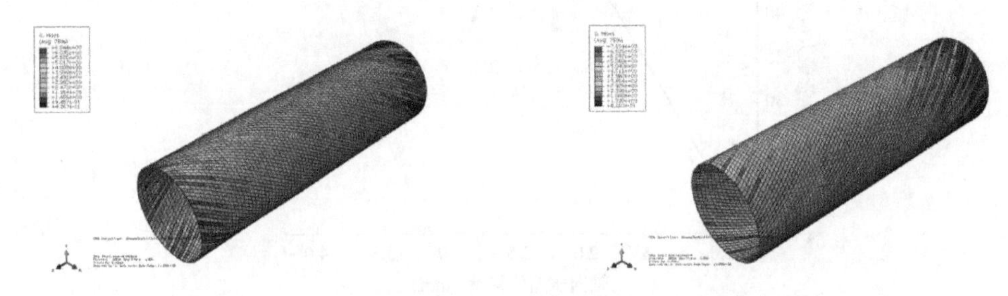

图 3-16 抗拉铠装层应力云图

从图 3-16 可以看出,抗拉铠装层还是主要的抗扭转构件。两层抗拉铠装层施加扭转载荷的 RP2 位置应力较大,固支端应力较小。

图 3-17 显示了施加扭矩和立管最大应力的关系。通过图 3-17,随着扭矩的增大,立管的最大应力也逐渐增大。当从 2 500 N·m 增大到 3 500 N·m 时,呈线性关系;从 3 500 N·m 增大至 4 000 N·m 时,斜率更大,意味着增加的幅值也更大。

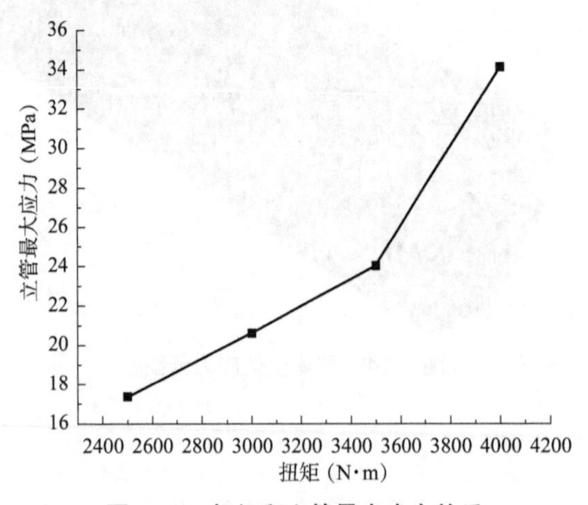

图 3-17 扭矩和立管最大应力关系

3.4.4　弯曲载荷作用下的立管力学性能

弯曲工况的立管整体应力云图和各金属层应力云图如图3-18和图3-19所示。

图3-18　整体模型应力云图

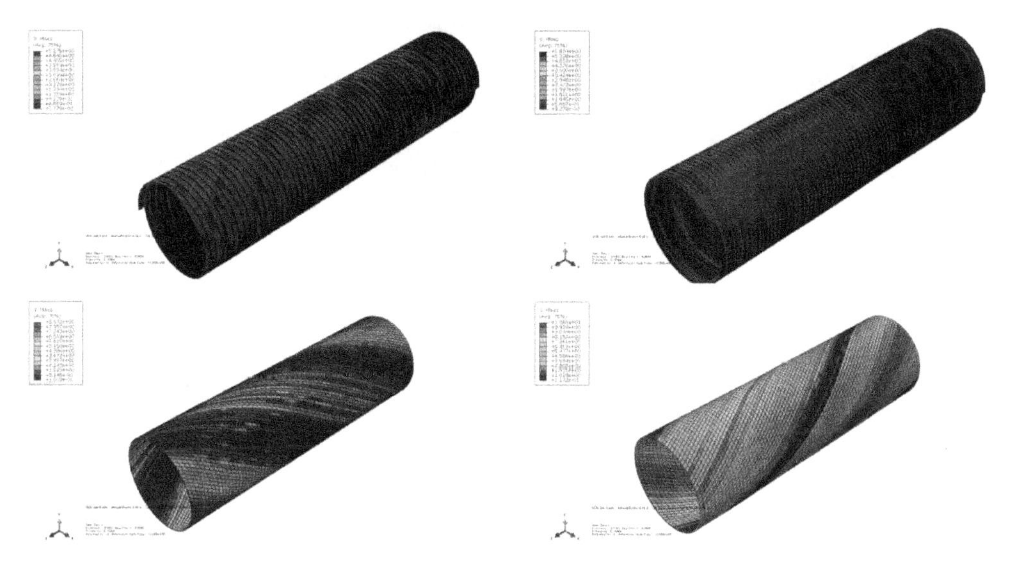

图3-19　金属层应力云图

可以看到弯曲工况下，抗拉铠装层的应力比骨架层和抗压铠装层的应力要大。其中，抗压铠装层在中间的应力比较大且分布均匀，外部抗拉铠装层的RP2局部位置应力较大。

3.5　疲劳累积损伤计算

疲劳载荷的获取来自对应海域常规载荷工况下的最大力，在确保结构满足极限强度要求的前提下，分析结构疲劳可靠性。在载荷的处理上，假定随机波浪作用的载荷大小满足正态分布，采用蒙特卡洛法形成时域作用下的载荷谱，以模拟随机波浪作用下，在结构设计时间内，作用在结构上的时历载荷。疲劳计算采用*S-N*曲线方法，载荷分析采用雨流计数法，计算疲劳损伤时采用Miner线性累积损伤准则。完成计算后，在自编显示软件中将累积损伤度计算结果以云图形式直观地表示出来。

3.5.1 拉压载荷疲劳分析

各层在仅受到拉压载荷作用下的疲劳累积损伤结果分析如下。

1. 骨架层

从图 3-20 可以看出,在拉压载荷作用下,骨架层疲劳损伤度均小于 1,满足疲劳计算要求,无疲劳损伤危险点。

图 3-20 骨架层疲劳损伤云图(拉压载荷)

2. 内部护套层

从图 3-21 可以看出,在拉压载荷作用下,内部护套层疲劳损伤度均小于 1,满足疲劳计算要求,无疲劳损伤危险点。

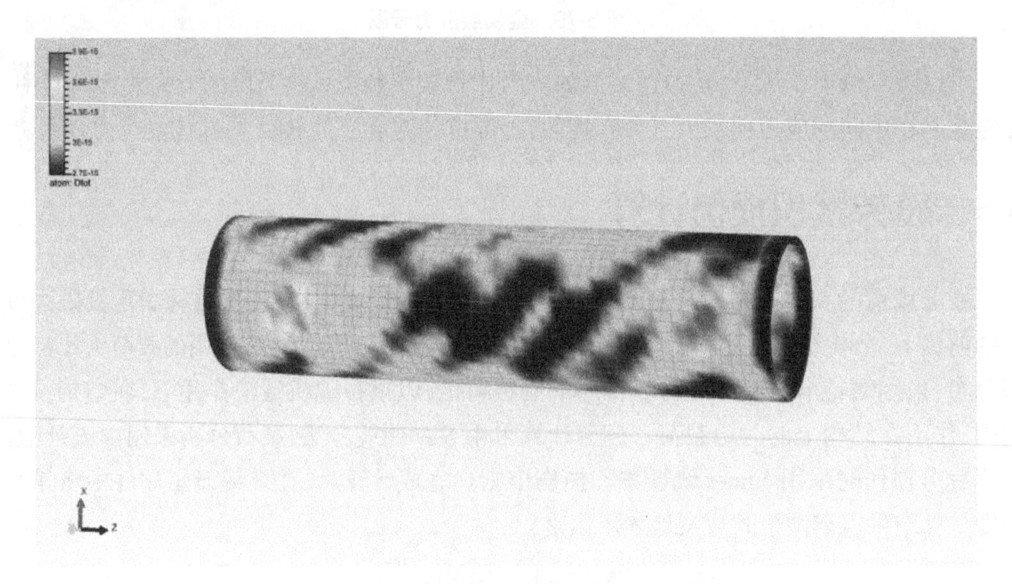

图 3-21 内部护套层疲劳损伤云图(拉压载荷)

3. 内部减摩层

从图 3-22 可以看出，在拉压载荷作用下，内部减摩层疲劳损伤度均小于 1，满足疲劳计算要求，无疲劳损伤危险点。

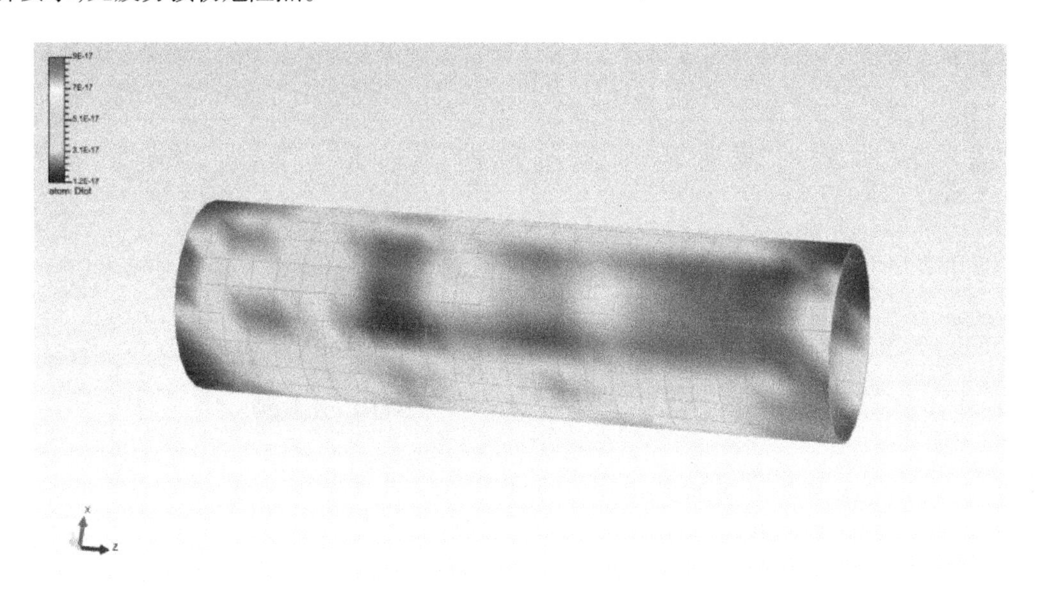

图 3-22　内部摩擦层疲劳损伤云图（拉压载荷）

4. 内部抗拉铠装层

从图 3-23 可以看出，在拉压载荷作用下，内部抗拉铠装层疲劳损伤度均小于 1，满足疲劳计算要求，无疲劳损伤危险点。

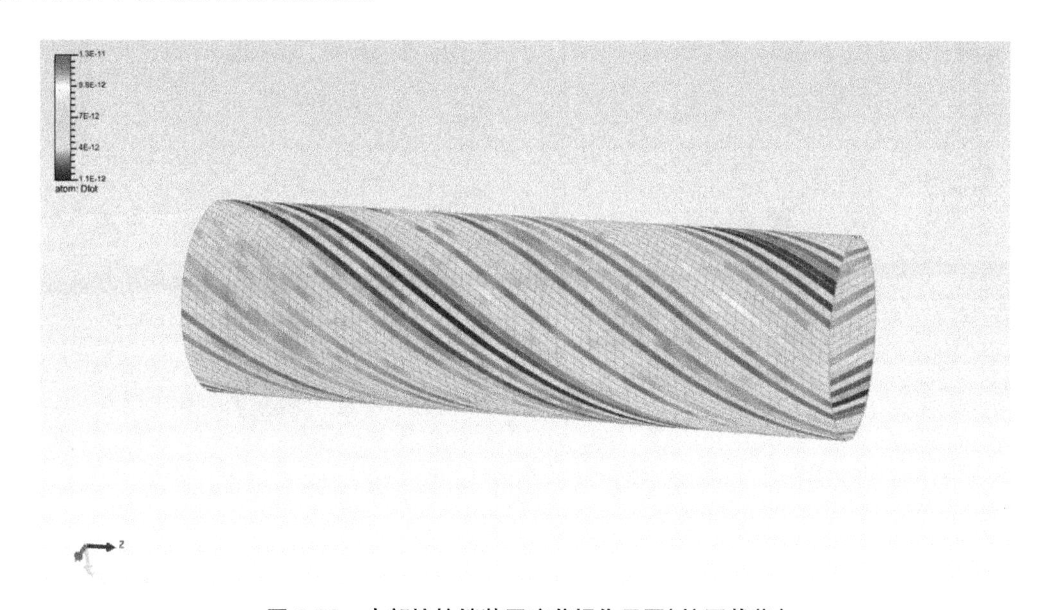

图 3-23　内部抗拉铠装层疲劳损伤云图（拉压载荷）

5. 外部护套层

从图 3-24 可以看出，在拉压载荷作用下，外部护套层疲劳损伤度均小于 1，满足疲劳计算要求，无疲劳危险点。

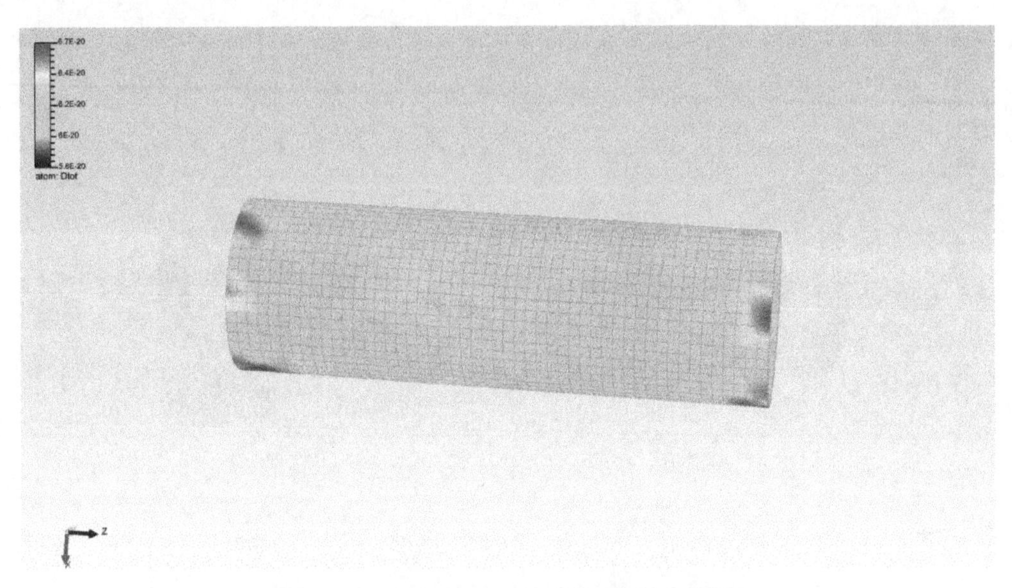

图 3-24 外部护套层疲劳损伤云图(拉压载荷)

6. 外部减摩层

从图 3-25 可以看出，在拉压载荷作用下，外部减摩层疲劳损伤度均小于 1，满足疲劳计算要求，无疲劳损伤危险点。

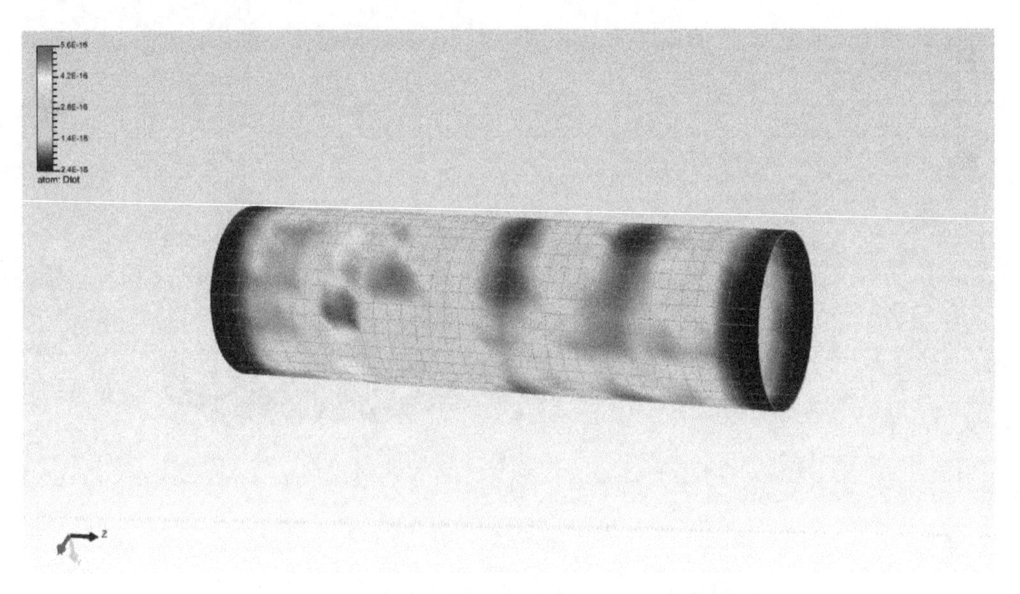

图 3-25 外部减摩层疲劳损伤云图(拉压载荷)

7. 外部抗拉铠装层

从图 3-26 可以看出，在拉压载荷作用下，外部抗拉铠装层疲劳损伤度均小于 1，满足疲劳计算要求，无疲劳损伤危险点。

图 3-26　外部抗拉铠装层疲劳损伤云图（拉压载荷）

8. 四合减摩层

从图 3-27 可以看出，在拉压载荷作用下，四合减摩层疲劳损伤度均小于 1，满足疲劳计算要求，无疲劳损伤危险点。

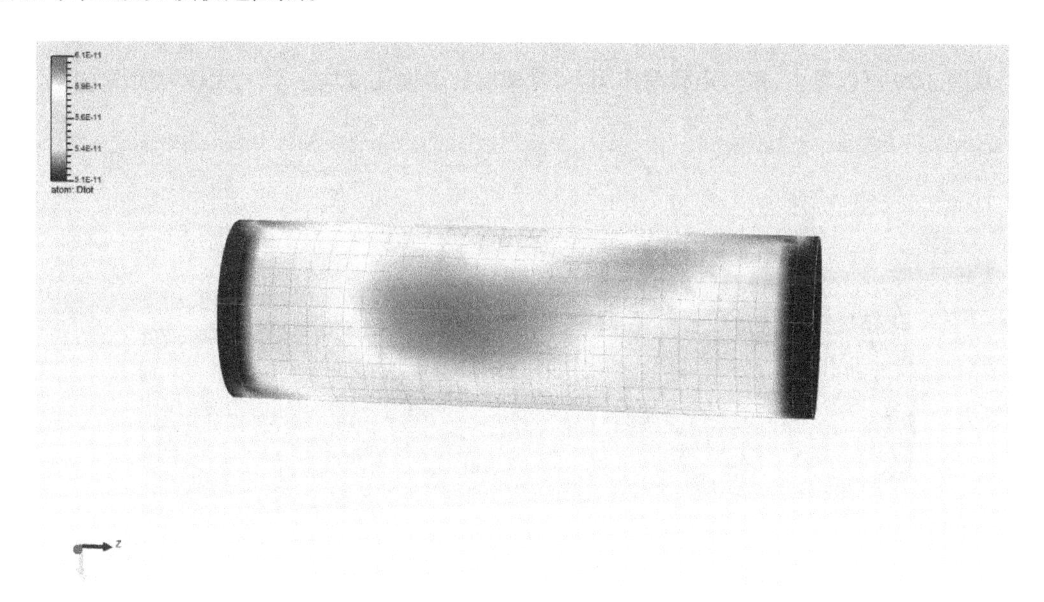

图 3-27　四合减摩层疲劳损伤云图（拉压载荷）

9. 抗压铠装层

从图 3-28 可以看出,在拉压载荷作用下,抗压铠装层疲劳损伤度均小于 1,无疲劳损伤危险点。

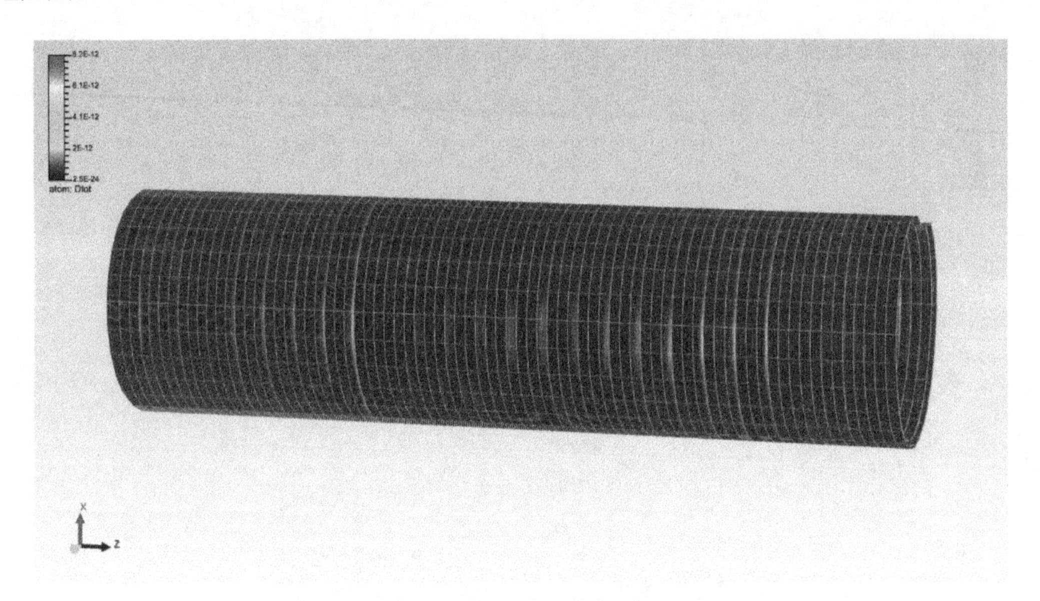

图 3-28 抗压铠装层疲劳损伤云图(拉压载荷)

3.5.2 弯矩载荷疲劳分析

各层在仅受到弯矩载荷作用下的疲劳累积损伤结果分析如下。

1. 骨架层

从图 3-29 可以看出,在弯矩载荷作用下,骨架层疲劳损伤度均小于 1,无疲劳损伤危险点。

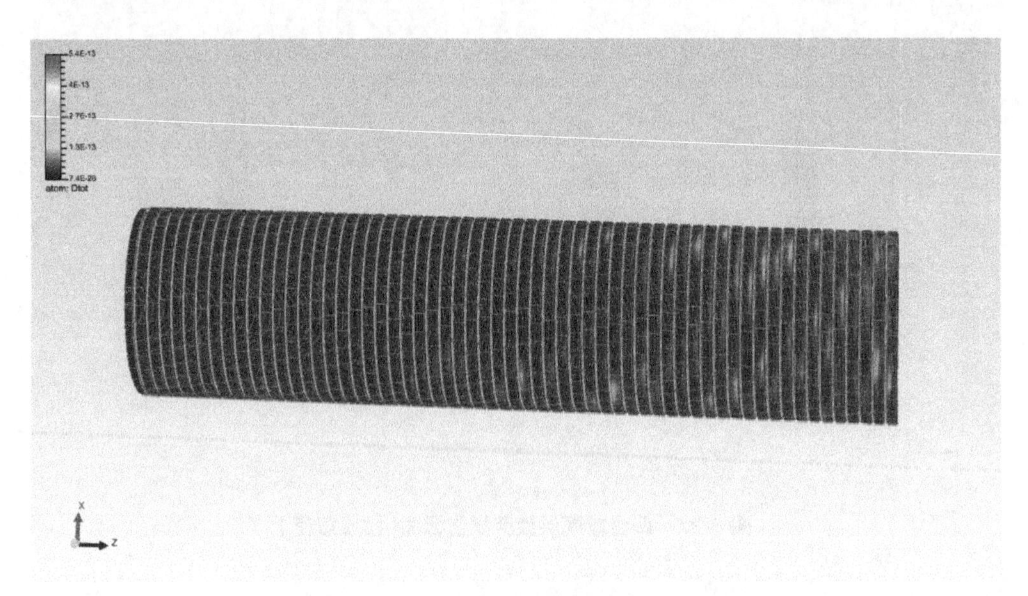

图 3-29 骨架层疲劳损伤云图(弯矩载荷)

2. 内部护套层

从图 3-30 可以看出,在弯矩载荷作用下,内部护套层疲劳损伤度均小于 1,无疲劳损伤危险点。

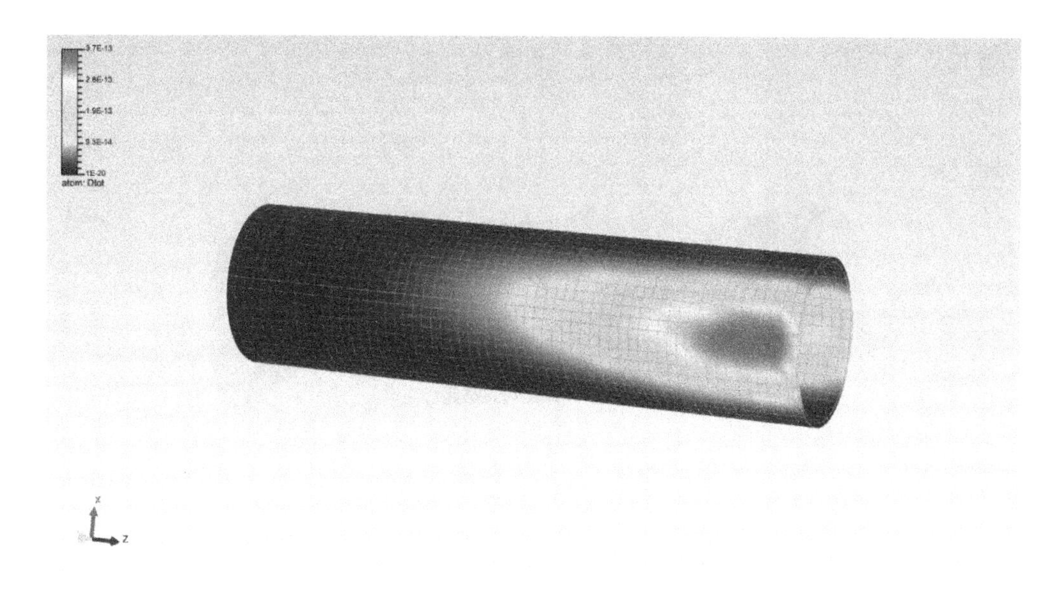

图 3-30　内部护套层疲劳损伤云图(弯矩载荷)

3. 内部减摩层

从图 3-31 可以看出,在弯矩载荷作用下,内部减摩层疲劳损伤度均小于 1,无疲劳损伤危险点。

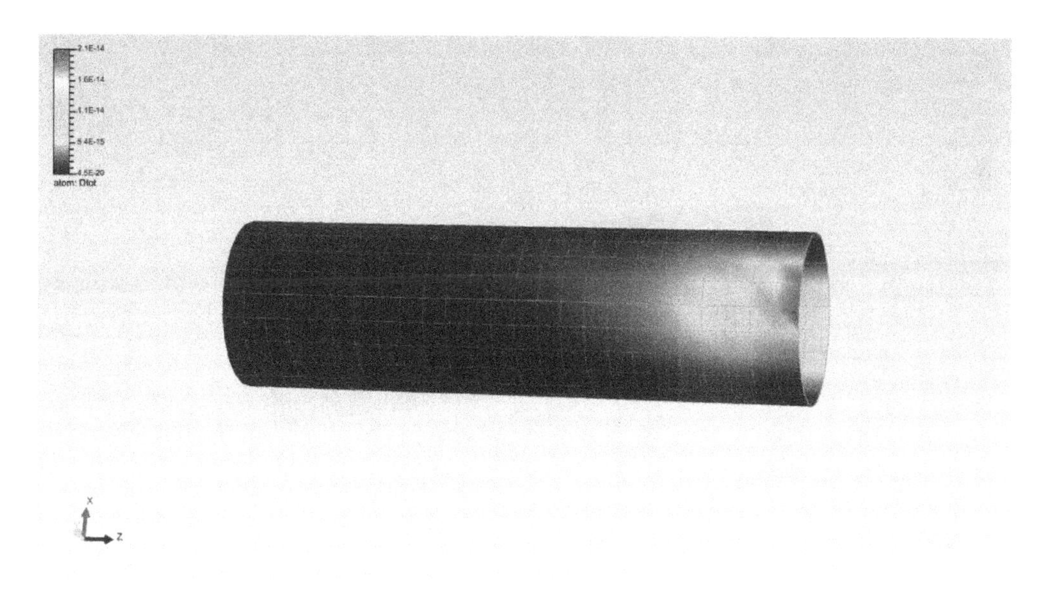

图 3-31　内部减摩层疲劳损伤云图(弯矩载荷)

4. 内部抗拉铠装层

从图 3-32 可以看出,在弯矩载荷作用下,内部抗拉铠装层疲劳损伤度均小于 1,无疲劳损伤危险点。

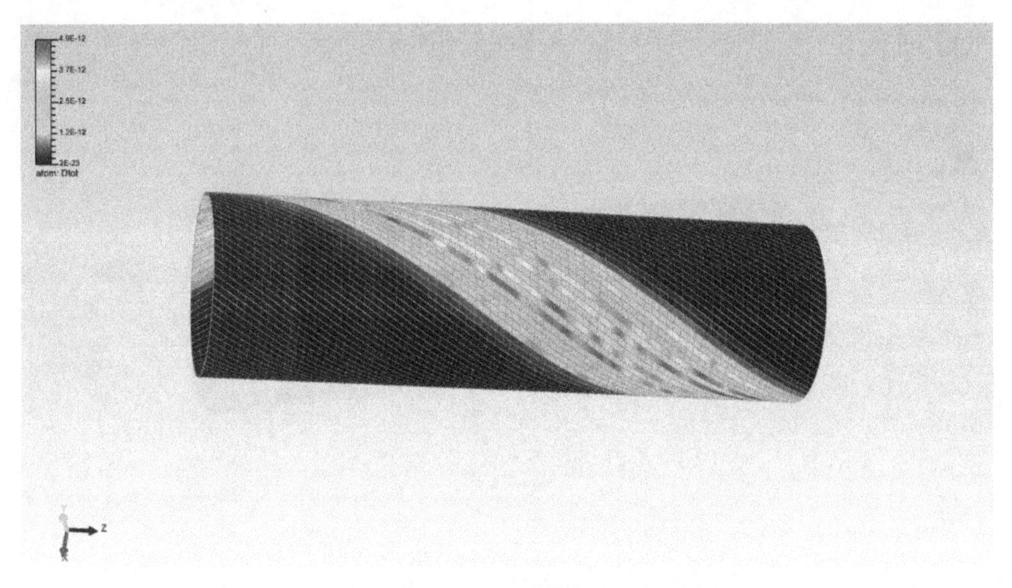

图 3-32 内部抗拉层疲劳损伤云图(弯矩载荷)

5. 外部护套层

从图 3-33 可以看出,在弯矩载荷作用下,外部护套层疲劳损伤度均小于 1,无疲劳损伤危险点。

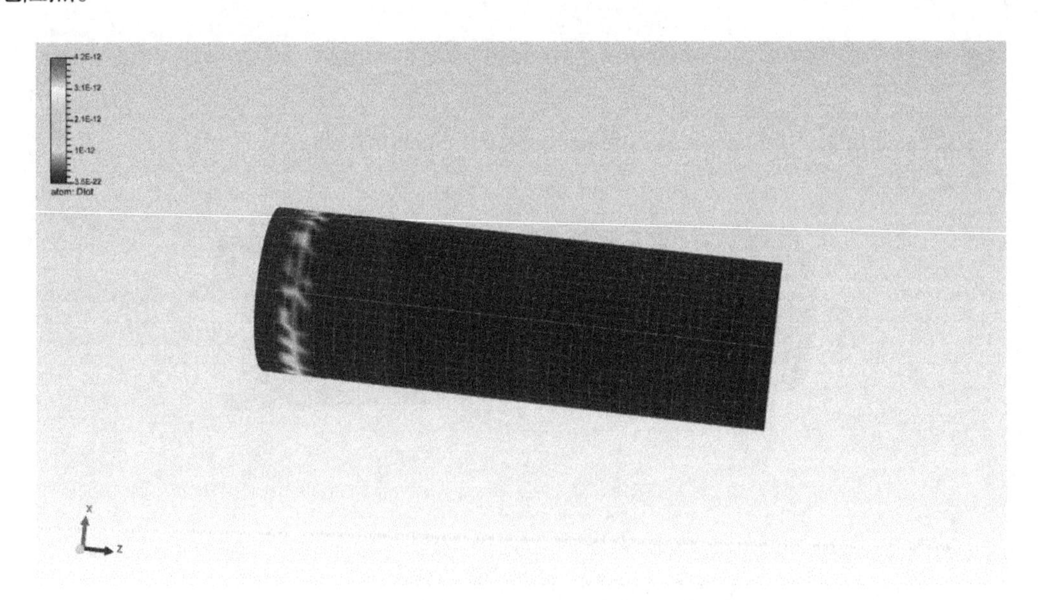

图 3-33 外部护套层疲劳损伤云图(弯矩载荷)

6. 外部减摩层

从图 3-34 可以看出，在弯矩载荷作用下，外部减摩层疲劳损伤度均小于 1，无疲劳损伤危险点。

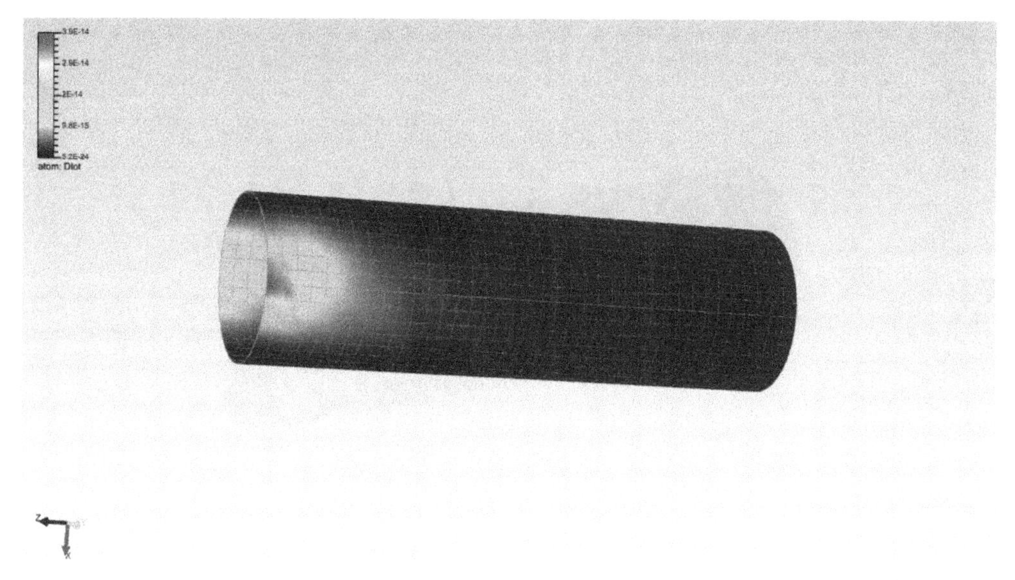

图 3-34　外部减摩层疲劳损伤云图(弯矩载荷)

7. 外部抗拉铠装层

从图 3-35 可以看出，在弯矩载荷作用下，外部抗拉铠装层疲劳损伤度均小于 1，无疲劳损伤危险点。

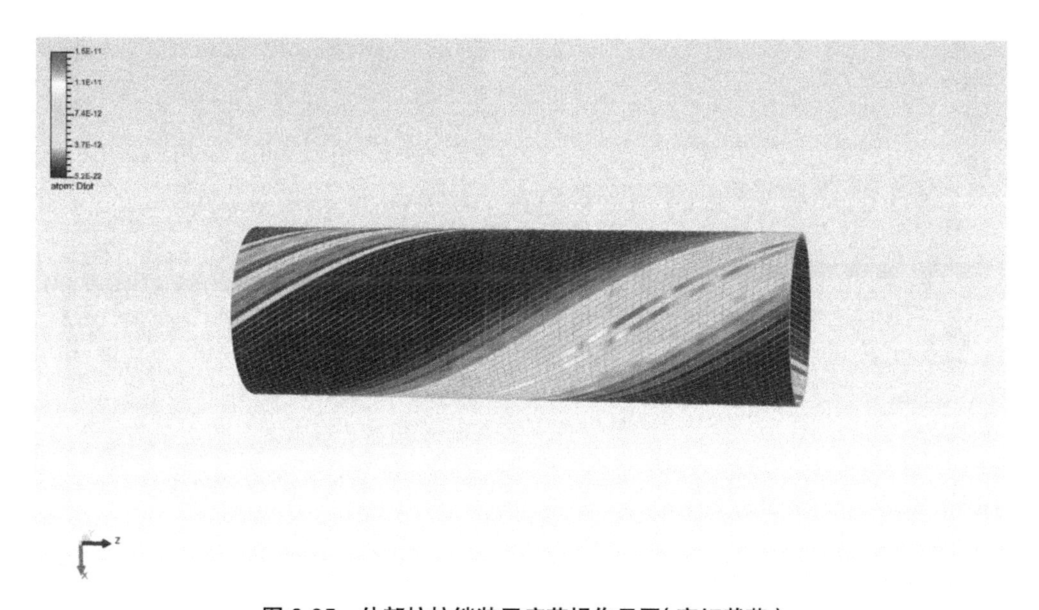

图 3-35　外部抗拉铠装层疲劳损伤云图(弯矩载荷)

8. 四合减摩层

从图 3-36 可以看出,在弯矩载荷作用下,四合减摩层疲劳损伤度均小于 1,无疲劳损伤危险点。

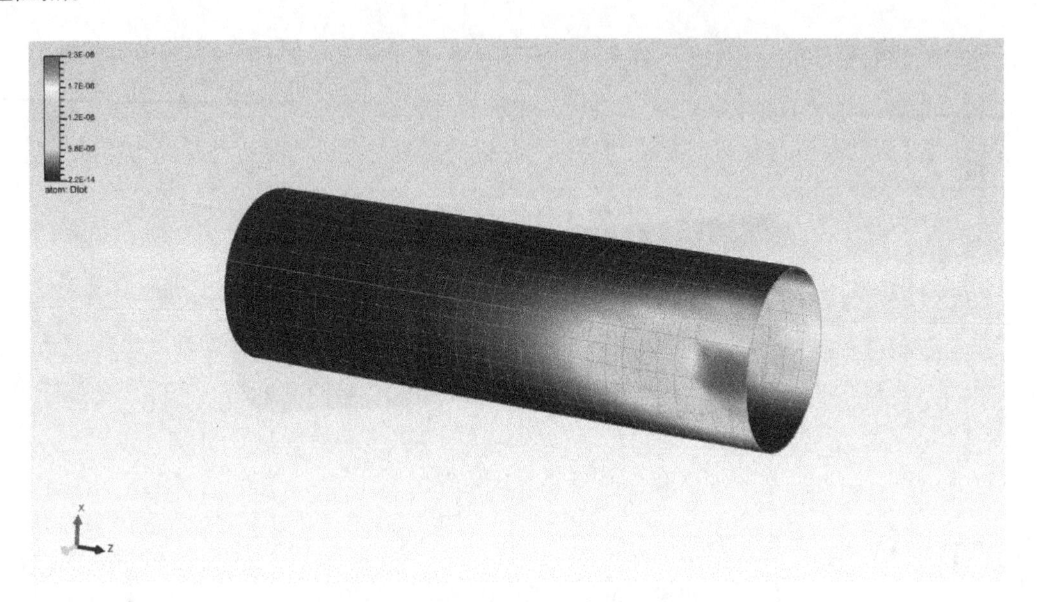

图 3-36 四合减摩层疲劳损伤云图(弯矩载荷)

9. 抗压铠装层

从图 3-37 可以看出,在弯矩载荷作用下,抗压铠装层疲劳损伤度均小于 1,无疲劳损伤危险点。

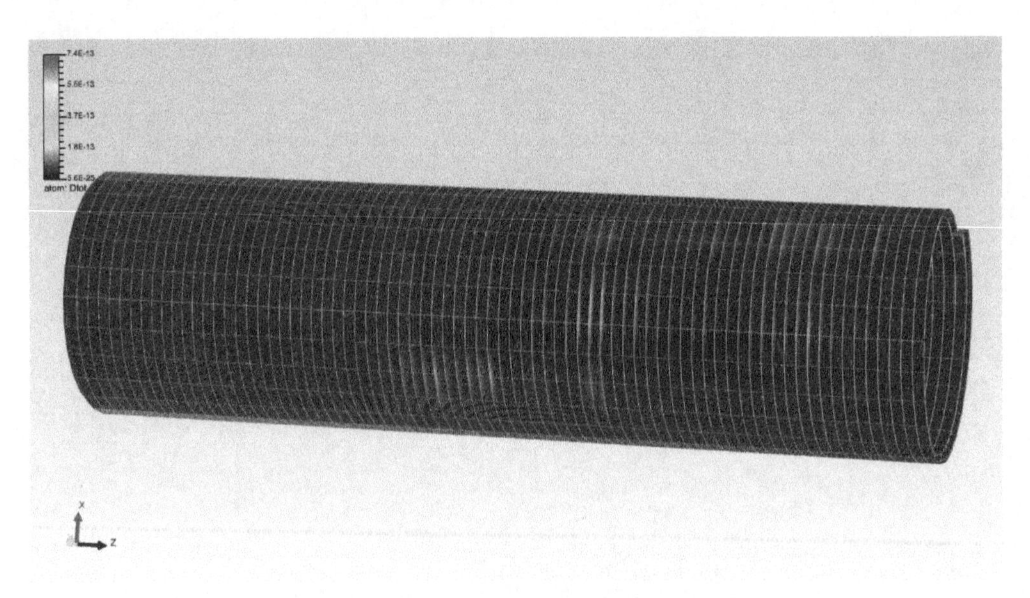

图 3-37 抗压铠装层疲劳损伤云图(弯矩载荷)

3.5.3　扭转载荷疲劳分析

各层在仅受到扭转载荷作用下的疲劳累积损伤结果云图如下。

1. 骨架层

从图 3-38 可以看出，骨架层疲劳损伤度均小于 1，满足疲劳计算要求，其中疲劳损伤危险较大部位为立管下端位置，疲劳最大损伤度远小于 1。

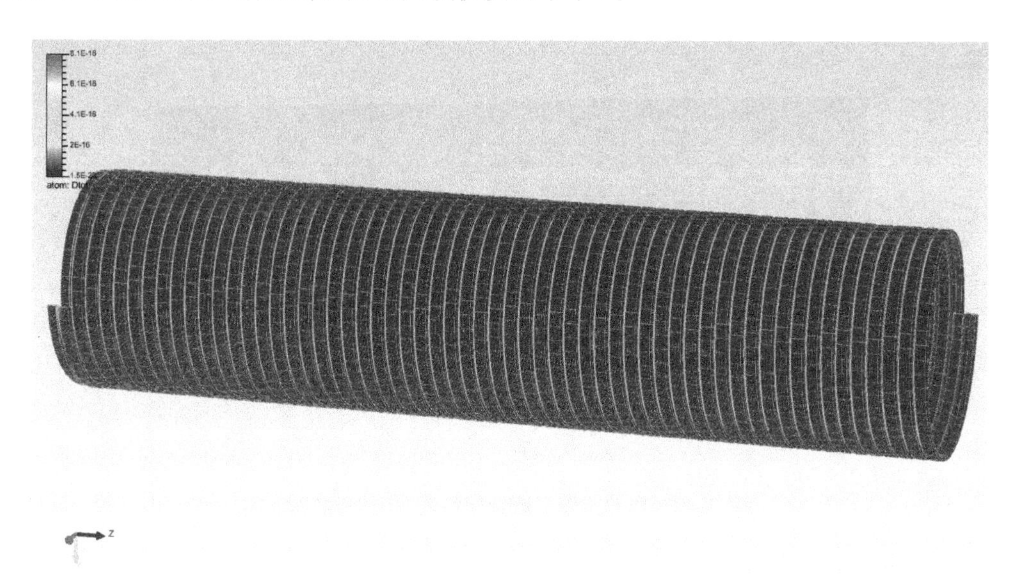

图 3-38　骨架层疲劳损伤云图（扭矩载荷）

2. 内部护套层

从图 3-39 可以看出，内部护套层疲劳损伤度均小于 1，满足疲劳计算要求，其中疲劳损伤危险较大部位为立管上半部位置，疲劳最大损伤度远小于 1。

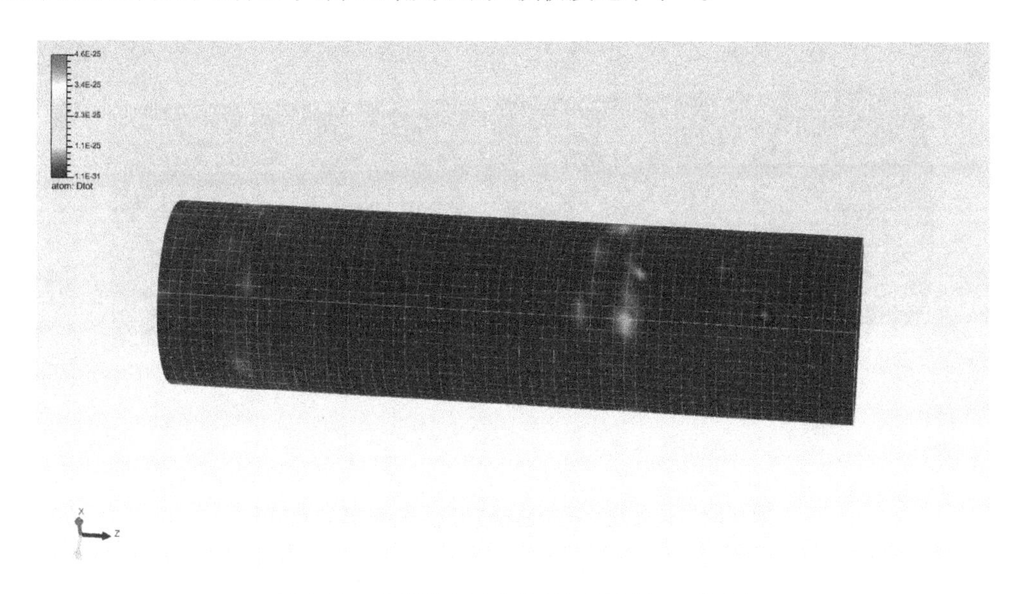

图 3-39　内部护套层疲劳损伤云图（扭矩载荷）

3. 内部减摩层

从图 3-40 可以看出，内部减摩层疲劳损伤度均小于 1，满足疲劳计算要求，其中疲劳损伤危险较大部位为立管中部位置，疲劳最大损伤度远小于 1。

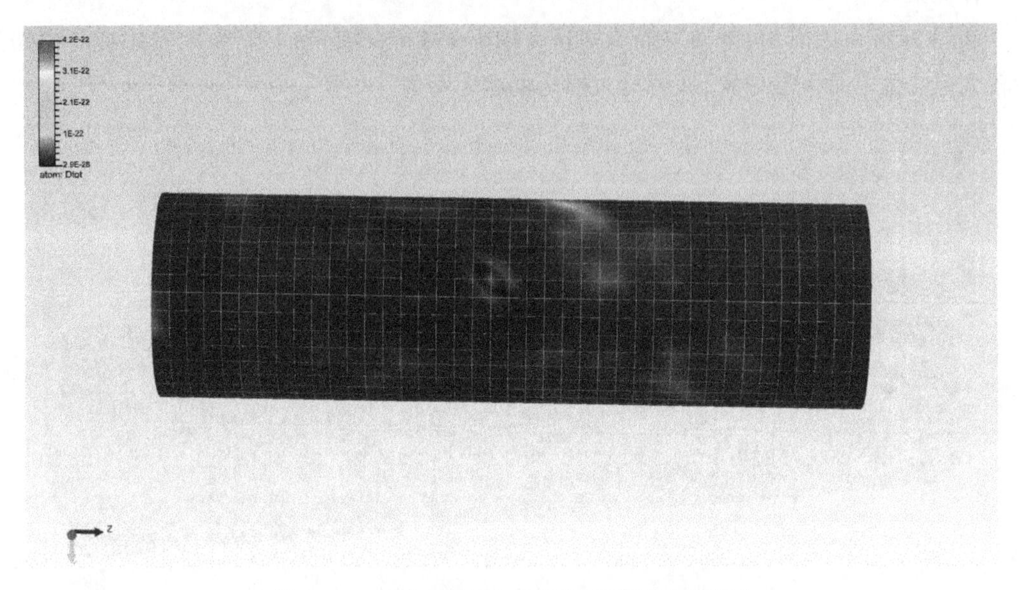

图 3-40　内部减摩层疲劳损伤云图（扭矩载荷）

4. 内部抗拉铠装层

从图 3-41 可以看出，内部抗拉铠装层疲劳损伤度均小于 1，满足疲劳计算要求，其中疲劳损伤危险较大部位位于立管下半部位置，疲劳最大损伤度远小于 1。

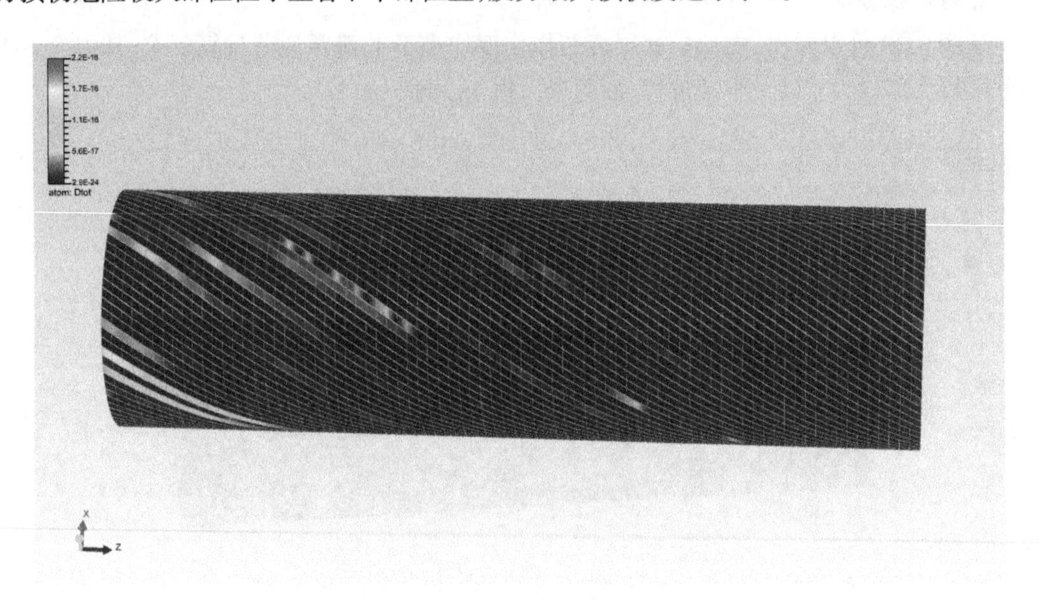

图 3-41　内部抗拉铠装层疲劳损伤云图（扭矩载荷）

5. 外部护套层

从图3-42可以看出，外部护套层疲劳损伤度均小于1，满足疲劳计算要求，其中疲劳损伤危险较大部位为立管中间偏下部位置，疲劳最大损伤度远小于1。

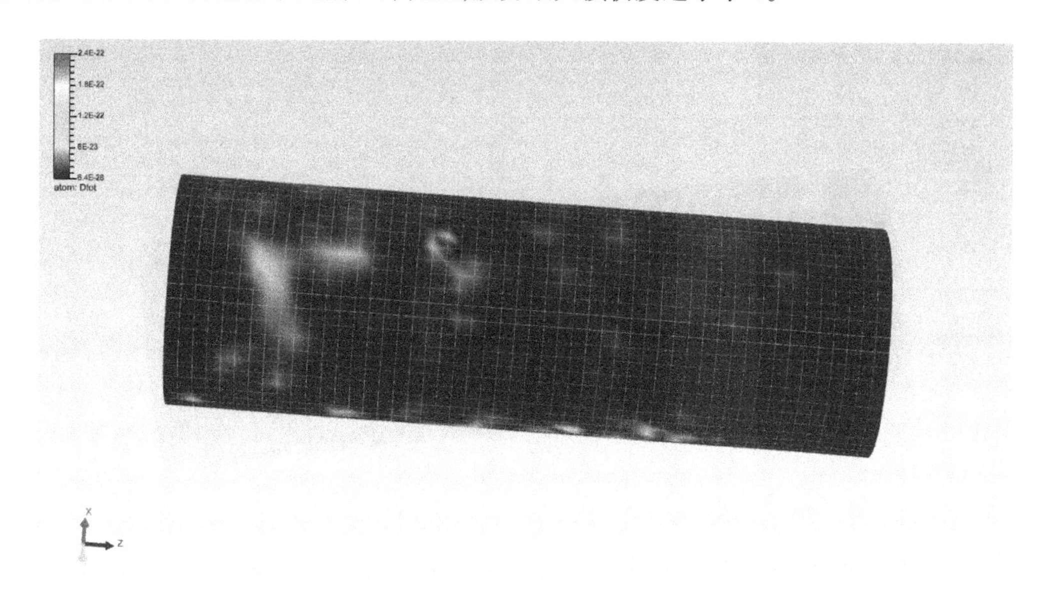

图3-42 外部护套层疲劳损伤云图(扭矩载荷)

6. 外部减摩层

从图3-43可以看出，外部减摩层疲劳损伤度均小于1，满足疲劳计算要求，其中疲劳损伤危险较大部位为立管下部位置，疲劳最大损伤度远小于1。

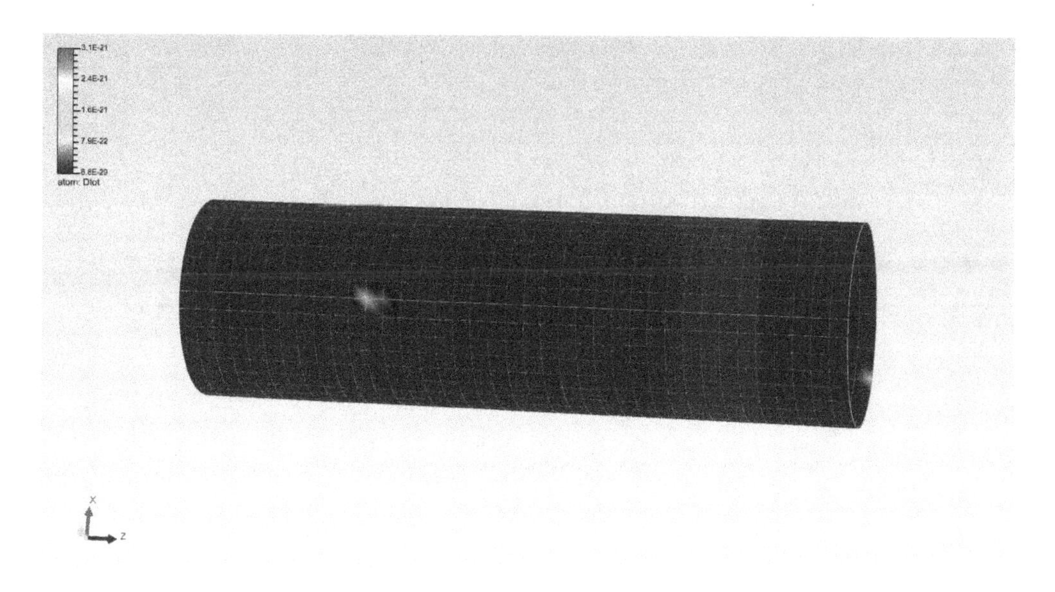

图3-43 外部减摩层疲劳损伤云图(扭矩载荷)

7. 外部抗拉铠装层

从图 3-44 可以看出,外部抗拉铠装层疲劳损伤度均小于 1,满足疲劳计算要求,其中疲劳损伤危险较大部位为立管上半部位置,疲劳最大损伤度远小于 1。

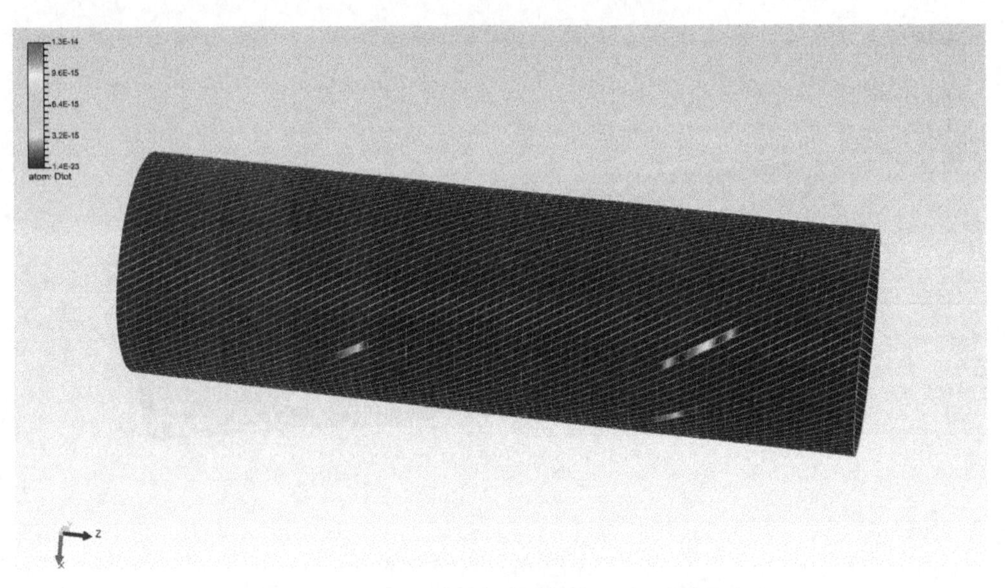

图 3-44 外部抗拉铠装层疲劳损伤云图(扭矩载荷)

8. 四合减摩层

从图 3-45 可以看出,四合减摩层疲劳损伤度均小于 1,满足疲劳计算要求,其中疲劳损伤危险较大部位为立管下端部位置,疲劳最大损伤度远小于 1。

图 3-45 四合减摩层疲劳损伤云图(扭矩载荷)

9. 抗压铠装层

从图 3-46 可以看出，抗压铠装层疲劳损伤度均小于 1，满足疲劳计算要求，其中疲劳损伤危险较大部位为立管下半部位置，疲劳最大损伤度远小于 1。

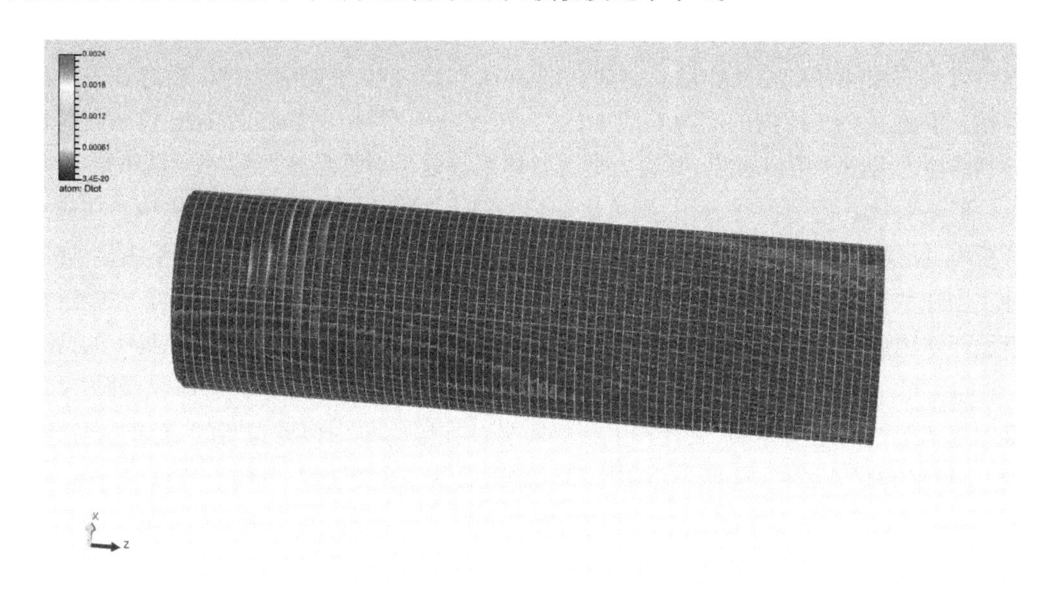

图 3-46　抗压铠装层疲劳损伤云图（扭矩载荷）

3.5.4　结构总体疲劳分析

综合来看，结构损伤较大的层及其在各种载荷作用下的疲劳累积损伤见表 3-7。

表 3-7　疲劳累积损伤

层	疲劳损伤		
	轴向载荷	弯矩	扭矩
骨架层	6.3×10^{-13}	5.4×10^{-13}	8.1×10^{-16}
抗压铠装层	8.2×10^{-12}	7.4×10^{-13}	0.002 4
内部抗拉铠装层	1.3×10^{-11}	4.9×10^{-12}	2.2×10^{-16}
外部抗拉铠装层	1.5×10^{-11}	1.5×10^{-11}	1.3×10^{-14}

通过三种载荷分别作用得到的应力响应以及疲劳损伤程度可以看出，拉压载荷对多层柔性立管结构影响较大，弯矩、扭转载荷对柔性立管的疲劳损伤作用较小，且可以看出立管应力集中位置整体为立管中部位置，相应在应力集中处，会存在疲劳损伤较大的情况。而且可以看出，即使是在无螺旋形式的层中，例如在内部抗拉铠装层、外部抗拉铠装层中，疲劳累积损伤也会以螺旋的形式分布。这一点在应力云图中表现得不明显，但是可以通过疲劳累积损伤云图明显看出，尤其是对于抗拉铠装层，其结构完全对称，而由于本节中施加的载荷也是对称的，因此无论其应力响应，还是疲劳累积损伤，都应该以相对对称的形式出现。而

出现在本节中的结果则说明,在多层立管结构分析中,层间相互作用明显存在,且不可忽略。临近层的结构形式会造成层间载荷作用,从而对结构疲劳损伤造成影响。

通过 ABAQUS 进行有限元分析时,从其中部分结构的应力云图可以看出,结构的部分位置存在应力集中。尤其是在向对称结构施加对称载荷的情况下,这种应力集中并不对称,同样可以表明层间存在相互作用。例如在图 3-44 和图 3-46 中的应力响应就存在一定的不对称性。但是在一些结构的应力响应中,这一情况并不明显,例如在图 3-26 拉压载荷作用下得到的应力云图中可以看出,其应力情况整体来看处于对称形式,且并无明显的应力集中节点。但是对比其疲劳损伤云图,则可以明显发现其损伤程度出现了局部集中。在应力响应分析中,仅仅考虑了一次载荷的加载,虽然某些位置存在应力集中,但是并不明显,尤其是这种集中在数值上,可能会有较好的体现,但在应力云图上却很难发现。然而,在经过多次载荷循环作用后,这种应力集中效果明显放大,最终造成了疲劳累积损伤存在集中的情况。

在以往的疲劳分析中,节点的选取形式大多采用典型焊接节点方式选取,这种方法通常是根据规范给出的结构角隅、大开口围板等容易存在应力集中位置进行的节点选择。在此基础上,根据有限元结果,选择应力集中位置进行分析。而通过本节的研究可以发现,在疲劳节点选择上,以上方法存在无法选择所有疲劳危险点的问题,有一部分无明显应力集中的节点也会发生集中的疲劳损伤,对疲劳校核的准确程度造成一定影响。而本章研究中通过疲劳损伤度云图的形式,可以明显看出所有节点的疲劳损伤情况,使疲劳分析结果更加全面客观。

3.6 多层柔性立管疲劳时变可靠性分析

疲劳损伤评估过程中的不确定性来源已经在很多文献中进行了探讨,从结构上讲,由于有限元建模与实际工程中的材料、结构形式可能存在一定细节上的偏差,且实际工程加工中存在的焊接缺陷、残余应力等,在数值模拟分析中无法预估,会造成数值模拟分析结果与实际工程中的结构应力情况不同,从而影响疲劳损伤的预测结果;从载荷上讲,施加载荷存在一定的随机性;从疲劳计算方法上讲,目前广泛使用的帕姆格伦-迈因纳(Palmgren-Miner)线性累积损伤理论认为,只要所有海况下的疲劳损伤线性总和达到 1,即可认为结构发生了破坏。然而这种方法使用了近似做法,真实情况下结构发生破坏时,累积损伤度并不总为 1。虽然针对这一缺点存在一定研究并寻找其替代方法,但是由于 Palmgren-Miner 准则方法简单,所以依然在船舶及海洋结构物评估中被广泛运用。

对于载荷的不确定性,在前文进行疲劳载荷谱模拟时,使用蒙特卡洛方法,即采用随机数模拟随机海况,因此,载荷的随机性在本节中不再重复考虑。在本节中,考虑到另外两个因素,采用可靠性方法尝试减小其不确定性带来的影响。

对于多层柔性立管结构,为确保其安全性,需要各层结构都不发生破坏。由于结构各层破坏之间相互独立,因此可以将多层立管视为串联系统,如果有任何一层存在疲劳失效,则认为整个多层柔性立管失效。由此可以定义结构的可靠度

$$R = R_s R_{is} R_{ta} R_{iwr} R_{it} R_{ewr} R_{et} R_{qwr} R_{es} \tag{3-4}$$

式中：R_s、R_{is}、R_{ta}、R_{iwr}、R_{it}、R_{ewr}、R_{et}、R_{qwr}、R_{es} 分别为骨架层、内部护套层、抗压铠装层、内部减摩层、内部抗拉铠装层、外部减摩层、外部抗拉铠装层、四合减摩层以及外部护套层各自结构的可靠度。

当疲劳寿命小于设计寿命时，结构发生疲劳破坏。极限状态方程表示如下：

$$g(\boldsymbol{Z}) = T - T_A \tag{3-5}$$

式中：$\boldsymbol{Z}$ 为与 Δ、B、D 有关的向量；T 为结构疲劳寿命；T_A 为设计寿命。结构疲劳可靠度

$$R_f = R(T > T_A) = R[g(\boldsymbol{Z}) > 0] \tag{3-6}$$

失效概率

$$P_f = 1 - R_f \tag{3-7}$$

由于在每层结构中，都存在不确定因素影响，每层结构的疲劳寿命分散性叠加，造成整体结构分散性很大。因此，要对每层结构中的两个不确定因素进行量化。目前研究中，大多采用概率方法进行模拟，即通过随机过程、随机变量对这种不确定性进行量化。

考虑到这一不确定因素，结构的疲劳寿命

$$T = \frac{\Delta T_A}{BD} \tag{3-8}$$

式中：T_A 为设计寿命；D 为疲劳可靠度；Δ 为考虑到结构发生疲劳损伤时累积损伤度并不总为 1 的随机变量；B 为考虑到建模与实际结构误差影响的随机变量。可靠性指标

$$\beta = -\phi^{-1}(P_f) \tag{3-9}$$

2. 可靠性计算

在海洋结构物疲劳寿命预测计算中，疲劳可靠性计算流程如下：

（1）根据随机变量的统计特征，进行随机抽样，选取样本；

（2）将随机取样所得到的样本随机数作为初始参数，代入计算结构的疲劳寿命；

（3）将以上样本计算得到的疲劳寿命进行统计分析，并结合极限状态方程，最终计算得到系统的可靠度。

对于两种不确定因素进行分析。考虑模型与实际结构偏差的不确定性主要会影响计算得到的应力结果，从而影响结构的疲劳损伤计算。其分布类型可以认为与载荷分布形式相同。由于载荷的大小影响已在前文中考虑，因此这里载荷的均值系数可以视为 1，可靠性参数取值见表 3-8。

表 3-8　可靠性参数

变量	分布情况	均值	变异系数
B	对数正态分布	1	0.2
Δ	对数正态分布	1	0.3

针对多层立管结构，参照疲劳损伤计算结果，选取疲劳损伤最大的四层结构，将上表中的参数取值代入公式，可以得到可靠性计算结果见表 3-9。

表 3-9 可靠性计算结果

层	可靠度
骨架层	3.916
抗压铠装层	2.585
内部抗拉铠装层	3.097
外部抗拉铠装层	4.435

在前人研究总结的船舶和海洋结构衰减模型的基础上，引入疲劳累积损伤递增函数，用幂函数模型表示累积疲劳损伤的年递增系数，表达式如下：

$$D(n)=D(0)\alpha(n) \tag{3-10}$$

$$\alpha(n)=\left(1+k\frac{n}{T_D}\right)^2 \tag{3-11}$$

式中：$D(n)$为n年后的累积损伤；$D(0)$为初始累积损伤；$\alpha(n)$为累积损伤增加系数；T_D为结构疲劳设计寿命；k为疲劳损伤修正系数。该结构的设计寿命为 20 年，结构在设计寿命内的可靠性指标随使用年限的变化情况见表 3-10。

表 3-10 设计寿命内可靠性指标

层	可靠度				
	0 年	5 年	10 年	15 年	20 年
骨架层	5.916	5.847	5.781	5.716	5.654
抗压铠装层	2.585	2.516	2.450	2.385	2.323
内部抗拉铠装层	5.097	5.028	4.962	4.899	4.836
外部抗拉铠装层	4.435	4.365	4.298	4.233	4.170

金属层可靠性指标随时间的变化情况如图 3-47 所示。

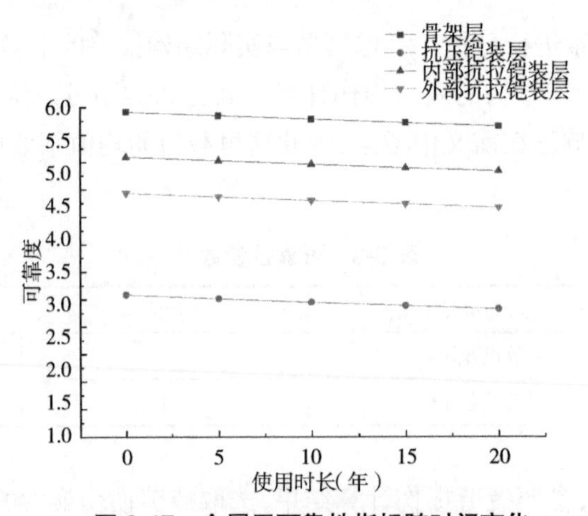

图 3-47 金属层可靠性指标随时间变化

本章部分图例

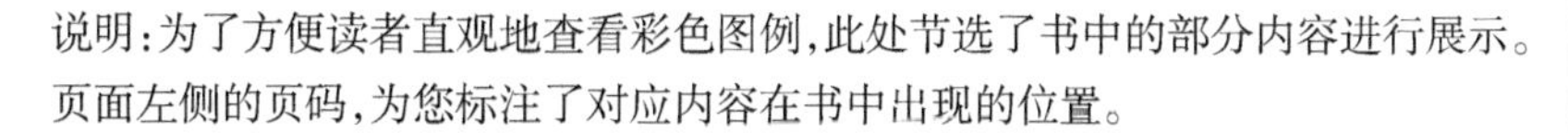

说明:为了方便读者直观地查看彩色图例,此处节选了书中的部分内容进行展示。页面左侧的页码,为您标注了对应内容在书中出现的位置。

第 4 章　全尺寸深水立管疲劳试验平台建设

在结构疲劳研究中，仅通过理论分析和数值模拟计算进行疲劳寿命预测是远远不够的。*S-N* 曲线本身就是各个船级社等机构根据经验得出的公式，是在反复试验和实践中得到的。因此，试验方法才是解决结构疲劳问题的最直接方法。

针对海洋管线结构，笔者依托国家重大工程攻关专项——“深海一号”大气田项目，建设国内第一个全尺寸深水立管疲劳试验平台，通过中国船级社认证，并完成多组陵水气田全尺寸立管疲劳试验，解决了国家重大工程六项卡脖子问题，是攻关专项中的最大亮点。

笔者根据陵水海况及试验要求，提出疲劳试验平台建设总体方案，包括反力架、加载系统、防爆隔音墙、远程控制系统、应变检测系统各组成部分详细方案，并于 2021 年 2 月前完成试验平台建设。平台可模拟深水全尺寸立管系统受到的高周期循环载荷的工况。全尺寸立管内水压和复合疲劳加载试验机系统设计满足最大口径 24 inch，长度 21.5 m（包括两端法兰）及其以下尺寸的管试件做内水压和复合加载的疲劳加载试验，满足按一定周期的施加内水压和卸压试验，同时满足施加循环轴力、扭力和四点弯矩复合加载试验。

4.1　疲劳试验体系总体布置

通过疲劳试验平台技术设计、施工设计，并与施工单位对接确认，完成全尺寸深水立管疲劳试验平台的加工、建设。试验平台总长 26 m，宽 2.3 m，高 2.3 m，反力架用钢 126 t，具体包括弯矩加载系统、轴力及扭矩加载系统、反力架、内水压加载系统、加载系统控制台等。同时，试验平台配备腐蚀疲劳加载系统，可以完成立管腐蚀疲劳试验。管疲劳试验平台总体布置如图 4-1 所示。

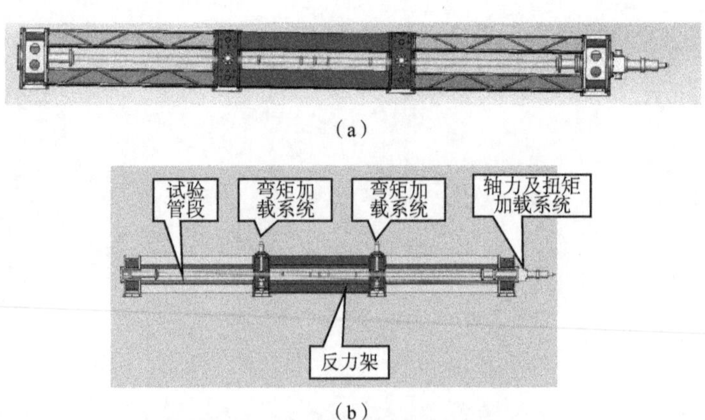

图 4-1　立管疲劳试验平台总体布置

（a）试验平台反力架示意　（b）试验平台总体示意

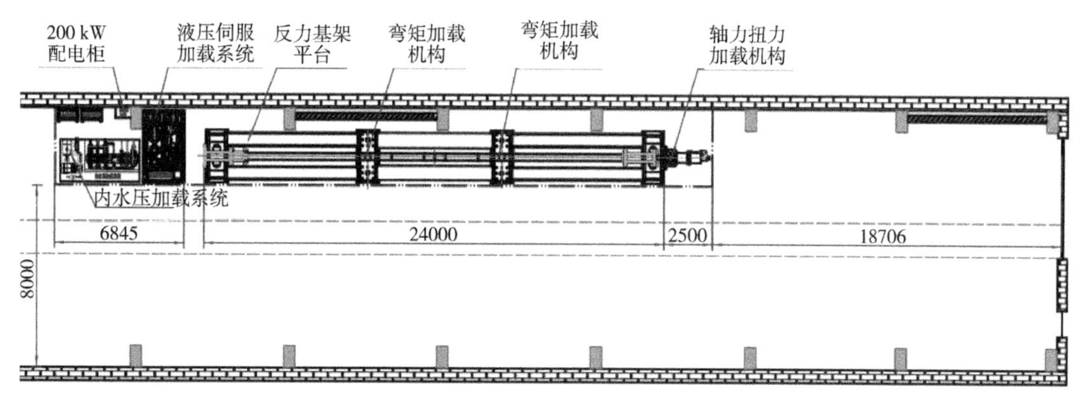

（c）

（d）

图 4-1　立管疲劳试验平台总体布置（续）

（c）试验平台场地布置　（d）试验平台实景

4.2　全尺寸立管内水压和复合疲劳加载试验机系统

4.2.1　反力架平台

建设一台最大能承受 3 000 kN 轴向拉压加载、中间 2 个等距径向 1 300 kN · m 弯矩加载和 200 kN · m 扭矩加载的反力架平台；反力架平台内部安装试验立管管件，满足立管最大外径为 24，长度为单根 21.5 m 长尺寸的安装和测试。

反力架平台最大外形尺寸为 2.3 m × 2.3 m × 24 m（不含加载执行机构）；设计为组合式框架结构，卧式安装，方便运输、现场吊装、安装与拆卸。反力架结构形式及实景如图 4-2 所示。

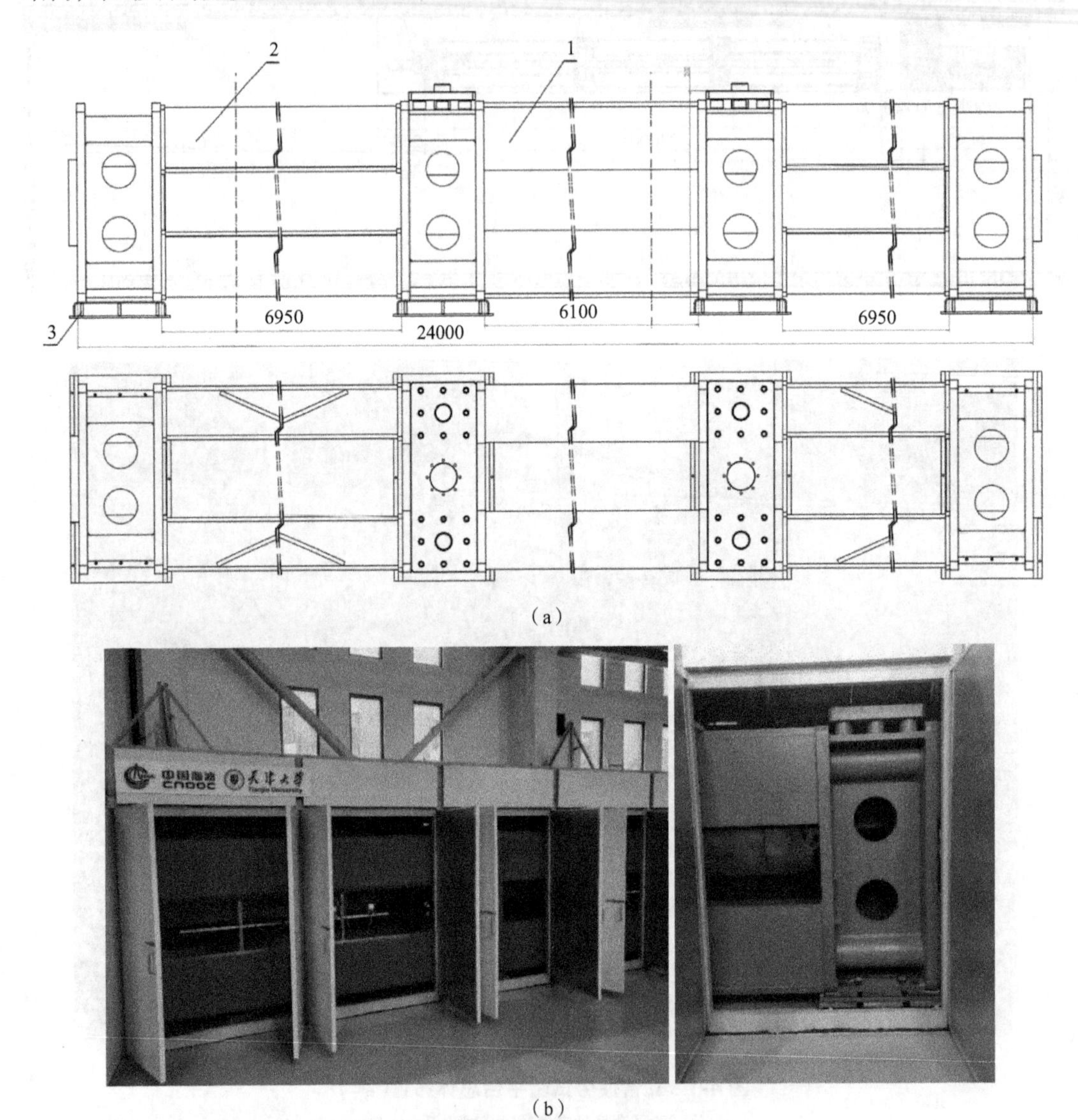

(b)

图 4-2　反力架平台

(a)结构形式　(b)平台实景

1—中框架结合件；2—头尾框架结合件；3—反力架基座

1. 反力架结构形式

反力架平台由拉压端面反力框架、中框架结合件（弯矩加载反力框架）、加强筋结合件和反力架底座组成，如图 4-3 所示。

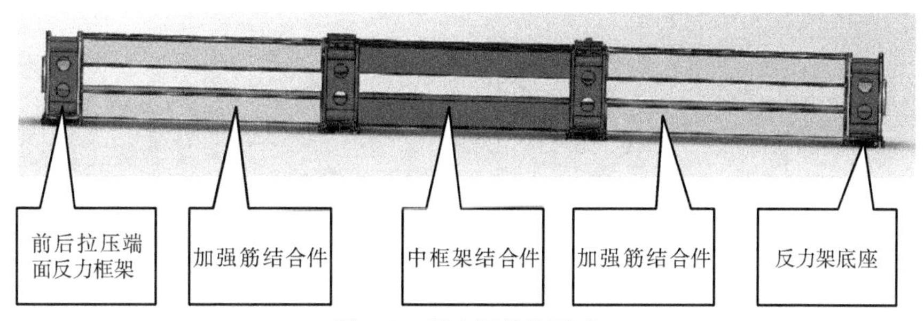

图 4-3　反力架结构形式

2. 反力架组装

反力架平台为组合式结构。

（1）前后拉压端面反力框架通过加强筋结合件与中框架结合件组合安装在一起，通过 24 个 M48 的高强度螺栓紧固连接，抗拉压强度安全系数为 9.76。端面反力框架与中框架连接形式如图 4-4 所示。

（2）中框架结合件是通过加强结合件 2 将 2 个弯矩加载反力框架焊接在一起。弯矩加载反力框架上部安装有弯矩油缸安装板。弯矩油缸安装板可以沿水平方向旋转 90°，弯矩加载反力框架上部开槽，U 形结构，方便立管试件上下吊装。中框架结合件连接形式如图 4-5 所示，弯矩加载构件细部如图 4-6 所示。

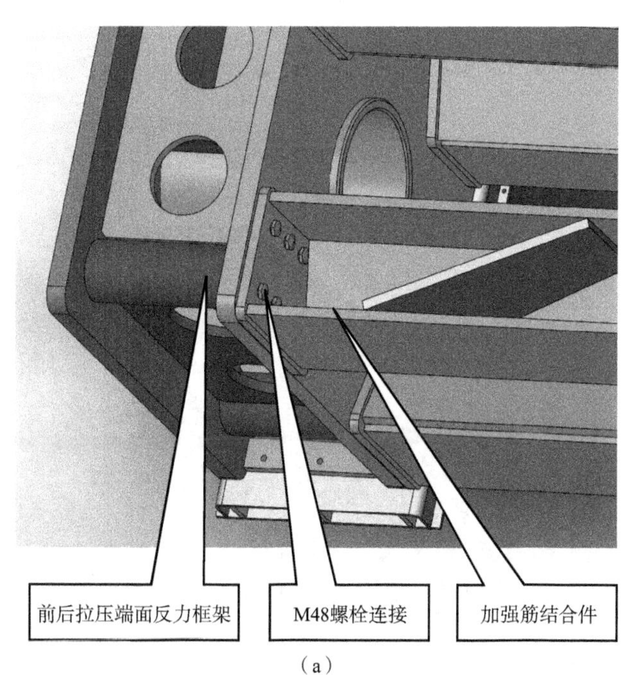

（a）

图 4-4　端面反力框架与中框架连接形式

（a）端面反力框架与中框架连接形式三维图

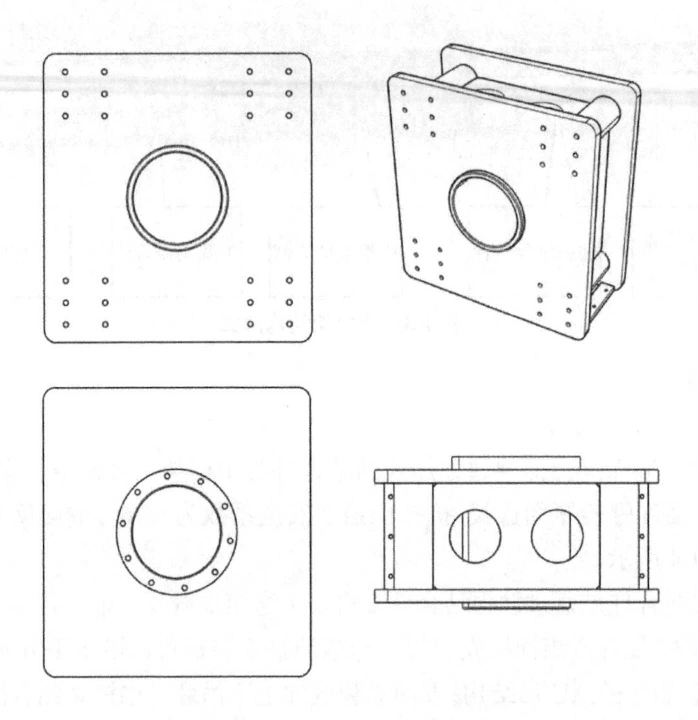

(b)

图 4-4　端面反力框架与中框架连接形式(续)

(b)结构细部图

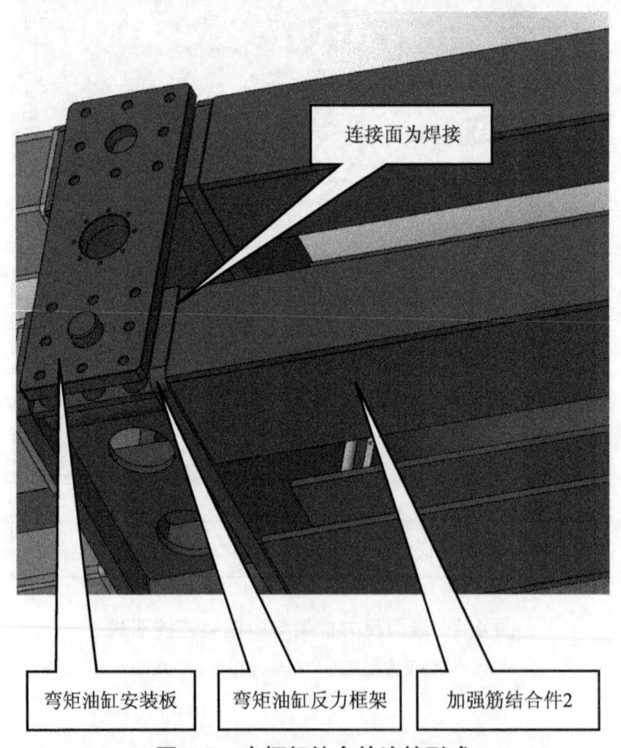

图 4-5　中框架结合件连接形式

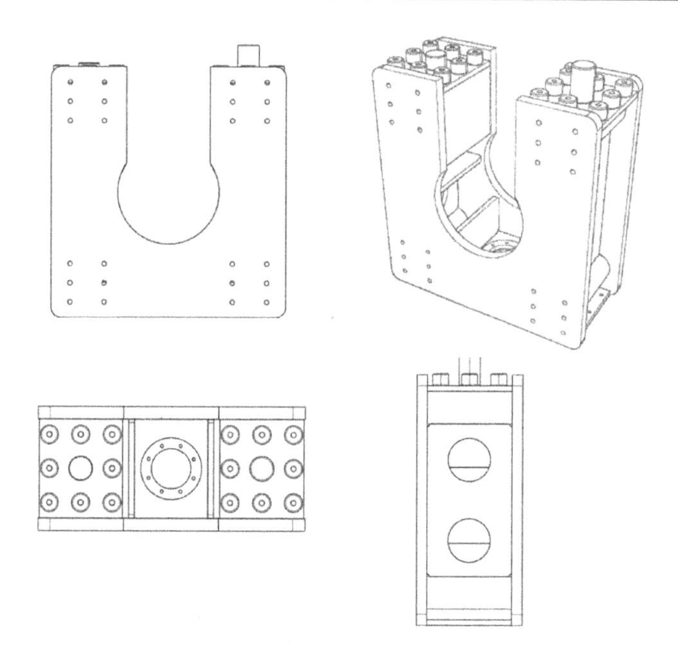

图 4-6　弯矩加载结构细部图

3. 反力架平台受力分析

经验算，反力架及其螺栓在 3 000 kN 轴向拉压力加载、1 300 kN 弯矩加载情况下，其强度、刚度均满足要求。反力架平台设计安全系数为 2.5，端部抗拉压安全系数为 9.76。

保证反力架结构安全。同时进行共振频率分析，反力架共振频率为 3 Hz，可避开第一组试验加载频率 20 Hz，满足要求。反力架强度分析、弯矩加载分析与共振分析结果如图 4-7 所示。

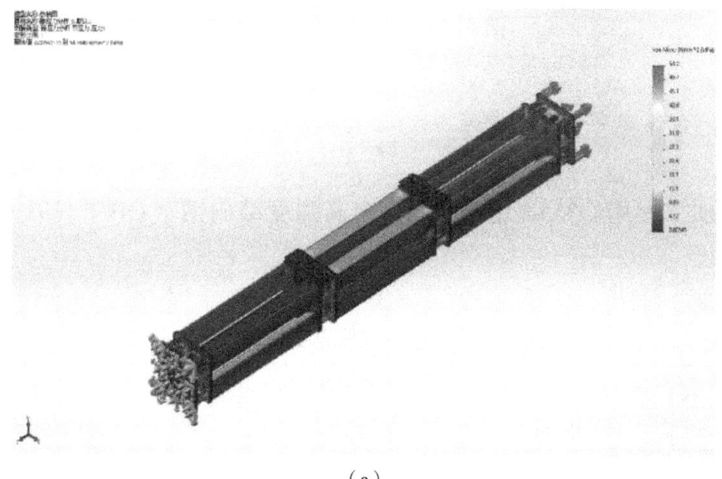

(a)

图 4-7　反力架受力分析

(a)反力架强度分析结果

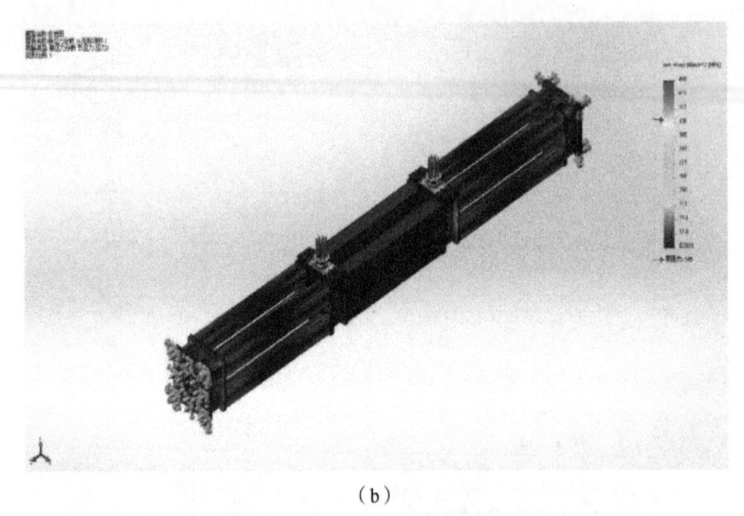

（b）

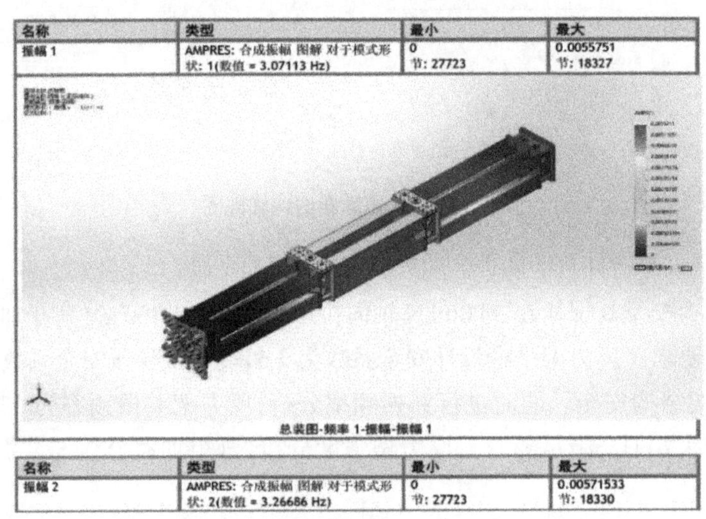

名称	类型	最小	最大
振幅 1	AMPRES: 合成振幅 图解 对于模式形状: 1(数值 = 3.07113 Hz)	0 节: 27723	0.0055751 节: 18327

名称	类型	最小	最大
振幅 2	AMPRES: 合成振幅 图解 对于模式形状: 2(数值 = 3.26686 Hz)	0 节: 27723	0.00571533 节: 18330

（c）

图 4-7　反力架受力分析(续)

（b）反力架弯矩分析结果　（c）反力架共振分析结果

4. 反力架平台各零部件加工要点

1）材料

反力架的加工使用 Q355B，根据《低合金高强度结构钢》（GB/T 1591—2018），材料力学性能见表 4-1。

表 4-1　材料力学性能

材料	板厚	屈服强度	抗拉强度	伸长率
Q355B	50~100 mm	≥325 MPa	450~630 MPa	≥21%

2）焊接性能

因 Q355B 的 Ceq = 0.49%>0.45%，所以其焊接性能不是很理想，所以再焊接时必须制定严格的焊接工艺;在焊接冷却过程中,热影响区容易形成淬火组织——马氏体,使接近焊缝区的硬度提高,塑性下降,容易导致焊后发生裂纹,主要为冷裂纹。

(1)焊材选用低氢型焊材(建议选用 E5015/J507 焊条)。

(2)Q355B 在焊接前需进行预热,预热温度 T_0 = 100~150 ℃,层间温度 T_i≤400 ℃。

(3)焊后热处理:为了降低焊接残余应力,减小焊缝中的含氢量,改善焊缝的金属组织和性能,在焊接后应该对焊缝进行热处理。热处理温度为 600~640 ℃,恒温时间为 4 h,升温速度为 125 ℃ /h。

(4)焊接检验:根据《钢结构工程施工质量验收标准》(GB 50205—2020)的要求,焊口采用超声波探伤法进行检验,检验比例为 100%。

3)前后拉压端面反力框架

(1)框架 MC658-0200-1 中心法兰外径 1 000 mm,长 1 150 mm,中心内孔留加工余量,法兰与框架前后以及内部可靠焊接,完成焊接进行热处理后,加工内孔到 ϕ730 mm(公差 D10)并保证法兰端面垂直度为 0.5。

(2)端部支撑结构件底板 MC658-0204 上的 24 个 M48 孔与中心孔 ϕ840 mm 加工时保持中心同轴度,建议用工装加工保证其同轴度,确保最后与加强筋结合件组装同轴,如图 4-8 所示。

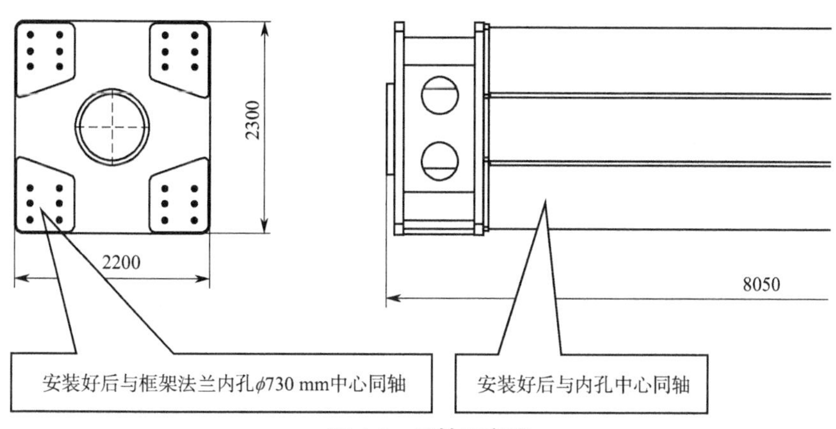

图 4-8　同轴示意图

(3)通过工装加工各框架安装连接孔,最终确保前后拉压端面反力框架中心孔同轴度偏差在 10 mm 以内。

(4)中心框架组合件 MC658-01-00 中的 24 个 M48 孔,同样与加强筋结合件安装孔保持中心同轴度。

(5)加强筋结合件 MC658-0200-2,保持焊接后上下端面和左右端面的平行度,同时确保加强筋板与支撑板的焊接垂直度。支撑板上的 6 个 ϕ56 mm 安装孔对称度和相对孔距需通过工装来保证。

(4)弯矩加载反力框架 MC658-0100-1,图 4-6 中底部弯矩油缸安装板 MC658-0103 和弯矩油缸安装座 MC658-0107 上的内孔 ϕ325 mm 必须焊接后一起加工至图 4-6 中 ϕ325 mm

(+0.8/+0.3),并且保证其上平面与孔的垂直度为 0.5 mm,同时与框架中心孔 ϕ950 mm 同轴。

(7)弯矩油缸安装板 2MC658-0117,图 4-6 中的所有孔均由工装来保证并与框架上安装板 MC658-0108 上焊接的垫块 MC658-0110 孔距一致,保证其焊接后安装正确无误。

4)反力架表面涂装

钢结构表面处理全部由抛丸或干式喷砂清理来完成。所有焊接完的区域将要特别注意缝隙焊剂的清除,焊缝边缘要用砂轮机打磨平齐。溶剂清理要依照《溶剂清理》(SSPC-SP1)。所有选用油漆的类型、颜色和厂商要经正式批准。每道涂层作业前表面应无油污油脂和风化物。钢结构及液压机械设备表面的设计温度 ≤120 ℃。反力架涂装见表 4-2。

表 4-2 反力架涂装

涂层	产品代号	种类	最小干膜厚度(μm)	颜色
底漆	Ⅰ	环氧富锌	70	灰
二层	Ⅱ	高固体分环氧	100	浅灰
面漆	Ⅲ	烱稀聚胺酯	70	
总涂层			240	

4.2.2 内水压加载

设计建设一套用于立管试件内部施加水压控制系统,满足立管做按一定周期性循环疲劳内水压加卸载试验。施加的内水压压力最高为 60 MPa,最高压力下的流量为 45 L/min,满足最大立管外径 24 inch 按 10 MPa/min 的加载速度进行加载卸载;加载力控制精度 ≤0.5 MPa,系统加载最大功率为 55 kW。具体技术参数见表 4-3。

表 4-3 内压加载系统技术参数

立管试件内压加载控制系统	压力控制范围	0.5~60 MPa
	加载速度	1~10 MPa/min,可调
	加载功能	单次线型、梯形加载、循环疲劳加载
	压力控制精度	升、降压过程:5 MPa 以下优于 ±0.2 MPa 压力保载精度:5 MPa 以下优于 ±0.5 MPa
	管路、阀件压力	≥70 MPa,材质为 316L 不锈钢
	使用环境	温度:-5~+40 ℃ 介质:自来水或者 3.5% 盐水

施加内水压试验时,立管试件一端固定在反力架平台上,一端为自由端,可以自由延长,从一端施加最大 60 MPa 水压,满足内水压法实现立管轴向的应力应变,测试立管焊接点的应力变化以及疲劳寿命(自由端由导向轴连接在轴力加载伺服油缸上,内水压疲劳加载试验时,轴力加载伺服油缸为自由卸载状态)。内水压加载系统示意如图 4-9 所示,电动自动控制阀门如图 4-10 所示。

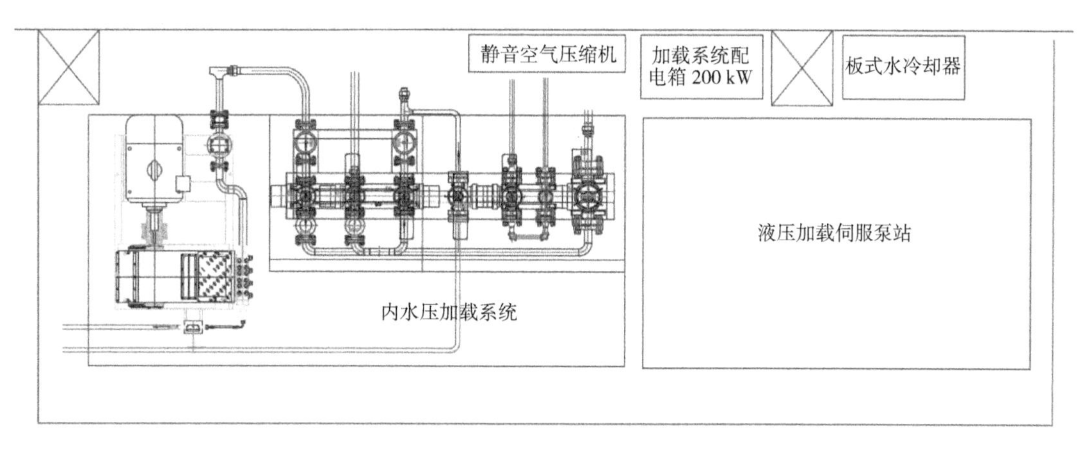

图 4-9　内水压加载系统示意

图 4-10　电动自动控制阀门

内水压加载系统的组成具体包括以下几部分。

1. 注排水模块

注排水模块用于立管试件在压力舱零压下的注水（自来水或通过水箱调制后的水）和排水，主要由水箱、供水管路、供水泵、排水泵、排水管路、水箱液位传感器、控制阀件（电动阀、电磁阀）等组成。

（1）水箱材料为 316L 不锈钢，容积为 1 m³。水箱进水口通过电磁阀与球阀和自来水连接，水箱出口与高压泵站和注水泵连接。水箱具有自动补水功能。

（2）注排水管路：为实现对压力舱快速注水，注排水管路流量不小于 20 m³/h。当流速取 3.5 m/s 时，管路内径为 44.9 mm，供水管路规格为 DN50，PN1.6 MPa，材料为 316L 不锈钢。为防止使用过程中有异物进入注排水管道，在管路中需设置低压过滤器。

（3）注排水泵：注排水泵选用多级离心泵，型号为 CDL20-1，流量不小于 20 m^3/h，扬程不小于 10 m。

（4）低压电磁阀：水箱前布置一只低压电磁阀用于注水启停控制，规格为 DN50，PN1.6 MPa，控制电压为 AC 220 V，常开。

2. 加卸载模块

加卸载模块采用高压泵 + 调节阀的加卸载方案实现压力舱压力的精确控制，包含高压泵、高压管路、控制阀件（气动调节阀、电动阀）、控制器、控制计算机（近控和远控）、上位机监控软件（近控和远控）以及相关附件。

（1）高压泵：立管试件的总容积约 1.8 m^3，满足为内舱提供 60 MPa 压力的要求，内舱的膨胀量约 2.2 L，水的压缩量约为 32 L，所需的水量约为 32 L。加压至 60 MPa，最快约 1 min，因此高压泵给罐体注水速率应不小于为 45 L/min。考虑高压泵的流量损耗，高压泵选用海升高性能的三柱塞高压泵，变频控制方式，最大输出流量 45 L/min，最高输出压力 60 MPa，泵头材质为 316L 不锈钢，泵进口压力 0.2~0.3 MPa。该泵为固定式底架，齿轮直连传动，配套恒功率变频电机，电机功率约 55 kW。高压泵站配套前级增压泵，保证高压泵进口压力不小于 0.2 MPa，底座下设置减振器，与供水管与出水管局部采用软管连接。高压泵如图 4-11 所示。

图 4-11 高压泵

（1）高压管路：加卸载管路流量不小于 45 L/min，加卸载管路选用钢管标准规格 $\phi25\times6$，即管外径 25 mm，壁厚 6 mm，内径 19 mm，公称通径 DN20，压力舱仪器仪表安装高压管路规格为 $\phi16\times3$（管外径为 16 mm，壁厚 3 mm，内径 10 mm），所有高压管路压力不低于 70 MPa，材质为 316L 不锈钢，接头采用法兰连接形式。

为防止使用过程中有异物进入加卸压管道，在管路中需设置高压过滤器。所有管路均应设置明显标识或涂装以显示用途、压力、水流方向等，并布置在指定的管沟内。

（3）集成阀门柜：集成阀门柜采用一体化设计，将控制阀件（气动调节阀、电动截止阀、手动截止阀）、压力表等集成安装在阀门柜中。阀门柜内管路和阀件规范安装，面板上手阀操作方便。

（4）压力传感器：在高压泵出口处和立管进水口分别安装有 1 台高精度压力传感器（70 MPa 压力等级，量程 0~70 MPa，精度 0.1%FS，标准 4~20 mA 电流输出，第三方计量合格，德国 WIKA 品牌），在高压泵进水口安装 1 台压力传感器（量程 0~1.6 MPa，精度 0.2%FS，标准 4~20 mA 电流输出，第三方计量合格，1 台，德国 WIKA 品牌）。

（5）压力表：在高压泵出口和立管试件进水口分别安装 1 台耐震高压压力表，高压压力表选用上海自动化仪表厂生产的高压压力表（量程 0~70 MPa，精度 0.4 级，计量合格）。

（6）空压机：空压机主要用于为气动调节阀提供驱动压缩空气，由空气压缩机、冷干机、储气罐、过滤器、管路等组成，输出压力 7~13 bar，压缩空气输出量 1 m^3/min，选用超静音的螺杆泵压缩机。

4.2.3　轴向拉压加载和扭力双向加载伺服机构

为了通过施加外轴力测试立管焊接点的应力变化以及疲劳寿命，需要建造一套轴向拉压加载伺服机构和一套扭力双向加载机构，安装在反力架平台一端，通过加载轴与立管试件端部的管端自锁密封装置导向轴连接，加载轴穿过扭力加载机构，立管试件另外一端的管端自锁密封装置的法兰与反力架平台端部连接。反力架安装有轴力和扭力复合加载机构，通过地脚螺栓与反力架端面框架连接；加载机构输出加载轴连接法兰，与立管试件工装法兰螺栓连接。轴端加载机构拆解图如图 4-12 所示，加载轴连接法兰如图 4-13 所示，轴向拉压加载和扭力双向加载结构示意如图 4-14 所示。

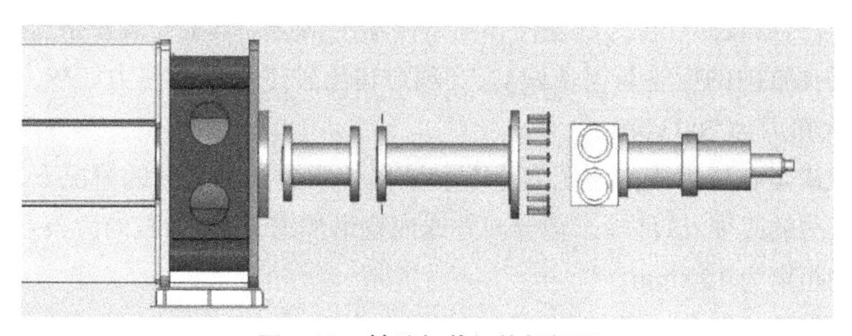

图 4-12　轴端加载机构拆解图

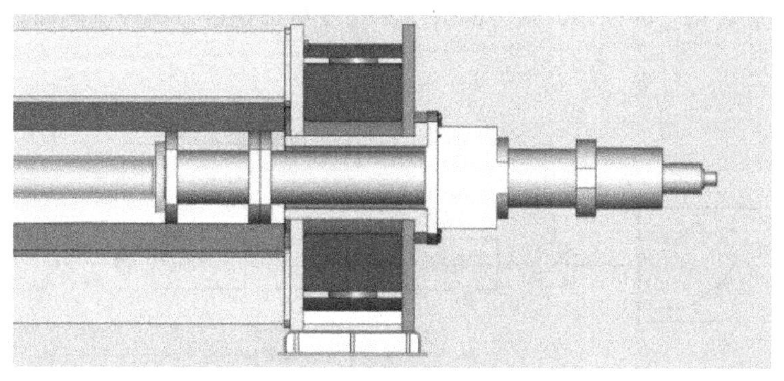

图 4-13　加载轴连接法兰

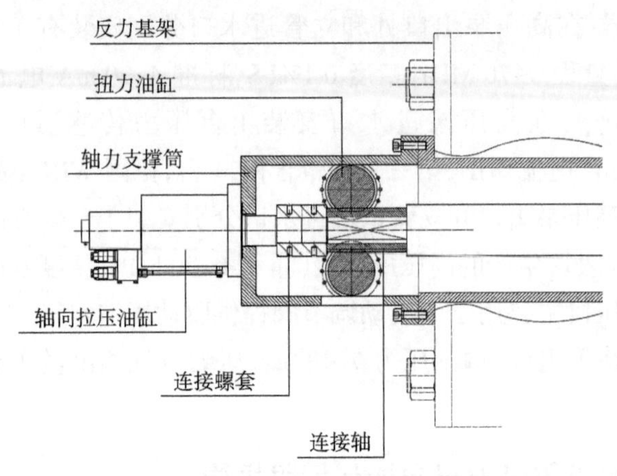

图 4-14　轴向拉压加载和扭力双向加载机构示意

技术指标：满足最大施加轴向拉压力 3 000 kN，有效拉压行程 ±150 mm，控制精度 ≤±1%，最大加载速度 40 mm/s，实现周期性循环疲劳加载；满足最大施加双向扭矩 200 kN·m，角度 ±45°，控制精度 ≤±2%，最大加载速度 1°/s，实现周期性循环疲劳加载。

轴向拉压力加载控制原理：拉压力加载油缸采用变频调速和比例压力阀控制对液压油缸进行比例拉压力调节，实现拉力比例和恒压加载。卸载利用比例压力阀进行卸载控制，同时加载油缸内置位移传感器，可以实时监控拉压加载过程中试验管件的加载力和位移变化。

双向扭力加载结构和控制原理：扭力加载摆动油缸轴向拉力加载在油缸的连接罩壳法兰上，在轴向拉力加载油缸拉力活塞杆和被试件输出轴连接轴上安装 1 条齿条连接杆，通过扭力加载摆动油缸内的齿轮与齿条做功，实现对输出轴进行双向扭力加载。旋转角度最大为 ±45°，最大扭力为 200 kN·m。

扭力加载满足在压力筒内水压变化下和轴向拉压力实时加载的情况下，随着水压的变化和轴向拉压力的改变，试件输出轴会向外或内变形伸缩，扭力加载的齿条行程允许试件输出轴水平移动距离为 150 mm。

扭力控制利用比例压力阀控制液压油缸的推拉力来实现对试件输出轴施加旋转扭力。同时也可以通过摆动油缸上安装的位移传感器和供油的变频调速泵闭环控制，来实现对时间输出轴进行旋转角度的控制。扭力的大小和角度可以通过系统控制画面设定。控制框图如图 4-15 所示。

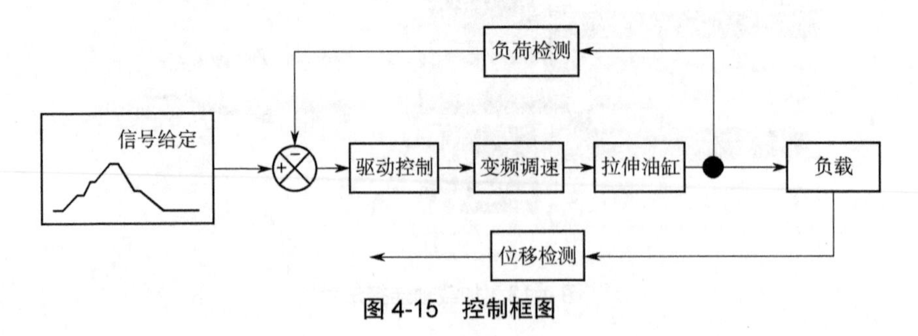

图 4-15　控制框图

4.2.4 四点弯矩双向加载伺服机构

为了通过施加外弯矩力测试立管焊接点的受垂直弯矩力的应力变化以及疲劳寿命，建设一套垂直于立管的四点弯矩加载伺服机构，安装在反力架平台的中间三等分段，垂直对称施加拉压弯矩，加载轴端为圆弧形法兰，抱紧立管试件外圆，做垂直立管往复拉压加载。将弯矩加载伺服油缸垂直于立管上下对称安装在反力架上，实现双向推拉加载。其安装方式为：下部弯矩加载机构预先安装在框架底部。上部弯矩加载机构安装在上法兰上；立管试件吊装前，先将上部法兰旋转 90°，至反力架平行方向，方便立管吊装入反力架内部，然后将上部法兰回转 90°，复位，用螺栓拧紧，放入加载轴，即可对立管弯矩进行加载。弯矩加载系统示意如图 4-16 所示。

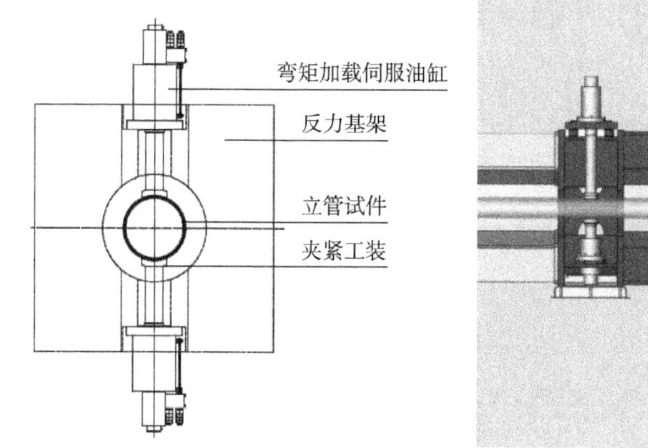

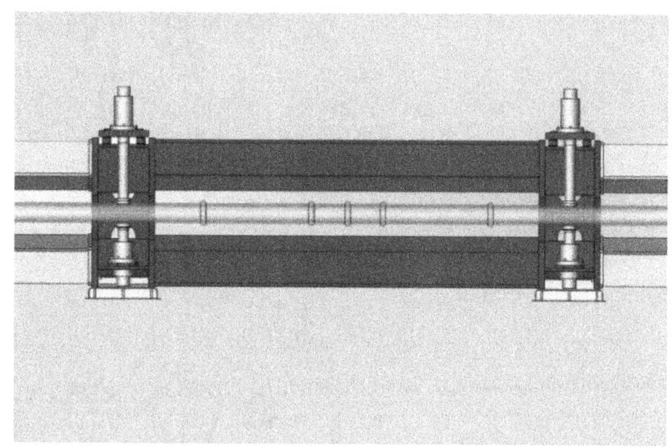

图 4-16　弯矩加载装置示意

技术指标：满足最大施加弯矩拉压力 1 300 kN，有效拉压行程 ±150 mm，控制精度 ≤±1%，最大加载速度 20 mm/s，实现周期性循环疲劳加载。

弯矩加载油缸内置 MTS 高压磁致伸缩位移传感器，外置比例伺服阀和压力传感器，实现位移闭环加载或力闭环加载。弯矩加载油缸如图 4-17 所示。

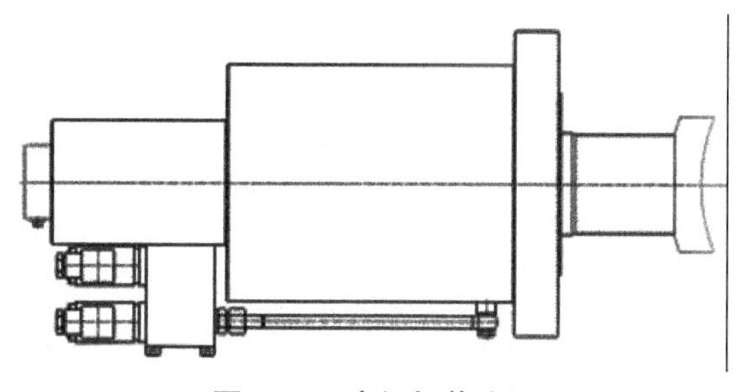

图 4-17　弯矩加载油缸

控制原理：弯矩加载油缸采用变频调速和比例减压阀控制对液压油缸进行比例加载和卸载的调节，实现静压弯矩比例和恒压加载。卸载利用比例减压阀进行卸载控制。同时加载油缸内置位移传感器，可以实时监控弯矩加载过程中试验管件的加载力和试件变形的位移量。两侧的弯矩加载油缸可以实现单动/同步加载和单动/同步卸载。

4.2.5 液压加载伺服系统

为满足上述复合加载机构的工作需要，设计制造一台液压加载伺服系统，系统供电为AC 380 V，最大功率为 110 kW。液压加载伺服系统配置变频调速电机、高低压油泵、伺服阀、蓄能器、传感器等液压电气元器件，同时为满足周期性循环疲劳加载测试，系统还配置高效的油液冷凝机或冷却水塔（根据现场环境来定）。液压油箱示意如图 4-18 所示。

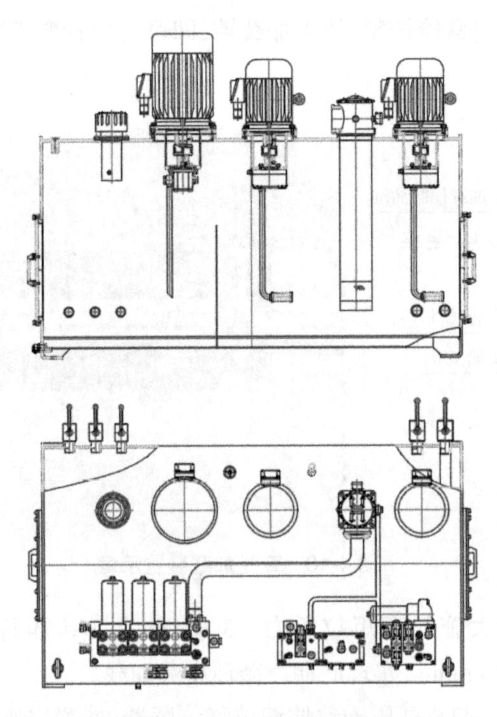

图 4-18 液压加载伺服系统

液压油箱用以提供：①管端自锁密封装置的自锁油缸动力油源；②轴向拉压加载伺服机构液压油缸的动力油源；③四点弯矩双向加载伺服机构液压油缸的动力油源。

液压油箱采用 1 500 L 碳钢油箱，表面喷塑处理，油箱采用密闭式结构，电机均采用 B35 安装方式，过滤系统具有回油过滤和自循环过滤结构，油箱外侧设置带加油口的（含滤网）空气滤清器、温度变送器及液位变送器，能在远程仪表显示监测油箱温度、液位并报警。

为保护系统液压执行元件，供油采用两级过滤，过滤精度为 3 μm 、5 μm 。每个回路的溢流油口及回油亦设有过滤器。过滤器带有堵塞报警（油滤压差报警），当压差达到预先设定值时，监控系统报警，以便及时更换滤芯。

油箱底部带有倾角，回油处为最低点，设有带球阀的放油管，放油、清洗方便。液压油在工作时可采用外接循环油水冷却器进行油温控制，系统根据油箱内的温度传感器自动控制启动泵站配置约 25 L/min 的低压循环油泵，额定压力 1 MPa，进行液压油自动循环冷却。循环回路中设置过滤精度 5 μm 循环过滤器,不但能完成水冷却循环,也能具备液压油自过滤功能。

液压泵站分为六部分:第一部分满足轴向拉压力加载系统控制;第二部分满足双向扭力加载系统控制;第三部分为四点弯矩加载系统控制;第四部分为端盖自锁密封装置的控制;第五部分为冷却循环过滤系统;第六部分为液压泵站电控系统。

整个液压系统采用变频调速低功耗设计,系统控制液压油泵自动适应试验的流量需要进行自动调节输出,既降低了系统的整体功耗,又能提高了系统的使用寿命。

液压系统高压部分的液压油泵和电磁阀选用德国和瑞士产品,中低压部分的电磁阀和比例阀选用德国、美国和瑞士的产品,中低压齿轮泵选用德国产内啮合齿轮泵;其他传感器均选用进口一线品牌产品。

液压泵站配置一台泵站电控控制柜。泵站电控系统由密封的电控箱体、电机控制的低压电气以及阀件控制的放大器、伺服阀实时控制器及电路驱动板和与工控操作台连接的接口组成。泵站控制柜除完成电机启动及油水冷机系统基本配电需要外,同时在内部配置一台西门子工业控制器、一台带有薄膜键盘功能的工业显示器,可以实现油源系统的就地启动停机,压力、液位、温度、报警信号的采集输入,泵站压力调节输出,还提供 TCP/PI 以太网接口与远程集中控制中心通信,实现远程监视控制。泵站控制柜同时和测控系统进行硬接线连锁保护。

除触摸屏外,控制柜还设置了基本控制操作按钮,方便用户使用。控制系统具有急停和高压安全保护功能;当油箱温度高于 65℃时,控制系统报警,并可以保护停机。当油箱油位过低时,控制系统报警,并可以保护停机。

4.2.6　电气操作控制平台

控制平台采用 27 inch 双屏双备份控制系统,同时实现本地和远程控制两种方式。电气控制系统元件均采用西门子公司自动化产品,用来提供:

①管端自锁密封装置系统监控;②轴向拉压加载和扭力双向加载系统监控;③四点弯矩双向加载系统监控;④内水压加载系统监控。

操作台分为本地控制和远程控制两个部分;均是由计算机测控系统、工控软件、数据采集系统以及低压电器组成。计算机测控系统由西门子工业控制计算机、27 英寸液晶显示器、打印机等组成,均选用当前主流配置。计算机配有应用程序,操作员可以运行不同功能的测试程序。打印机安装在机柜内。电器操作控制平台如图 4-19 所示。

操作台分为两个部分,一个部分控制液压加载的各部分功能,另外一个部分是水压加载系统,能同时记录各种加载的实时数据,并记录存储,同时互为双备份系统。控制系统: SIEMENS 运动自动控制系统。系统运行环境:应用软件运行于 Windows 7 环境下,通过键盘、鼠标操作。系统开发工具:应用软件使用 WinCC/LABVIEW/ 组态王作为主要开发工具。工控系统示意如图 4-20 所示。

图 4-19 电气操作控制平台

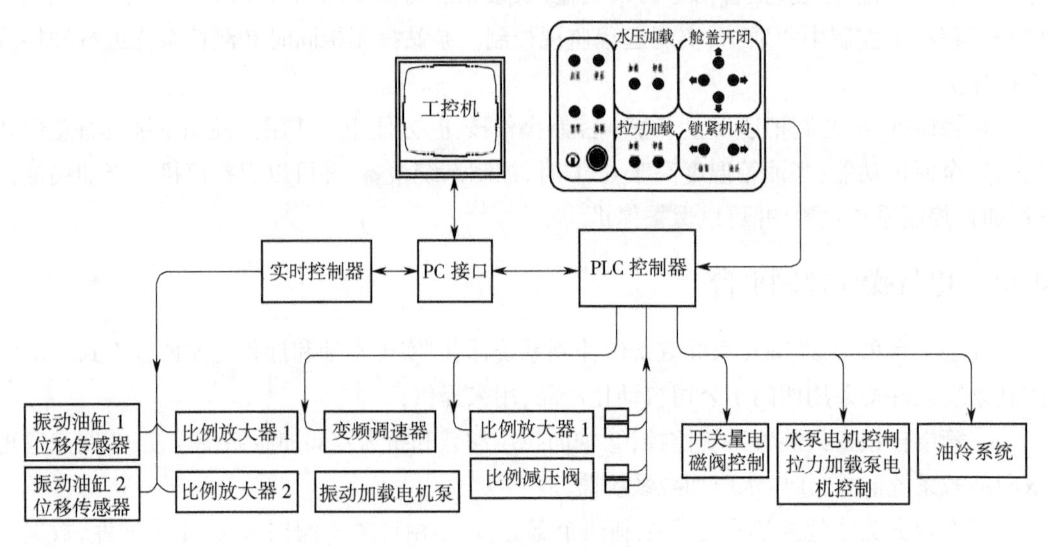

图 4-20 工控系统示意

工控计算机的上位机控制系统驱动液压泵站内的实时控制器，实时控制器可通过网络实时接收计算机发出的波形指令信号，来控制伺服油缸上的伺服阀比例放大器，伺服油缸上的位移传感器实时反馈到实时控制器上，行程位置闭环，完成循环加载。

工控软件采用主流的上位机控制软件，将所有液压控制系统的参数均在界面里显示和加以控制，同时提供数据实时显示、存储和打印功能。加载控制软件如图 4-21 所示。具体功能如下。

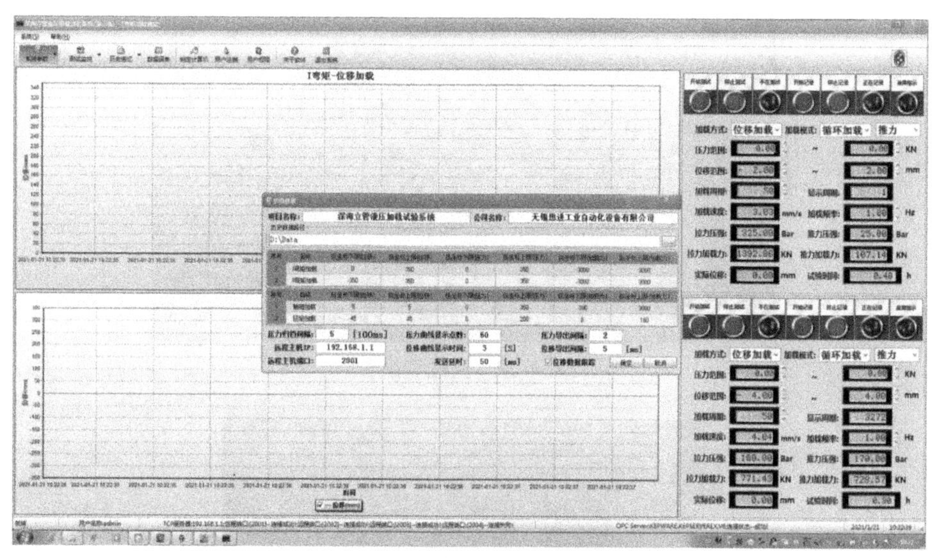

图 4-21　加载控制软件

（1）数值显示：实时显示各点油压、开关状态、油位及油温等参数，位移显示精度为 0.01 mm，压力显示精度为 0.1 MPa，加载力显示精度为 0.1 kN。

（2）试验引导：通过原理图和文字说明模拟显示当前试验过程，包括各油路状态，试验提示等。试验流程可以在计算机引导下完成，也具备试验失败合理判断和退出功能。

（3）参数设定接口：用于设定泵站压力、试验平台压力、位移、试验流程等参数。

（4）记录分析功能：能够自动记录试验过程参数、试验结果、试验日期等参数，并能自动绘制压力-时间曲线。根据用户预先定义的判断范围，自动生成测试结果报告，系统可以打印测试报告，判断范围可以由用户修改定义。测试结果可转为 Excel 格式，便于保存、编辑、查询。

（5）报警及保护功能：具有关键参数保护停机和安全延时报警的功能。

控制软件操作等级分 2 级以上工作权限。软件设计可借鉴现有试验系统的操作习惯和思路或者由用户提出协商编制。

在液压系统就地控制柜、试验平台综合测控台、计算机控制柜等多处均设置急停按钮，便于在设备工作异常时紧急停止系统。

油压泵站设置温度传感器，当油箱温度大于 65 ℃时系统自动停机。

油压泵站设置液位传感器，当油箱液位低于所设定极限值或者油箱液位短时间下降过快时系统自动停机。液压系统各主要过滤器均带有差压报警开关，便于滤芯失效时及时更换。

控制系统可设置为维修或工作状态，便于操作人员进行快速故障处理和维护。计算机系统对各主要工作参数及报警进行可定义的记录。

4.2.7　光栅应变测量系统

为防止应变片疲劳撕裂，保证数据准确，需购买一台满足试验要求的光栅应变测量系统，用于疲劳试验。光栅调解仪如图 4-22 所示，光栅应变片如图 4-23 所示。

图 4-22 光栅调解仪

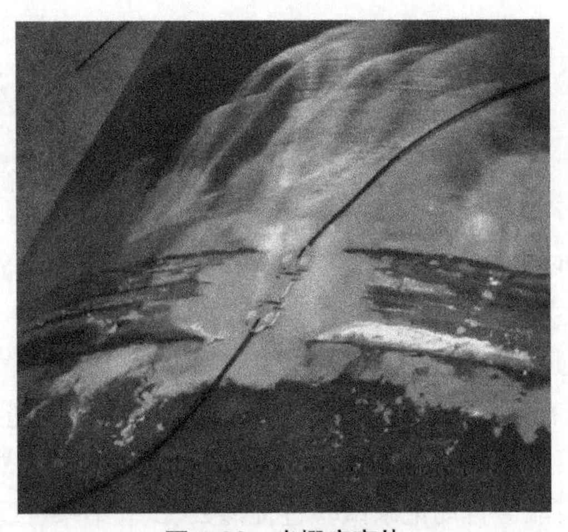

图 4-23 光栅应变片

光栅应变测量系统可实现长时间、高精度应变实时监测。管道中间三道焊缝分别串联布置光栅，每个截面 8 个光栅传感器，此外，布置温度补偿传感器，消除温度影响，共计 25 个光栅传感器。光栅应变片布置如图 4-24 所示。

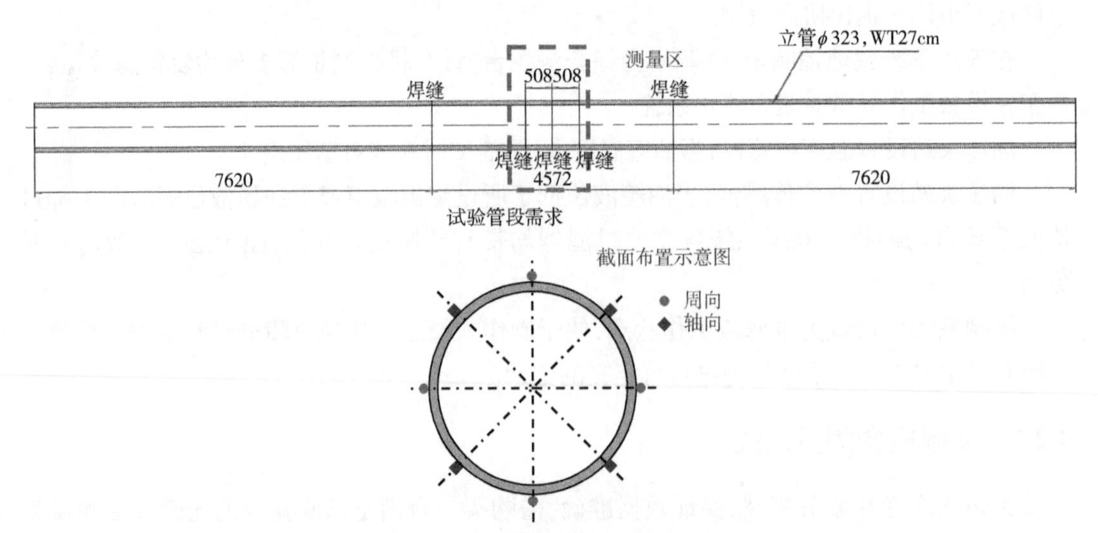

图 4-24 光栅应变片布置（mm）

光栅应变测量系统技术参数：多通道分布式，24 个测点同步测量；带温度补偿的应变测量，消除温度影响；扫描频率为 1 000 Hz，分辨率 ≤5 pm；全光谱，动态范围 40 dB。

光栅应变片安装包括管材除锈打磨、确定测点位置、焊接、密封固定等，如图 4-25 所示。

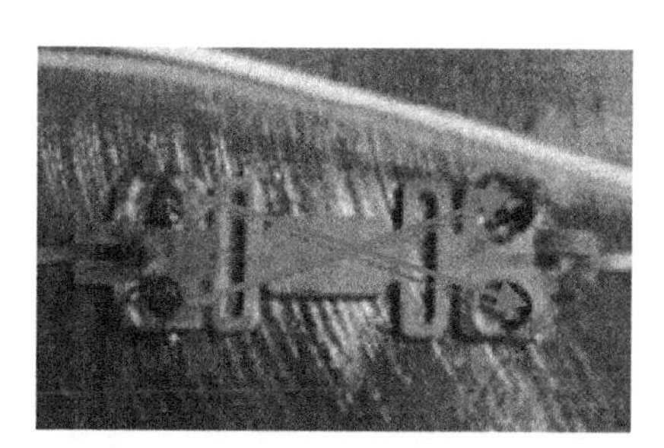
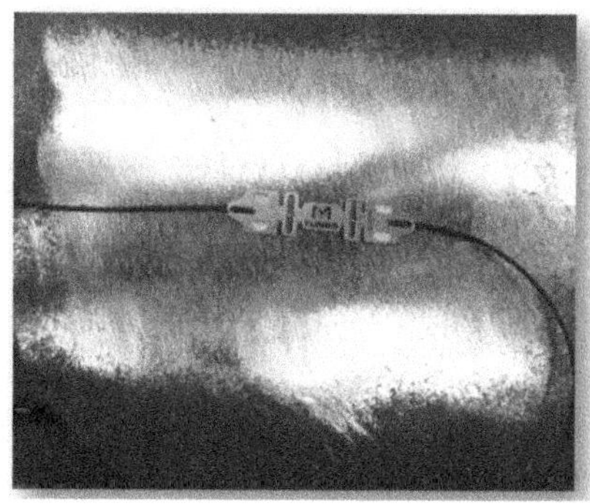
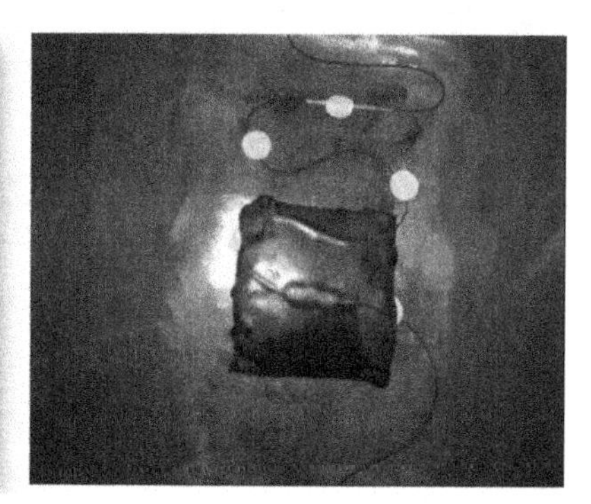

图 4-25　光栅应变片安装过程

4.2.8　远端控制计算通道

设计远程计算控制系统，可以实现疲劳试验远程监控及操作。远程监控及摄像系统如图 4-26 所示。

图 4-26　远程监控及摄像系统

4.2.9 防爆隔音墙

设置防爆隔音墙,保障试验人员及实验室安全,隔绝噪声。其特点包括:侧墙及门采用折叠形式,试验期间打开,试验后合拢,减小所占空间;顶部墙体采用电动开门形式,便于管材安放。防爆隔音墙如图 4-27 所示。

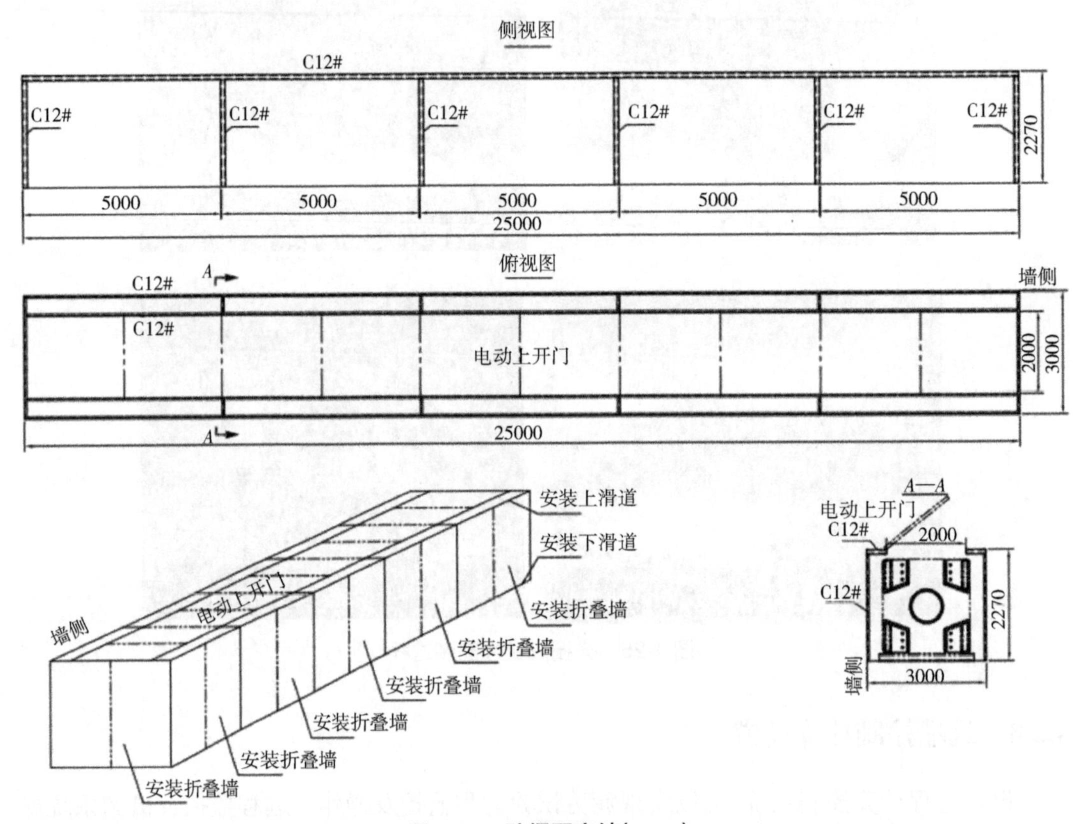

图 4-27 防爆隔音墙(mm)

建成后的防爆隔音墙实景如图 4-28 所示。

图 4-28 防爆隔音墙实景

建设完成的天津大学全尺寸深水钢悬链立管疲劳试验平台如图 4-29 所示。该平台能够完整地模拟深海结构在工作全周期内所受载荷的过程。

图 4-29　天津大学全尺寸深水立管疲劳试验平台

4.3　试验平台建设水平

天津大学全尺寸钢悬链立管疲劳试验平台于 2021 年 1 月 17 日建成。

试验平台按照机械加载设计，设计标准对标世界一流疲劳试验平台。其主要特征如下。

（1）平台设计尺寸为当前世界最长。试验平台全尺寸（仅为防水压墙范围尺寸，不包括电机、水泵、伺服阀等加载设备）为 26 m，反力架尺寸达到 24 m，可试验管段尺寸达到 22 m。

（2）设计加载能力世界领先。试验平台设计轴向最大加载能力为 3 000 kN（动载），弯矩加载能力达到 1 300 kN · m，扭矩加载能力达到 200 kN · m，内水压加载能力可达到 60 MPa，平台设计加载频率为 30 Hz。

平台加载能力指标见表 4-4。

表 4-4　中海油研究总院 - 天津大学全尺寸钢悬链立管疲劳试验平台加载能力

机构/研究人员	试验管道尺寸	轴力	弯曲疲劳	扭矩	内压
中海油研究总院 - 天津大学	L≤22 m D<609.6 mm	3 000 kN （动载）	1 300 kN·m 加载行程 ± 150 mm	200 kN·m	60 MPa

（3）反力架设计更简洁。试验平台反力架采用梁式结构设计，比同类型挪威疲劳试验平台桁式反力架设计更简洁，且方便试件安装，设计安全系数可达 9.76。

（4）试验平台尺寸、功能、性能达到世界一流，试验钢悬链立管长度为当今最长，适应管径种类为当今最多,管道尺寸、载荷形式、加载能力可重现南海复杂环境,再现钢悬链立管在南海环境下生命全周期所有载荷历程,准确性好。

4.4 试验平台现场认证

试验平台建设、测试完成后,中国船级社于 3 月 1 日完成第三方现场认证(图 4-30),现场检验试验平台加载能力指标,所有指标均满足要求。中国船级社出具检验报告,确认了平台尺寸、试验加载能力等,试验平台通过第三方检验,具备进行全尺寸国产钢悬链立管疲劳试验能力。

图 4-30 中国船级社现场验证

4.5 试验平台注意事项

由于疲劳试验存在危险性,尤其是在内压加载过程中可能会有管内液体喷出,液体飞溅会对生命安全造成重大威胁,因此要求操作人员必须严格按照试验平台管理制度执行,严禁违规操作。

(1)试验前需检查试验平台有无磨损、磕碰,加载装置是否对中,控制系统是否灵敏,紧急关停是否有效。

(2)管道预处理完成、吊装就位后,闭合防爆隔音墙方可进行预加载。

(3)试验期间,任何人不允许接近试验平台。待试验完成后,需断开疲劳试验平台电源,之后方可进入试验区域查看。

(4)试验平台相关设备需要具有操作资格方可进行操作,如天车等;试验加载过程必须严格按照试验方案及相关技术手册执行。

（5）试验过程全程需要保留影像资料。

（6）试验场地清理，尤其是液压加载端口位置容易留有残余的水，试验后需要及时擦干。

（7）试验全过程出现任何问题需及时上报给实验室主任，对故障位置及时进行修理。

（8）疲劳试验平台需要定期维护检修，保证设施的正常运行。

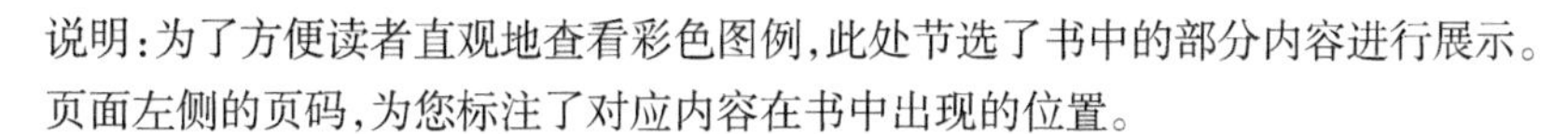

本章部分图例

说明：为了方便读者直观地查看彩色图例，此处节选了书中的部分内容进行展示。页面左侧的页码，为您标注了对应内容在书中出现的位置。

第 5 章　全尺寸深水立管疲劳试验

在深海油气开发设备中，深水立管系统是连接水下井口和水面浮式设施的唯一通道，钢悬链立管是其重要形式。其在全生命周期，长期受风、浪、流以及极端载荷作用，容易出现疲劳破坏问题。一旦产生疲劳破坏，会造成泄露，其后果十分严重。因此，探明全尺寸钢悬链立管全生命周期疲劳问题，是确保海洋平台安全的重要工作。

随着海洋油气开发水深逐渐增加，海洋结构物面临的挑战也越来越大。立管作为连接水面与海底的重要结构，起到将开采出的油、气资源运输至水面平台的作用。其中，钢悬链线立管（Steel Catemary Riser，SCR）在 1994 年首次使用在海洋结构中。近年来，钢悬链线立管在海洋结构中得到了广泛应用。SCR 结构简单且坚固，成本低，因此逐渐替代了柔性立管、顶张力立管等，成为深水立管结构的首选。 SCR 顶部与浮式平台连接。平台在海面会受到风、浪、流等载荷作用，六自由度运动造成 SCR 顶部连接处受到循环载荷作用，容易发生疲劳破坏。立管底部连接海底管道，这部分区域被称为触地区，立管运动时，底部与海底土体发生碰撞、摩擦，产生循环载荷作用（图 5-1）。SCR 在循环载荷作用下，容易产生疲劳损伤。

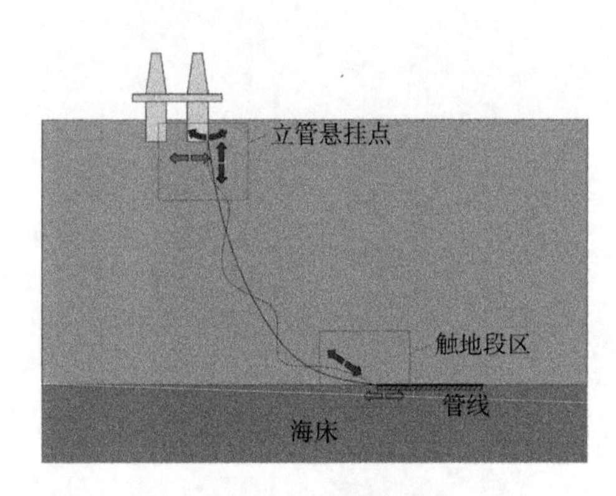

图 5-1　立管环境示意

目前，我国尚缺全尺寸钢悬链立管疲劳试验设备及条件。全尺寸钢悬链立管疲劳试验的核心技术均掌握于美、英等西方国家。为了打破英、美等国家对我国“卡脖子”，中海油与天津大学联合攻关，共同在天津大学现有实验场（占场地 410 m^2）创建管道在轴力-水压联合作用下的全尺寸钢悬链立管疲劳实验平台，并完成一组高应力疲劳载荷循环试验，通过本次试验，为国产钢悬链立管的尺寸、可承受的载荷循环次数等提供依据，并为全尺寸钢悬链立管疲劳试验平台后续升级提供经验。

5.1　全尺寸立管疲劳试验方案

国产立管全尺寸疲劳试验是对国产立管进行高、中、低三组应力情况下的疲劳试验。其中,高、中两组应力水平下要求达到立管破坏为止,低应力试验达到所要求的循环次数即可。

5.1.1　试验目的

本次试验的试验管为中国衡阳华菱钢管有限公司生产的无缝钢管。试验管几何尺寸和材料属性见表 5-1。

表 5-1　试验管尺寸及材料属性

立管材料	APIX65	
几何尺寸	外径	323.9 mm
	内径	269.9 mm
	壁厚	27 mm
	长度	5.6 m
弹性参数	弹性模量 E	210 GPa
	泊松比 μ	0.3

焊接由英国焊接协会完成,采用管道水平固定焊接方式,焊缝采用焊接工艺规范(WPS 7420)。由于焊接可能存在一定误差影响,应设计多组试验进行对比。但是考虑到全尺寸疲劳试验成本高、耗时长,且可以在一次试验中完成对多个焊缝的校核,因此本次试验管中部为三条焊缝,用于对比。

本次试验主要目的在于:通过国产立管疲劳试验,评估立管强度及焊缝工艺是否达到要求,以保证在实际生产中立管结构能够维持长时间正常工作状态。

(1)通过试验,测量在不同应力水平下立管焊缝位置的应力、应变情况以及在不同应力水平下达到破坏的循环次数。

(2)与理论计算循环次数进行对比,比较数值模拟及疲劳计算与实际试验过程中,达到破坏时循环次数是否相同。

(3)进行材料的腐蚀疲劳标定,对立管小尺寸试样进行腐蚀疲劳试验,为全尺寸疲劳试验标定腐蚀、高温、高盐影响系数。

5.1.2　试验内容

(1)观测立管/焊缝位置发生疲劳破坏时的裂纹形貌。

(2)测定载荷-应变曲线,得到焊缝点处变形。

(3)测量三组试验中待测焊缝位置应力的全时历曲线。

5.2 试验设计

5.2.1 注意事项

疲劳试验具有一定破坏性，尤其在内水压加载的情况下，易发生危险。因此需通过远端控制系统及监测系统进行监测操作，试验期间严禁进入实验室区域。

试验装置设置温度、压力报警系统，在发生报警时自动关停试验装置。由于疲劳试验时间较长，在预定即将发生破坏时间阶段（中应力第四天，高应力最后几个小时）需频繁观察试验管，如发生破坏，立即通过远程操作停机。

5.2.2 试件材料

3 根 11.6 m 接长管（1 根作为备用），4 根 5.8 m 接长管（2 根作为备用），5 根 5.6 m 试验管（2 根作为备用），试验管中部及距其两端 508 mm 处各有一条焊缝（共计三条焊缝）。

本次试验主要研究立管发生疲劳破坏过程中，焊缝位置的应力变化情况，以及检验管的疲劳强度、焊缝的焊接是否满足要求。

根据陵水 17-2 项目实际生产用管尺寸，本次试验所选管外径为 12 in（323.9 mm），管壁厚 27 mm，管长 17.2 m，管材为 APIX65 钢。考虑弯矩加载位置限制，对弯矩加载试验用管需要另作设计，因此共设计两种连接管形式。

（1）适用于拉压加载的管段形式，试验段为 5.6 m，接长段为 11.6 m，如图 5-2 所示。

图 5-2 拉压管段连接方式（mm）

（2）适用于弯矩加载的管段形式，试验段为 5.6 m，两端各有接长段 5.8 m，如图 5-3 所示。

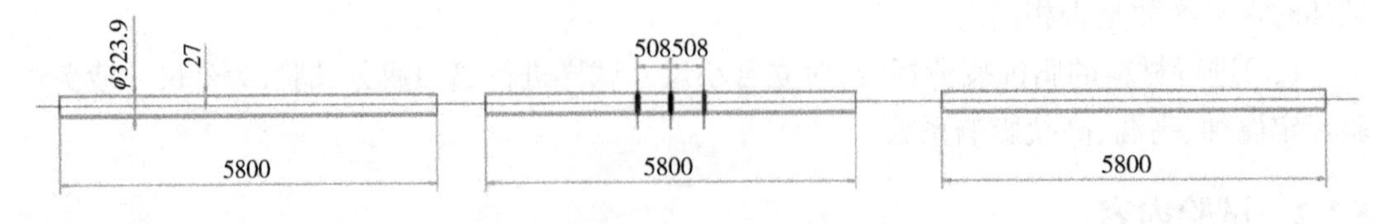

图 5-3 弯矩管段连接方式（mm）

连接形式（1）适用于高应力、低应力两组试验，（2）适用于中应力试验。因此，需要（1）管三根（1 根作为备用），（2）管两根（1 根作为备用）。

试验管焊缝位置如图 5-4 所示。

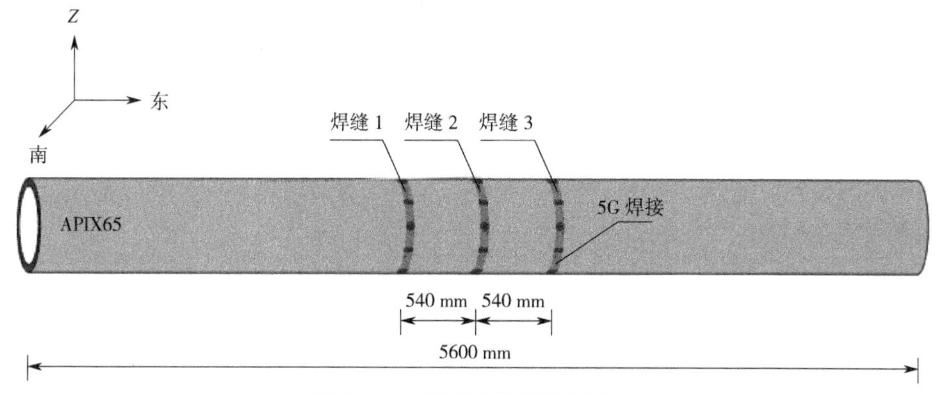

图 5-4　立管试验段焊缝布置图

在试验管环焊缝处每隔 45° 布置一个应变片。应变片布置情况如图 5-5 所示（图示以焊缝 1 为例，焊缝 2 和焊缝 3 的应变片布置方式与此一致）。

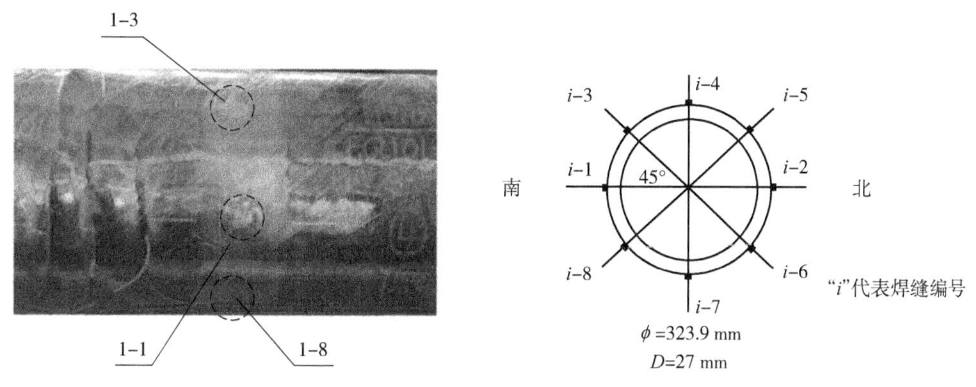

图 5-5　应变片布置图

试验前需对试验管进行打磨、除锈处理。

为便于摄像观测试验段在试验过程中的变化情况，（1）管的统一放置方式为左端接试验平台固定端，右端接加载端。

试验采用全尺寸立管试验平台进行，试验平台可实现全尺寸立管弯矩、扭矩、拉压及内压载荷加载。

开始本次试验前，需对试验设备进行调试。试验设备满足的加载要求为：拉压加载最大 3 000 kN，弯矩加载最大 1 300 kN · m，频率可达 20 Hz 稳定加载；在调试过程中，需注意水温及油温，温度需在长时间运行过程中保持在正常范围内。应变测量系统需调试保证各通道能够正常测量。需调试远程操作及控制系统，摄像、照明系统需正常工作。

5.2.3　试验要求

首先进行预加载，检测各仪器是否正常工作，并观察立管结构在预加载载荷下的变形情况，立管及焊缝结构强度是否能够满足预期破坏时间前的加载过程安全性。正式加载采用位移控制进行。全尺寸国产钢悬链立管疲劳试验共分为高、中、低应力三组，三组试验所需达到的加载特点具体如下。

1. 低应力疲劳试验

加载方式：内压，轴向拉伸。

加载时间：17 d。

加载频率：20 Hz。

应力值：69 MPa。

停止条件：达到 1 700 万次循环次数（预计循环次数的 1.1 倍）即可停止。

2. 中应力疲劳试验

加载方式：内压、弯矩。

加载时间：99 h（4 d）。

加载频率：20 Hz。

应力值：103 MPa。

停止条件：立管/焊缝发生疲劳破坏。

3. 高应力疲劳试验

加载方式：内压、轴向拉伸。

加载时间：21.3 h。

加载频率：20 Hz。

应力值：172 MPa。

停止条件：立管/焊缝发生疲劳破坏。

具体应力值情况见表 5-2。

表 5-2 全尺寸国产钢悬链立管疲劳试验应力循环范围值 单位：mm

应力范围	外径	内径
高	172	158
中	103	94
低	69	63

5.2.4 试验方案选取

内压作用下管道轴向应力计算如下：

$$\sigma_x = \frac{p(D-2t)^2}{D^2-(D-2t)^2} \tag{5-1}$$

式中：σ_x 为内压作用下管道的轴向应力；p 为管道内压；D 为管道外径；t 为管壁厚度。

轴力作用下管道应力计算公式如下：

$$\sigma = \frac{N}{A} \tag{5-2}$$

式中:N 为管道轴向拉力;A 为管道横截面积。

试验平台内压用于提供平均应力,平台最大内压加载能力为 60 MPa,根据内压作用轴向应力计算, 60 MPa 内压可提供的应力为 136.31 MPa,未达到 138 MPa 平均应力。因此,平均轴向应力采用内压和轴向加载混合加载方式进行。若采用 60 MPa 内压加载,仅需再施加 42.6 kN 轴向拉力,即可达到 138 MPa 轴向平均应力。

高应力所需轴向循环应力为 172 MPa,即需要达到 ±86 MPa 应力的加载。根据轴向、弯矩应力计算公式,若采用轴向加载,所需加载轴向载荷为 2 180 kN;若采用弯矩加载,目前设备端部采取固支方式连接,需要弯矩油缸加载推力为 57.6 kN,加载点挠度变形为 46.2 mm。若高应力试验采用弯矩循环加载,端部位移较大,容易造成螺栓疲劳破坏,影响实验进程。因此,选用轴向拉压载荷形式进行试验。

根据计算,若采用轴向加载达到 172 MPa 的循环应力,拉、压加载需要达到 2 180 kN,对应轴向拉伸/压缩位移需要达到 7.09 mm。考虑到试验施加拉力更容易,因此在试验设计中,适当减少加载内压,增大提供平均应力的轴向力加载。

结合轴向加载的最大能力,高应力加载组合设定如下。

(1)平均轴向应力由内水压及轴向拉伸加载组合实现。内水压加载 48 MPa,轴力加载 729 kN。

(2)循环应力由轴向加载实现。单项循环所需达到的应力为 86 MPa,提供该应力值所需轴向拉力为 2 180 kN,实现加载位移为 7.09 mm。因此,需进行 ±7.09 mm 位移、±2 180 kN 拉压力的循环加载。

中、低应力试验采用弯矩循环加载。由于弯矩加载时需按照位移加载进行设置,因此需计算中、低循环应力时加载点的挠度。弯矩加载时,端部采用铰支连接。

铰支情况下加载点挠度计算公式如下:

$$\sigma = \frac{Fa^2}{6EI}(3l - 4a) \tag{5-3}$$

式中:σ 为内压作用下管道的轴向应力;F 为加载力;a 为管道外径;l 为管长;E 为弹性模量;I 为管截面惯性矩。

试验平台内压用于提供平均应力,平台最大内压加载能力为 60 MPa,根据内压作用轴向应力计算, 60 MPa 内压可提供的应力为 136.31 MPa,未达到 138 MPa 平均应力。因此,平均轴向应力采用内压和轴向加载混合加载方式进行。若采用 60 MPa 内压加载,仅需再施加 42.6 kN 轴向拉力,即可达到 138 MPa 轴向平均应力。

中应力所需轴向循环应力为 103 MPa,即需要达到 ±51.5 MPa 应力的加载。若采用弯矩加载,目前设备端部采取固支方式连接,加载点挠度变形为 35.5 mm。

低应力所需轴向循环应力为 69 MPa,即需要达到 ±34.5 MPa 应力的加载。若采用弯矩加载,目前设备端部采取固支方式连接,加载点挠度变形为 23.2 mm。

因此,设计中应力加载组合设定如下。

(1)平均轴向应力由内水压及轴向拉伸加载组合实现。内水压加载 48 MPa,轴力加载

729 kN。

（2）循环应力由弯矩加载实现。单项循环所需达到的应力为 51.5 MPa，提供该应力值所需加载点循环位移为 ±35.5 mm。

（3）设计低应力加载组合设定为：①平均轴向应力由内水压及轴向拉伸加载组合实现，内水压加载 48 MPa，轴力加载 729 kN；②循环应力由弯矩加载实现，单项循环所需达到的应力为 34.5 MPa，提供该应力值所需加载点循环位移为 ±23.2 mm。

5.2.5 数值模拟校核

建立管道有限元模型，按照试验设计方案在有限元模型中进行加载，验证拟定试验方案是否可行。

建立管道模型，长度 17.2 m，壁厚 27 mm，材料设定为 X65。材料属性设定为：弹性模量 2.1×10^{11} N/m^2，泊松比为 0.3。

进行内压 48 MPa、轴向力 729 kN 加载，选取外壁单元，读取轴向应力云图如图 5-6 所示（左下角方框处为轴向应力读取值）。

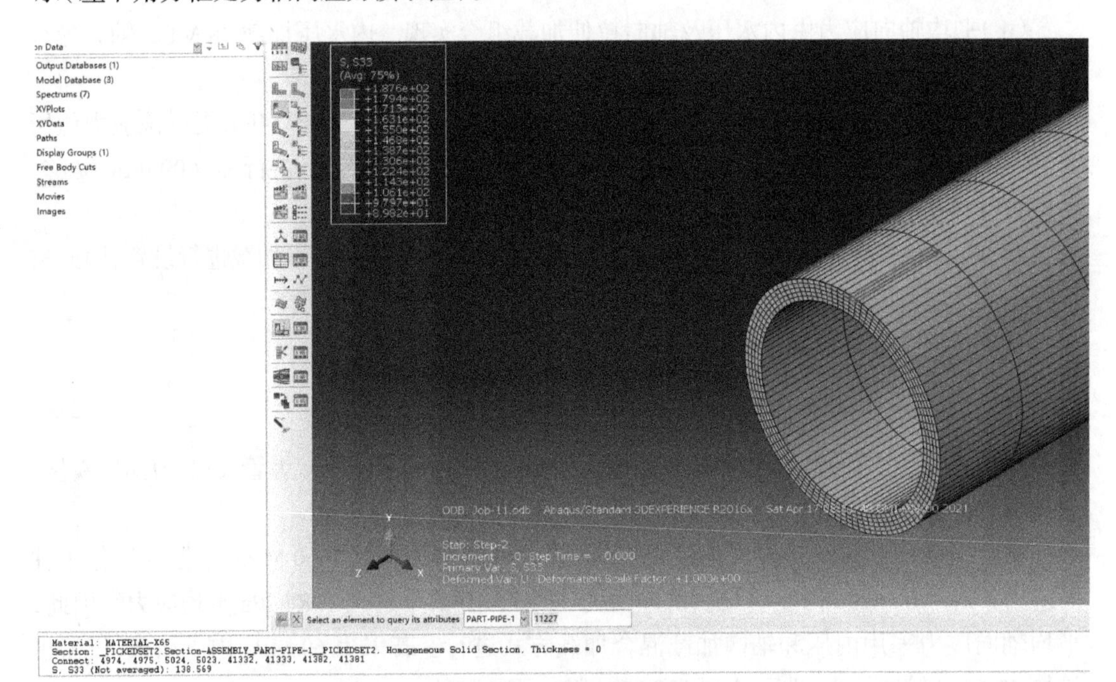

图 5-6 平均应力加载

可以看出，在内压 48 MPa、轴向力 729 kN 加载作用下，轴向应力达到 138 MPa，与理论计算结果相符。

在此基础上，进行轴向 2 180 kN 拉力加载，选取外壁单元，读取轴向应力云图如图 5-7 所示（左下角方框处为轴向应力读取值）。

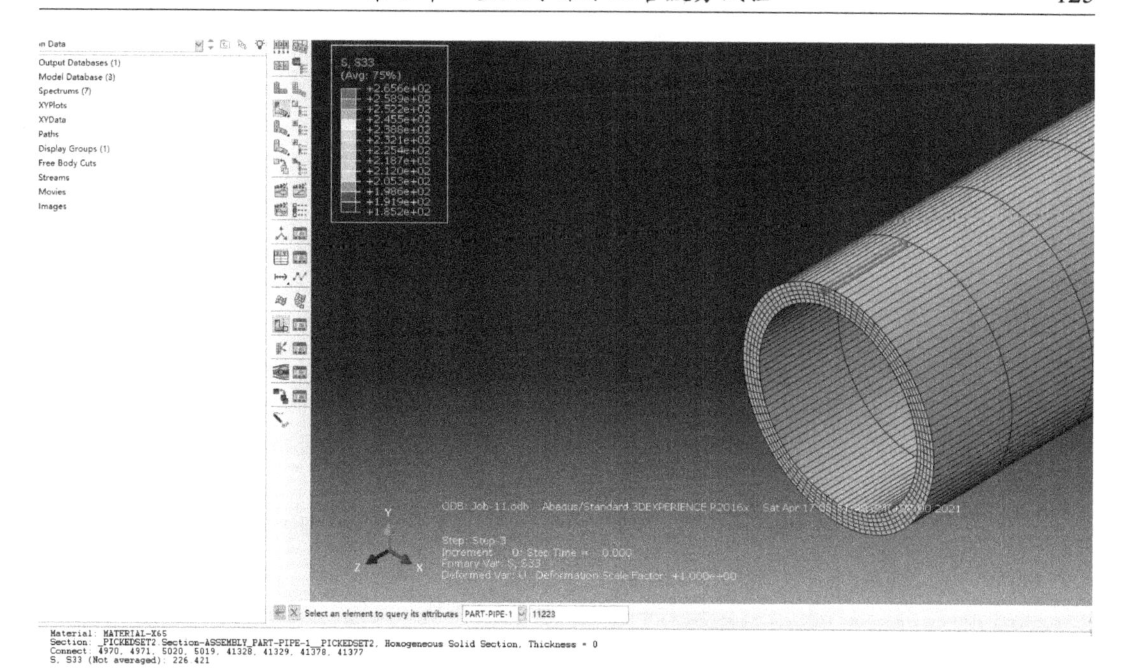

图 5-7　轴向循环拉力加载(最大值)

在 2 180 kN 轴向拉力加载作用下,轴向应力值达到 226 MPa,在平均应力 138 MPa 的基础上增加了 88 MPa。高应力循环值要求循环应力为 172 MPa,即单程循环应力值为 86 MPa,数值模拟结果与理论计算结果基本符合。

根据数值模拟结果,可以看出,在第一步内压、轴向力加载下,管道应力达到平均应力,在此基础上进行第二步加载,轴向应力达到循环应力增量值。验证设计试验方案可行。

5.2.6　疲劳循环次数计算

根据英国标准《钢结构疲劳设计与评估》(BS 7608),疲劳循环次数内径采用 BS 7608 E 曲线,外径采用 BS7608 D 曲线,设计疲劳试验循环次数。D 曲线和 E 曲线如图 5-8 和图 5-9 所示。

根据规范 *S-N* 曲线及目标循环曲线,计算得到高、中、低应力疲劳试验循环次数。

5.2.7　测量方案

于待测焊缝(共 3 条)位置布置应变片,进行数据测量及采集。

1. 裂缝开展、走向、宽度

人工观测、拍照,试验完成后通过管道无损探伤,量测裂缝宽度。

2. 立管破坏过程、最终破坏状态

观测、拍照、记录,完成试验后,最终破坏状态应去除试件上所有的仪表和线,专门进行拍照,对钢管开裂形态进行观测、拍照。

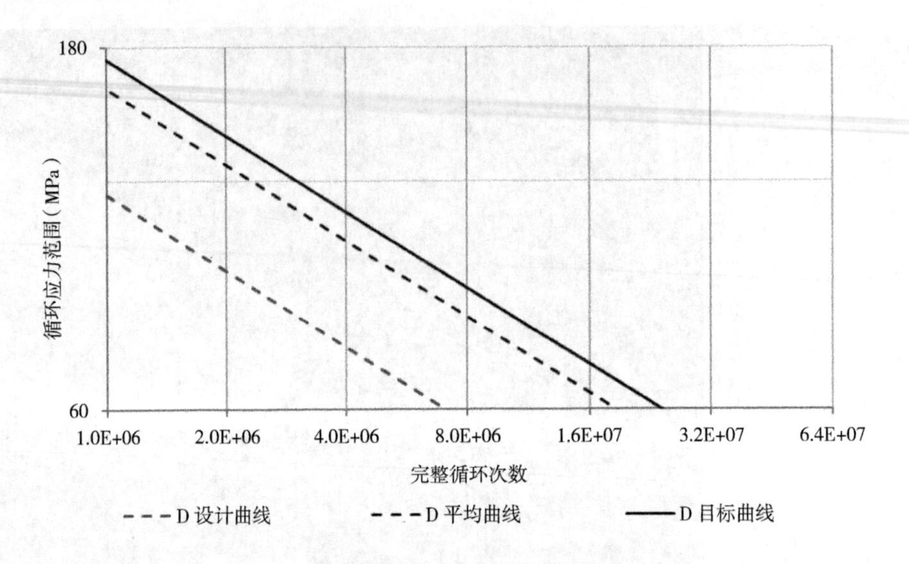

图 5-8 BS7608 D *S-N* 曲线

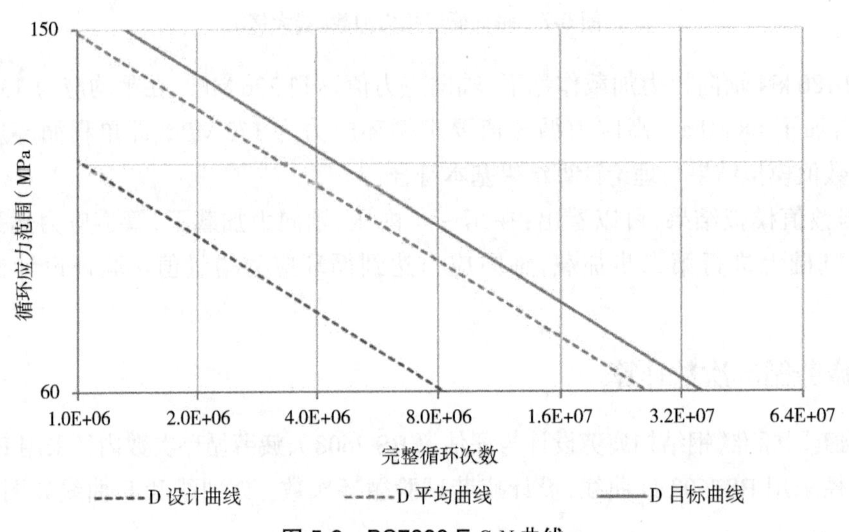

图 5-9 BS7608 E *S-N* 曲线

3. 载荷-应变曲线

测量载荷作用过程中载荷与应变的变化关系曲线

4. 应力时历曲线

得到全疲劳生命周期内应力的时历曲线。

5. 达到破坏时载荷的循环次数

若试验管发生疲劳破坏，需记录立管在达到破坏时的循环次数。

数据采集采用光栅应变测量系统，并记录立管试验全生命周期内的应变、应力变化情况。

5.2.8　试验管处理方案

基于理论计算及数值模拟计算结果,最终确定全尺寸国产钢悬链立管疲劳试验的试验方案。

高应力试验循环载荷采取轴向拉压方式进行加载,管段连接方式为 11.6 m 接长段与 5.6 m 核心试验段连接。管端焊接法兰,两边通过法兰分别与固定端和轴向弯矩加载端连接。具体连接形式示意图如图 5-10 所示。

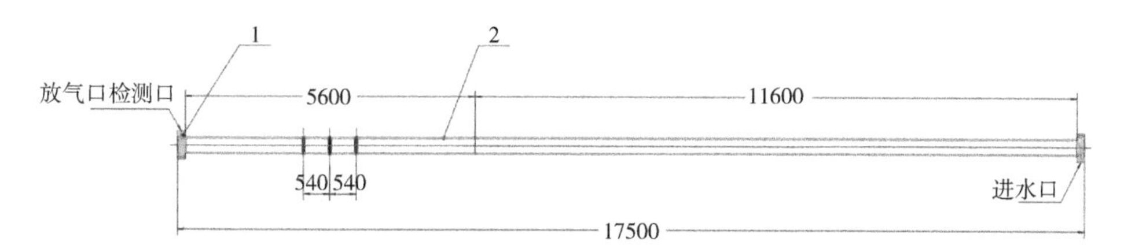

图 5-10　试验管连接示意(mm)

中、低应力试验循环载荷采取轴向拉压方式进行加载,管段连接方式为两段 5.8 m 接长段与 5.6 m 核心试验段连接。管端焊接法兰,两边通过法兰分别与固定端和轴向弯矩加载端连接。具体连接形式如图 5-11 所示。

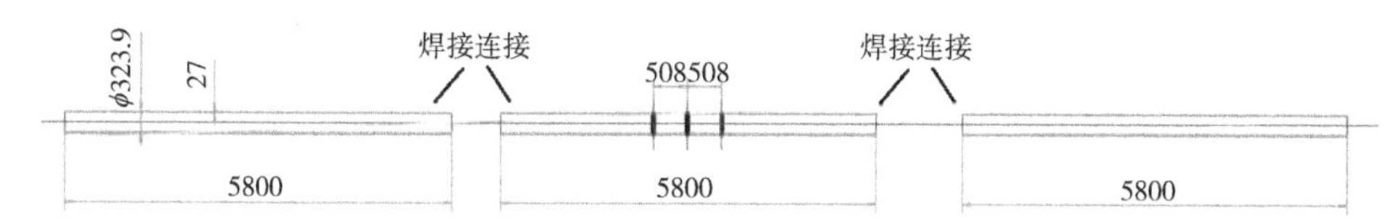

图 5-11　弯矩管段连接方式(mm)

试验管两端焊接 150 mm 厚法兰,端部采用铰接连接,铰接形式示意如图 5-12 所示。

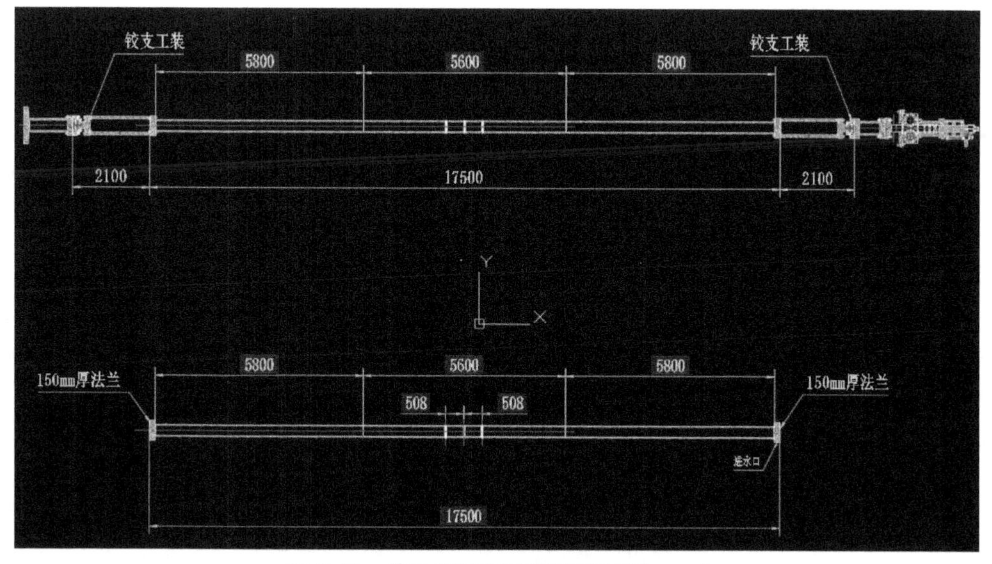

图 5-12　管段布置及两端连接示意(mm)

高应力试验需要一根 5.6 m 核心试验管、一根 11.6 m 接长段管，中应力试验需要一根 5.6 m 核心试验管、两根 5.8 m 接长段管。核心试验段管到场后，将核心试验段管和接长段管吊装，安置于架轨上。由具备厚壁管焊接技术的海油工程焊接工人现场焊接。

完成焊接后，需进行以下步骤。

(1)做无损探伤，如有不合格处，需将焊接位置打开，重新补焊。根据以往 100 多次焊接经验，70% 以上难以达到一次焊接成功，要将没焊好部分挖开，细致补焊。因此需要留足无损探伤时间后，重新补焊。

(2)将待测应力点用抛光机打磨至小平面。

(3)用汽油擦拭管道测试面周围的余锈，至少需擦拭三次。

(4)用酒精擦拭擦过汽油的平面，至少擦拭三次。

(5)焊接光栅/应变片。

(6)连接光栅/应变片延长线，需用光纤连接至数据采集仪。

(7)将应变片涂胶固定。

(8)将测试管吊装，放入试验平台。

(9)连接延长光纤/应变片延长导线至动态应变仪。

(10)安装顶部防爆墙。

(11)开启、调试应变测量采集系统，进行试加载，以保证系统运行正常。

(12)水箱泥沙清理、补漏，更换龙头。

对试验管测点进行布置，测点位置为核心试验段中 3 条 5G 焊缝位置，位于试验管中间及其两侧 540 mm 处。每条焊缝，间隔 45° 布置一个光栅，每条焊缝布置 8 个，共计布置 24 个应变测量光栅，同时每个通道布置一个温度补偿光栅。

试验过程中，按照拟定加载方式进行载荷循环，记录应力循环曲线。管道发生破坏或达到循环次数时试验停止。

5.3 试样处理

国产钢悬链立管到场后，运送试验段进行坡口加工，如图 5-13 所示。

坡口加工完成后，海油工程焊工到场进行焊接，焊接方法为氩弧焊、CO_2 气体保护焊，如图 5-14 所示。

随后对焊接部分进行无损探伤。对本次焊接的焊点(管与管对焊处，以及两端法兰与管焊接位置)焊缝及 10 mm 热影响区进行检测。检测标准采用《承压设备无损检测 第 3 部分：超声检测》(NB/T 47013.3—2015)，依据此标准，本次焊接位置中，试验段与法兰对接位置存在缺陷，其余两道焊缝焊接情况良好。

图 5-13　钢悬链立管到场

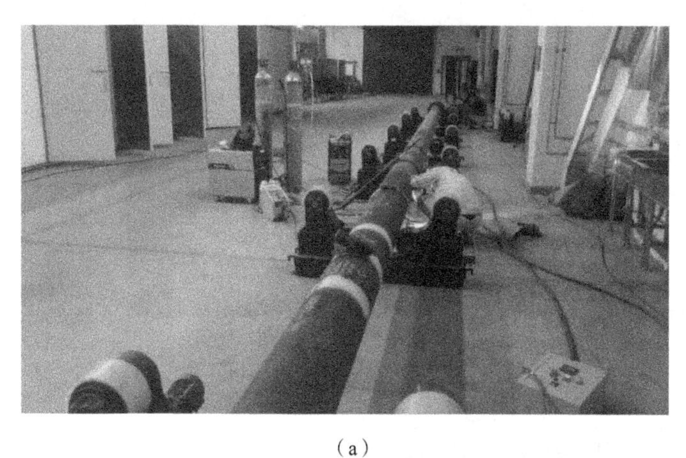

（a）

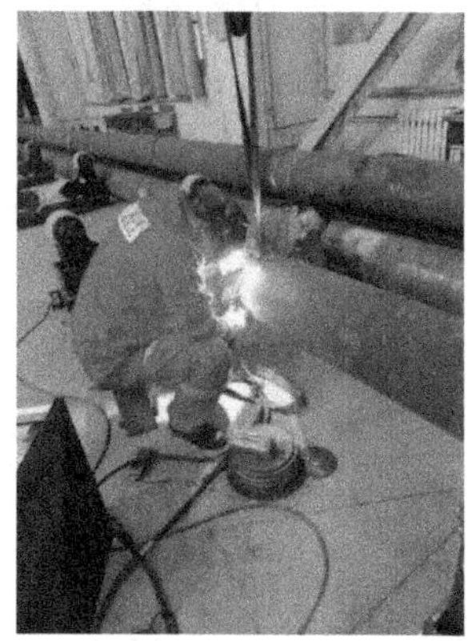

（b）

图 5-14　现场焊接

（a）高应力管现场焊接　（b）中、低应力管现场焊接

高应力试验采用光栅应变测量，如图 5-15 所示。光栅应变检测布置于 3 条焊缝位置，每条焊缝间隔 45° 布置一个光栅检测，共布置 24 个。每 4 个光栅应变片设置为一条通道，每条通道布置一个温度补偿片，本次试验共布置 6 个温度补偿片。

图 5-15　光栅应变测量

安装好光栅测量系统后，将管吊装进入试验装置（图 5-16），安装连接后，可以进行疲劳试验（图 5-17）。

图 5-16　试验管吊装

图 5-17　试验管进入试验平台

中、低应力试验采用应变片测量应变，应变片布置于 3 条焊缝位置，每条焊缝间隔 45°布置一个应变片检测，共布置 24 个，如图 5-18 和图 5-19 所示。

图 5-18　布置粘贴应变片

图 5-19　应变片布置

安装好应变测量系统后，将管吊装进入试验装置，安装连接后，可以进行疲劳试验，如图 5-20 所示。

图 5-20 试验管吊装

5.4 试验准备

为了通过船级社现场认证,已进行过一组测试试验,疲劳试验平台也已经历过百万次的疲劳循环加载,因此,试验前需对测试平台进行充分的检修与调试,更换易损坏的主要构件后方可开展疲劳试验。试验流程如图 5-21 所示。

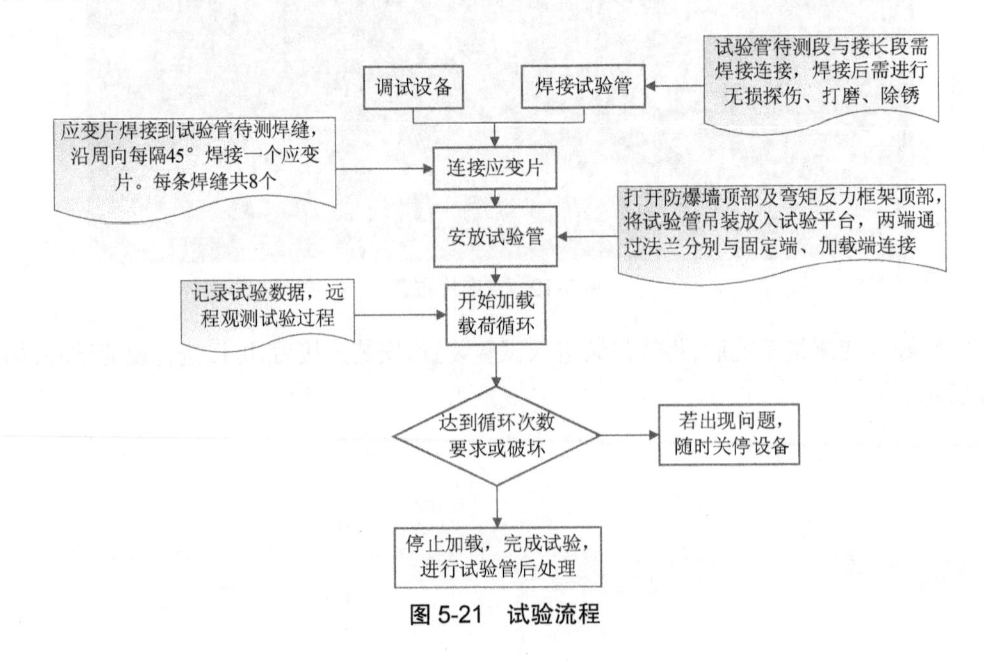

图 5-21 试验流程

全尺寸国产钢悬链立管疲劳试验加载实测工作的主要内容如下。

1. 验证并修正数值分析结果

重点是组合工况下关键节点位置的应力-应变关系和标定工作，并测定试验管的固有频率。

2. 确定高应力疲劳试验方案的可行性

重点是组合加载方案测试、组合加载的全过程监测、端部边界条件测试和轴力循环方案的详细论证。

5.4.1　加载标定方案

1. 应变片布置方案

应变片布置在 3 个截面：中间截面为左右弯矩加载装置间距的中点位置，左侧截面为中间截面向左侧弯矩加载装置 540 mm，右侧截面为中间截面向左侧弯矩加载装置 540 mm。

每个截面上布置两个应变片，分别位于截面上顶点和下顶点。

2. 试验管件自振频率测试

通过试验模态锤击法测试管件自振频率，力锤为橡胶材质，模态分析采用应变模态分析方法（DASP-SMA），测试仪器为 INV3065 多通道数采仪。

测试分析试验管件最低频率。

3. 高应力组合加载测试

（1）端部允许轴向位移，内水压加载 48 MPa。

（2）轴向拉力加载 729 kN。

（3）检查应力是否达到 138 MPa：如果没有，需要继续加载轴向拉力至指定应力；如果超过，需要卸载到指定应力（应力 138 MPa 对应应变值为 6.57×10^{-4}，弹性模量取 2.10×10^{-11} Pa）。

（4）管两端轴向自由度锁死，形成固端边界条件。

（5）按位移控制方法加载弯矩。单向加载位移为 100 mm，先正向加载，然后反向加载。目标单向加载时，轴向应力增加量为 86 MPa，显示最大应力应为 224 MPa（对应应变值为 1.067×10^{-3}）。

（6）管两端更换为铰支工装，形成铰支边界条件。

（7）按位移控制方法加载弯矩。中应力试验测试单向加载位移为 35.5 mm，先正向加载，然后反向加载。目标单向加载时，轴向应力增加量为 51.5 MPa，显示最大应力应为 189.5 MPa（对应应变值为 9.02×10^{-4}）。低应力试验测试单向加载位移为 23.2 mm。目标单向加载时，轴向应力增加量为 34.5 MPa，显示最大应力应为 172.5 MPa（对应应变值为 8.214×10^{-4}）。

（8）如果加载过程中螺栓变形严重，更换螺栓重新测试。

4. 数据记录要求

（1）内压加载全过程监测并记录。

（2）轴向加载全过程监测并记录。

（3）弯矩加载全过程监测并记录。

（4）应变全过程监测并记录。

（5）端部边界监测并记录。

（6）试验过程视频监测并记录。

5.4.2　自振频率测定

1. 空管

采用 5.1.1 节所述方案，通过锤击法测试得到的管件应变时历曲线如图 5-22 中第一张图所示。可以看出，6 个轴向应变片均有数据，且波动范围大致相同，说明应变片布置有效，能够用于试验模态分析。通过 DASP-SMA 方法，对 6 个轴向应变数据进行快速傅里叶变换（Fast Pourier Transform，FFT），可以得到该时历曲线的频谱图。图 5-22 中第二张图为 6 个应变时历曲线的重叠频谱。可知，立管在频率 3.5 Hz 处出现了明显峰值，即立管的一阶自振频率为 3.5 Hz。由于管道长度较大，且应变片沿着轴向布置，测得的一阶自振频率为梁模态频率。

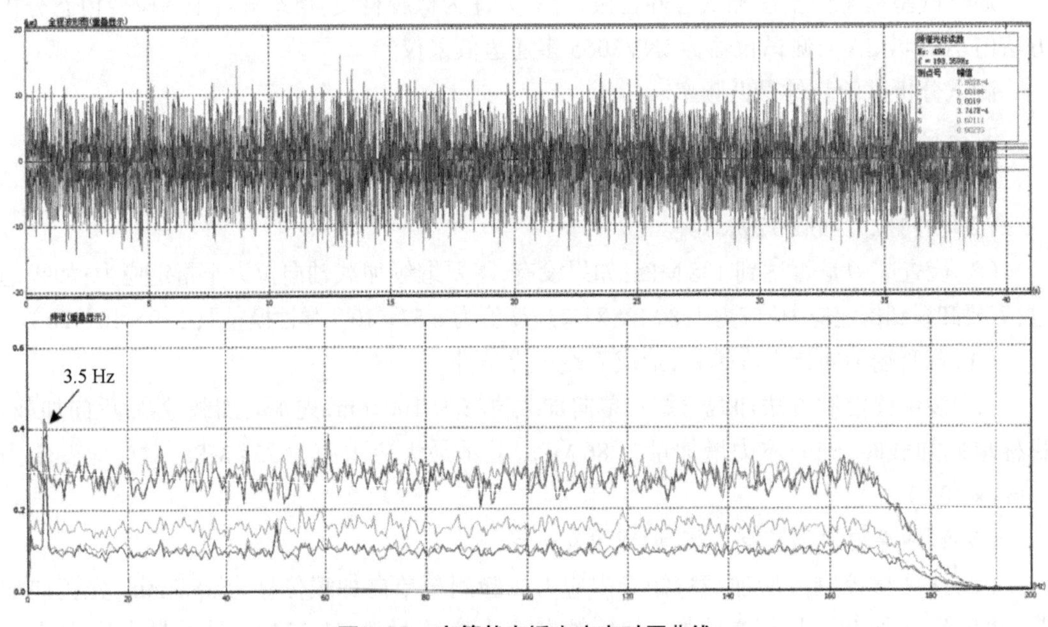

图 5-22　空管状态锤击应变时历曲线

2. 充水管

用与管模态频率测试相同的方法，测试得到充水管的自振频率为 3.125 Hz。该频率略低于空管状态，这符合理论研究的预期：由于内部水介质的存在，管道振动时，固体和液体的交界面上存在能量交换，这往往会导致结构自振频率下降，所测得的模态频率为“湿”模态频率。另外，充水管测试时充分借鉴了空管测试的经验：在锤击激励前，对捕获数据进行了充分校准。这样得到了峰值分布更加明显的频谱图，如图 5-23 所示。可以观察到立管的前四阶自振频率，与第一阶自振频率 3.5 Hz 相比，另外 3 个自振频率明显增高，对本试验平台的预期加载频率范围(≤20 Hz)不会产生影响。

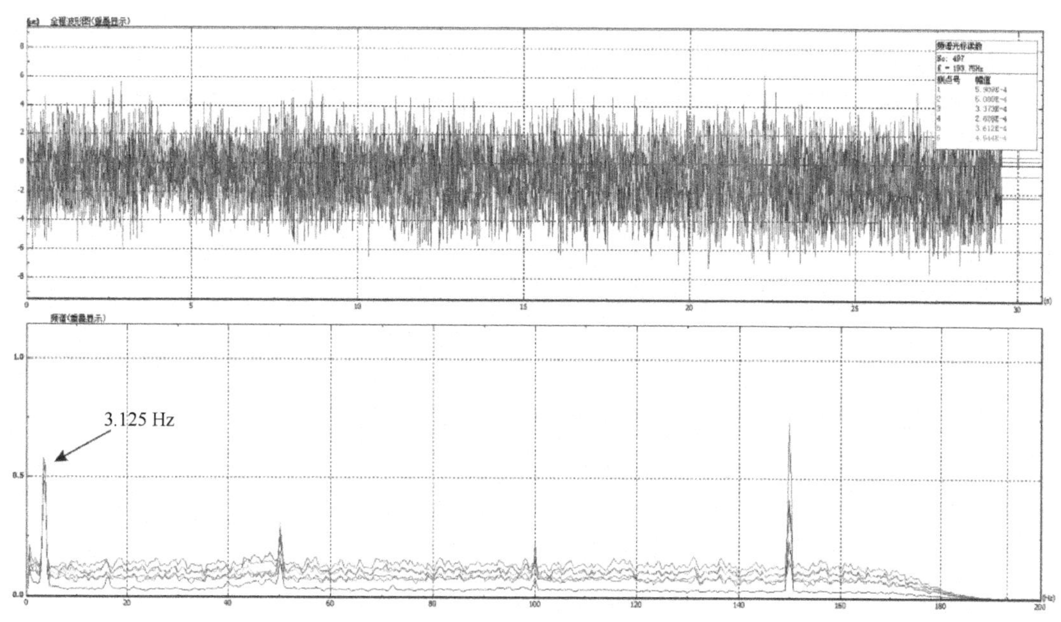

图 5-23　充水管状态锤击应变时历曲线

5.4.3　加载实测标定

根据 5.1.1 节加载标定方案,对试验管段开展加载实测标定,具体内容包括:

(1)内压充水管焊缝应变测试;

(2)充水管内压加压过程焊缝应变测试;

(3)内压充水管轴拉加载过程焊缝应变测试;

(4)内压充水管轴拉循环过程焊缝应变测试;

(5)内压充水管弯矩循环过程焊缝应变测试。

实测数据分析情况如下。

(1)充水管一阶频率 3.4 Hz,内压由 0 MPa 升至 48 MPa,对一阶频率影响不大。

(2)加载 48 MPa 内压,轴向位移改变 8.9 mm,继续施加 732 kN 轴向拉力,整体轴向位移变化为 2.3 mm,管道位移总变化量为 11.2 mm。

(3)在 48 MPa 内压和 732 kN 轴向拉力的基础上,施加轴向拉力到 2 900 kN,发生轴向位移增量 7 mm,管道位移达到 18.2 mm,应力值达到高应力试验最大应力值。

(4)在 48 MPa 内压和 732 kN 轴向拉力的基础上,施加轴向压力到 -1 500 kN,发生轴向位移减量 7 mm,管道位移达到 4.2 mm,应力值达到高应力试验最小应力值。

(5)在 48 MPa 内压和 732 kN 轴向拉力的基础上,弯矩油缸位移加载到 23 mm,最大应力值达到低应力要求。

(6)在 48 MPa 内压和 732 kN 轴向拉力的基础上,继续加载油缸位移,达到 35 mm,最大应力值达到高应力要求。

5.5 试验过程及应力测量

本节记录了试验过程中测得的应力时程。在拉伸循环应力作用下的疲劳试验中，环向各处位置的轴向应力循环应一致；而在弯矩作用下的应力循环中，由于试验管发生弯曲，循环应力最大位置应为试验管上端/下端位置。而在疲劳断裂过程中，最先断裂位置理论上应当为应力循环最大处，在试验过程中保证上、下端处循环应力值达到预期，即可认为满足试验应力循环要求。因此，本节选取的记录点为各条焊缝的 4 号与 7 号节点（节点编号见图 5-5）的应力循环来对标是否达到预期循环应力值。

5.5.1 高应力试验

经过试验平台调试、检修，试验于 4 月 7 日上午开始进行。

试验加载按照试验方案进行，首先施加水压达到 48 MPa，轴向力加载到 729 kN，此时测得平均应力值达到 138 MPa。

在此基础上，加载 2180 kN 轴向循环载荷，循环位移值为 ±7 mm（总位移循环范围为 4.2~18.2 mm）。加载的实际位移值变化（截取局部）如图 5-24 所示。

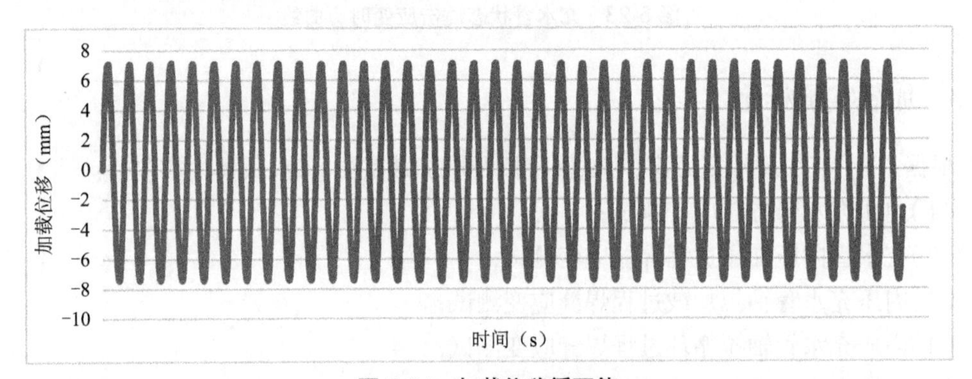

图 5-24 加载位移循环值

加载过程拉力载荷变化（截取局部）如图 5-25 所示。

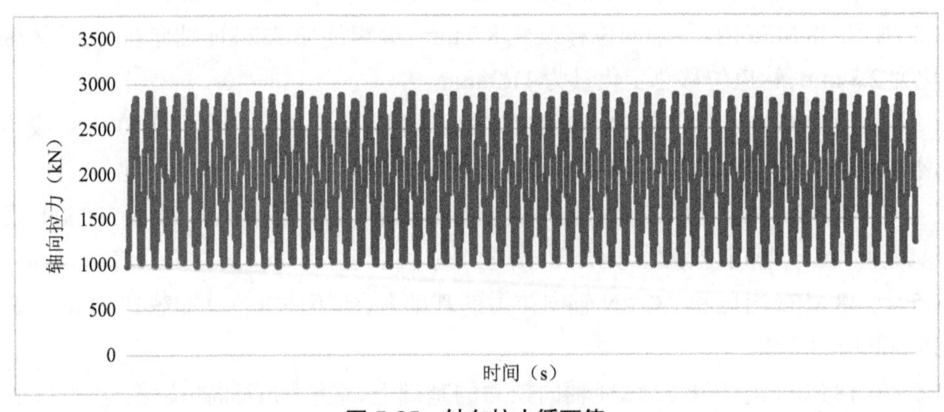

图 5-25 轴向拉力循环值

推力载荷变化(截取局部)如图 5-26 所示。

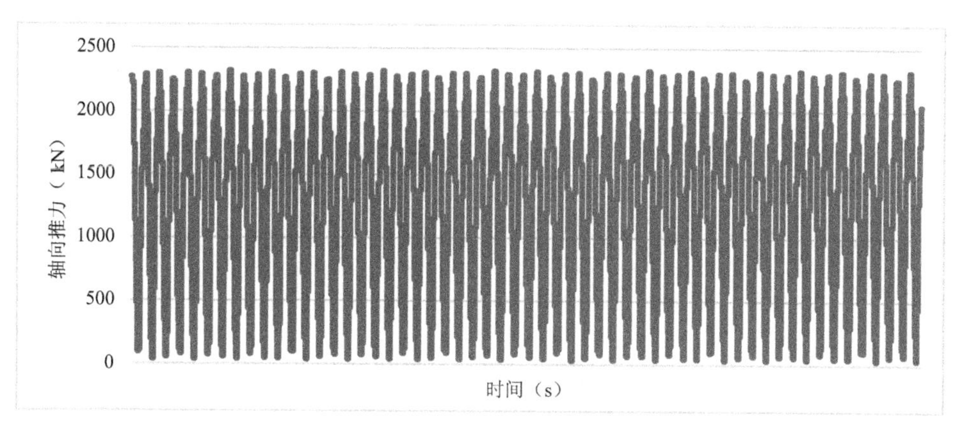

图 5-26　轴向推力循环值

试验管段在平台中的位置如图 5-27 所示,图中左侧为固定端,右侧与接长段一端连接。加载机构作用于接长段另一端。从左侧起焊缝编号为 G1、G2、G3。

图 5-27　全尺寸国产钢悬链立管试验段

测得各测点位置应变值(截取局部)如图 5-28 至图 5-33 所示(焊缝编号见图 5-5)。

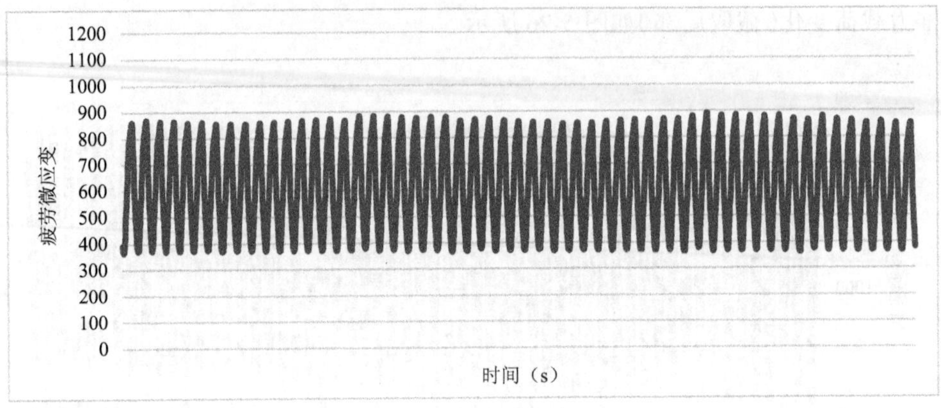

图 5-28　G1-4 焊缝应变值

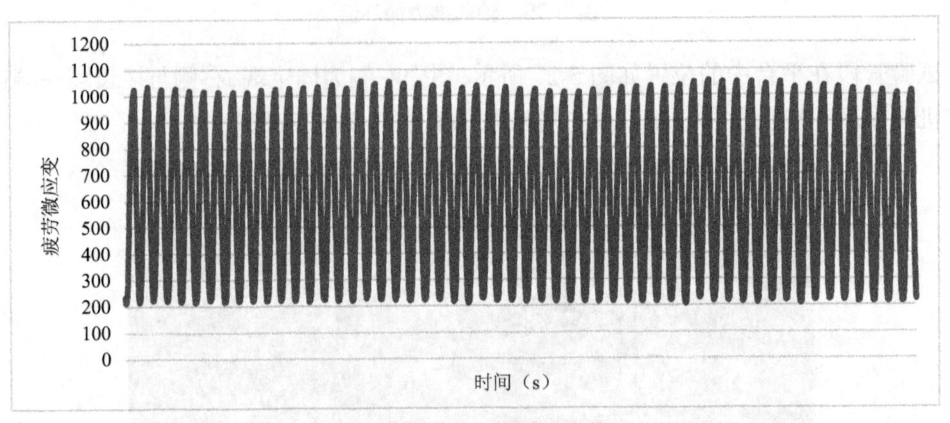

图 5-29　G1-7 焊缝应变值

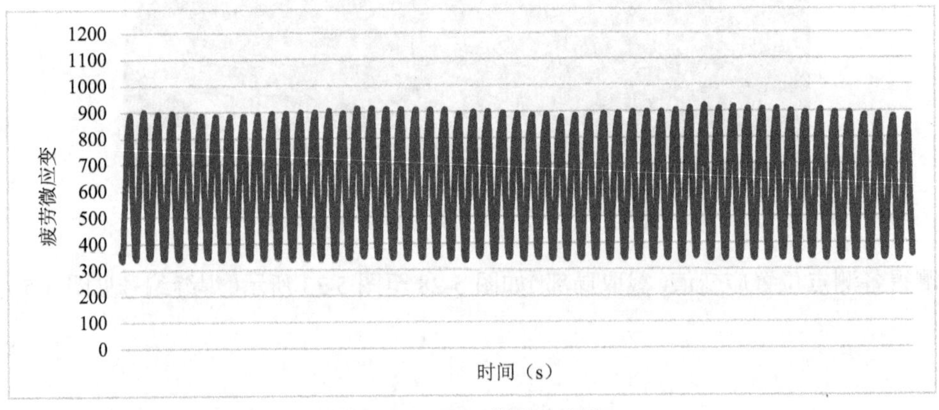

图 5-30　G2-4 焊缝应变值

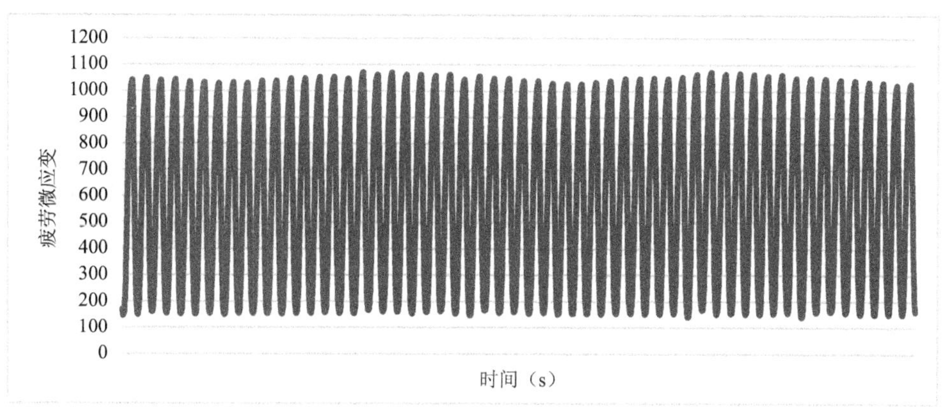

图 5-31　G2-7 焊缝应变值

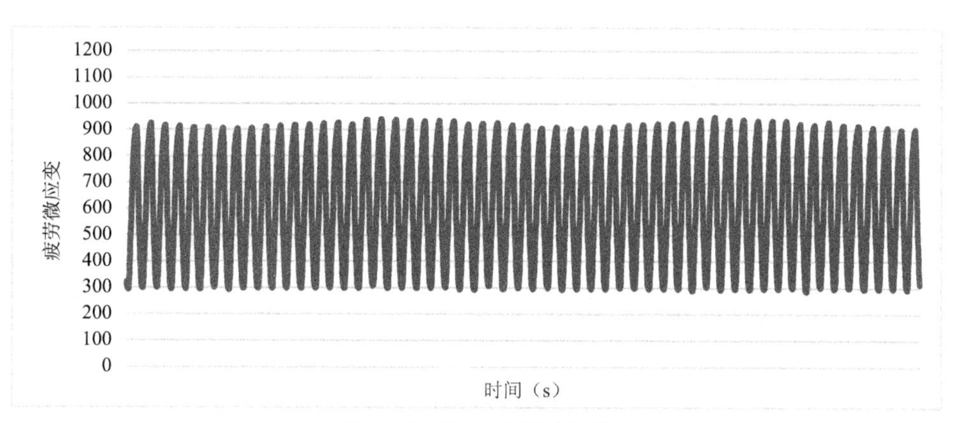

图 5-32　G3-4 焊缝应变值

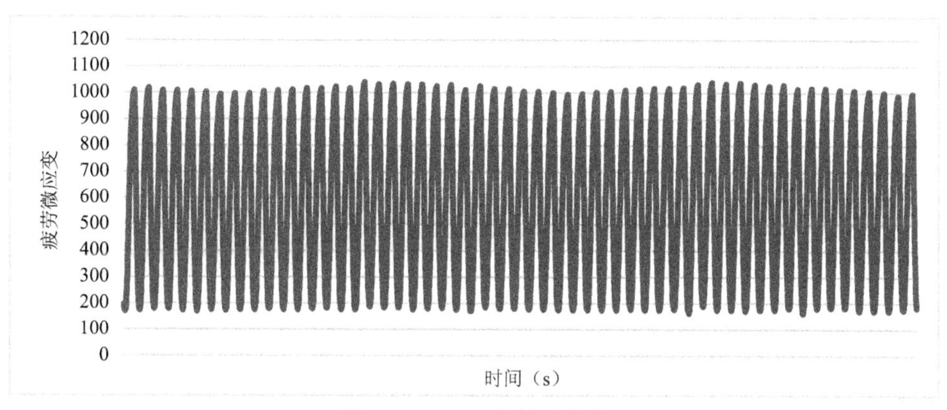

图 5-33　G3-7 焊缝应变值

换算成应力值(截取局部)如图 5-34 至图 5-39 所示。

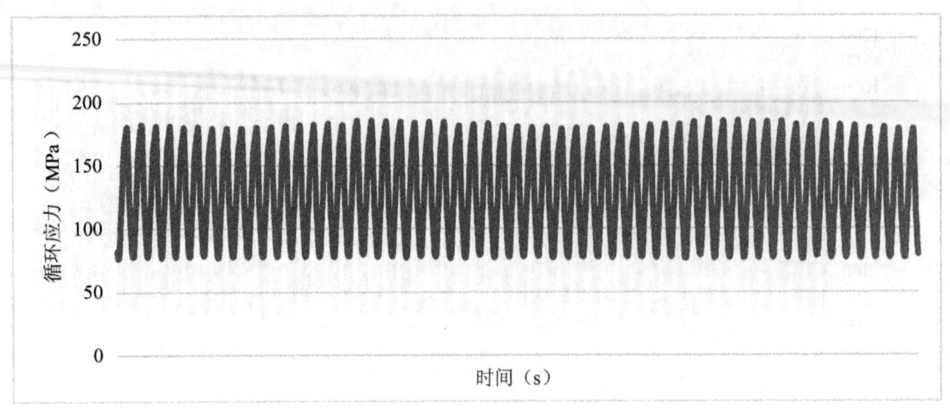

图 5-34　G1-4 焊缝应力值

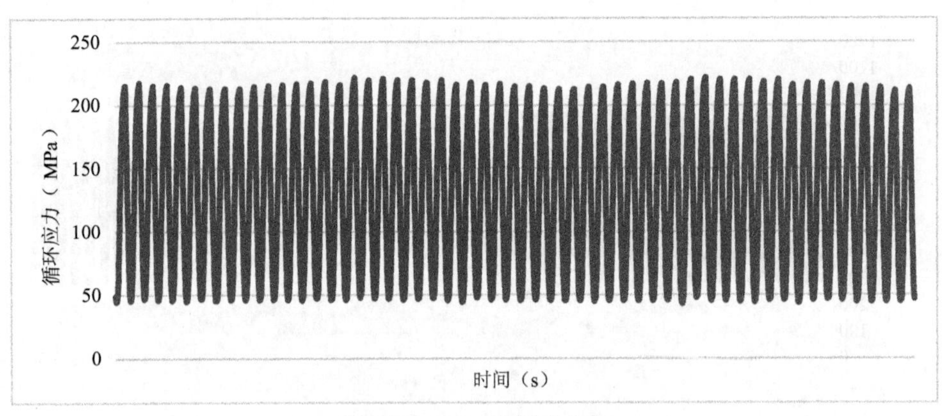

图 5-35　G1-7 焊缝应力值

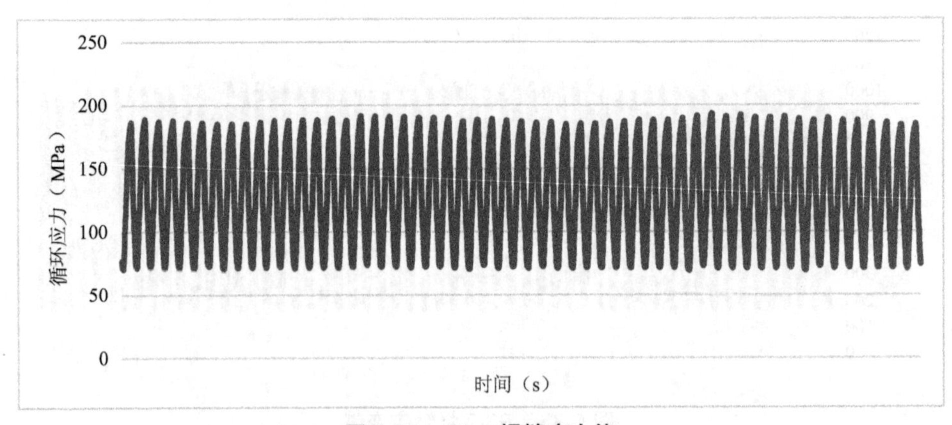

图 5-36　G2-4 焊缝应力值

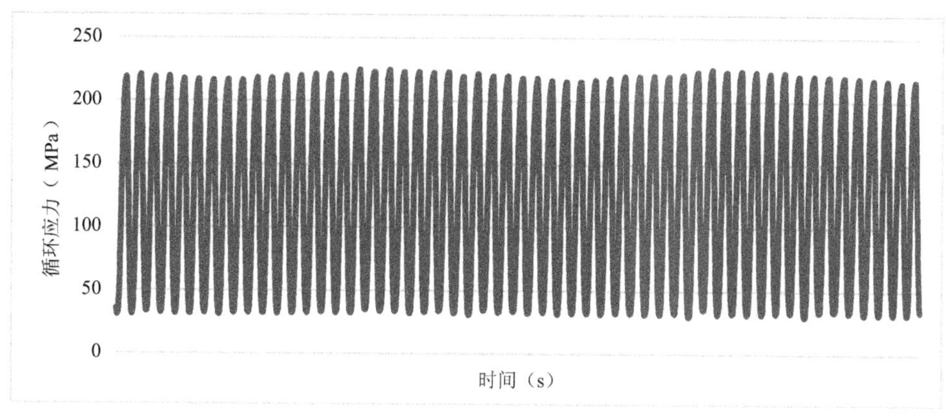

图 5-37　G2-7 焊缝应力值

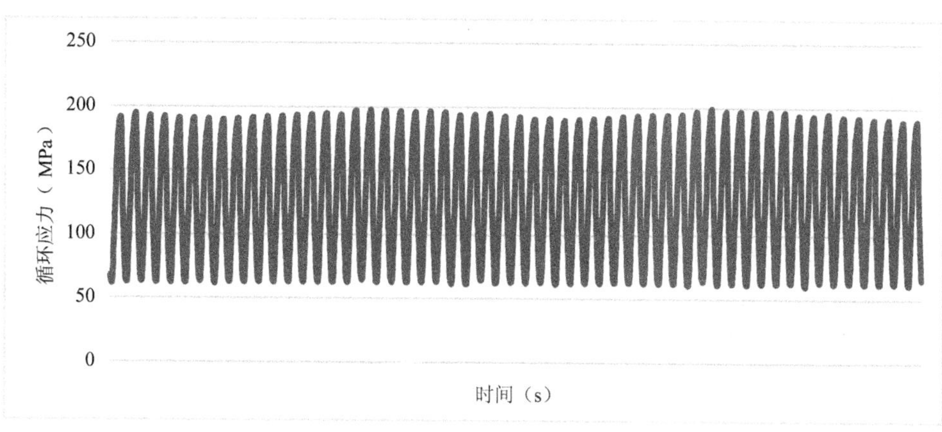

图 5-38　G3-4 焊缝应力值

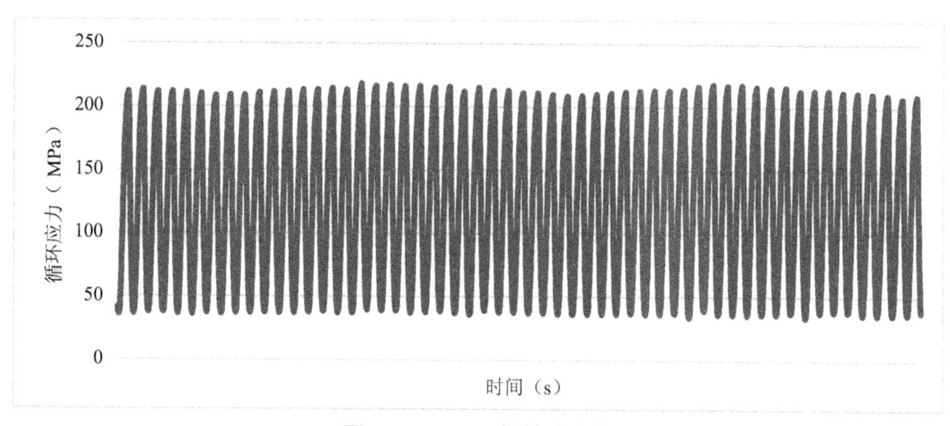

图 5-39　G3-7 焊缝应力值

可以看出，该截取段应力值循环范围基本在 48~220 MPa，平均应力值达到 138 MPa，循环范围在 170 MPa 左右。应力循环范围水平达到要求。

本次疲劳试验应力循环范围如图 5-40 所示。

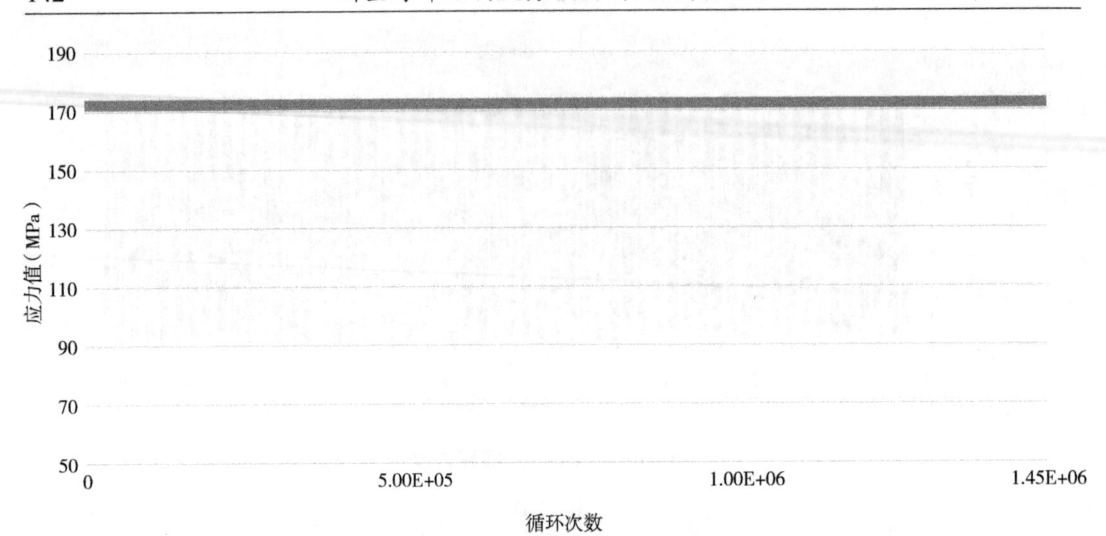

图 5-40 全时历过程应力变化范围

5.5.2 中应力试验

经过试验平台调试、检修,可以开始进行中应力试验。试验加载按照试验方案进行,首先施加水压达到 48 MPa,轴向力加载到 729 kN,此时测得平均应力值达到 138 MPa。

在此基础上,加载弯矩载荷,循环位移值为 ±35 mm。加载的实际位移值变化(截取局部)如图 5-41 所示。

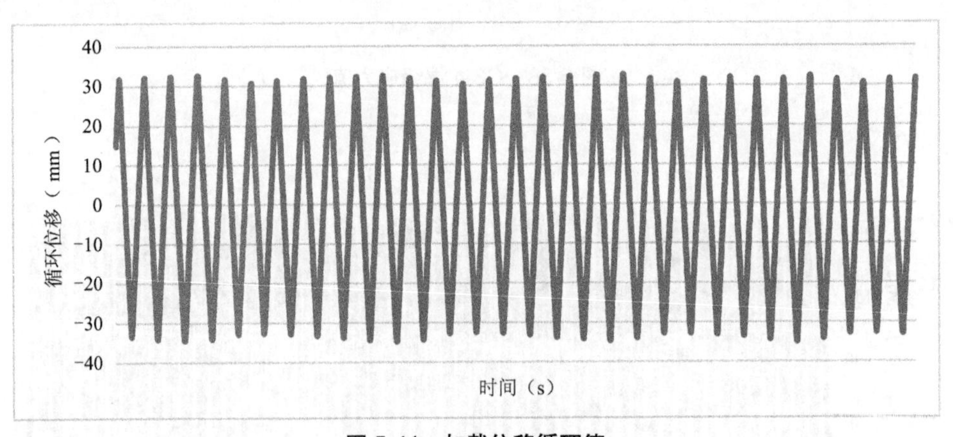

图 5-41 加载位移循环值

试验管段在平台中的位置如图 5-42 所示,从左侧至右侧焊缝编号分别为 G1、G2、G3,图中左侧为固定端,右侧与接长段一端连接。加载机构作用于接长段另一端。

图 5-42　全尺寸国产钢悬链立管试验段

测得各测点位置应变值(截取局部)如图 5-43 至图 5-48 所示。

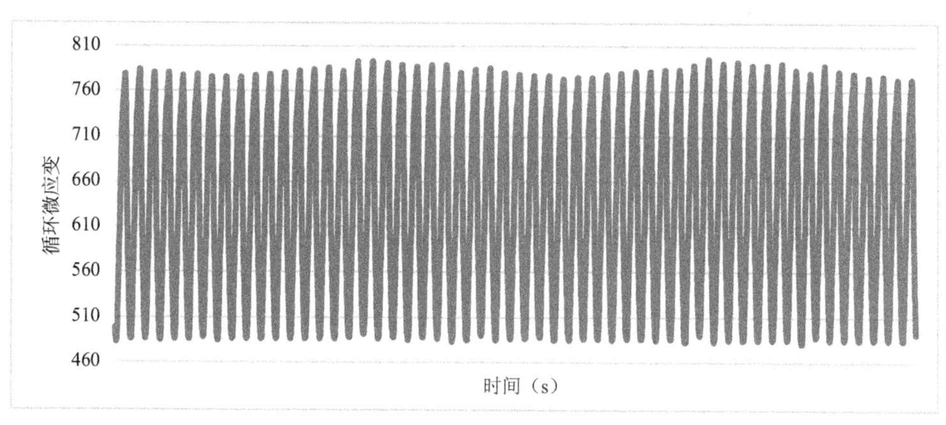

图 5-43　G1-4 焊缝应变值

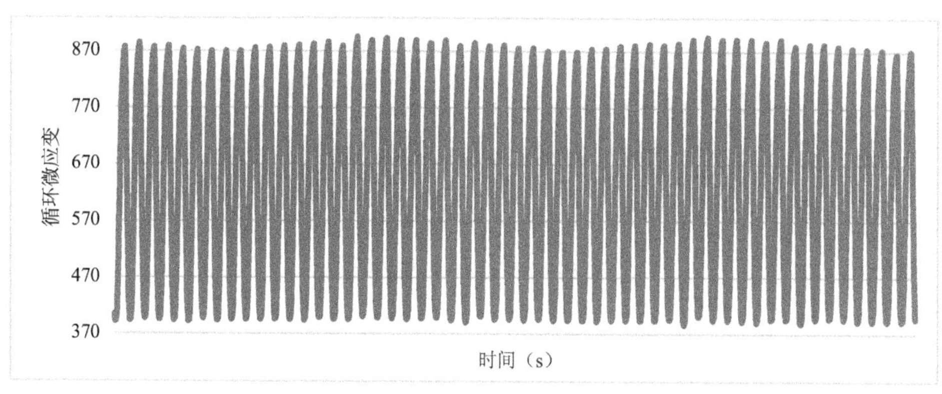

图 5-44　G1-7 焊缝应变值

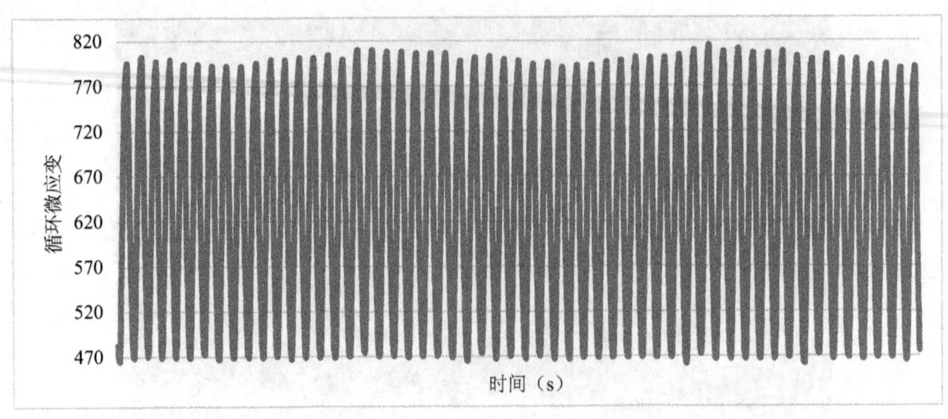

图 5-45　G2-4 焊缝应变值

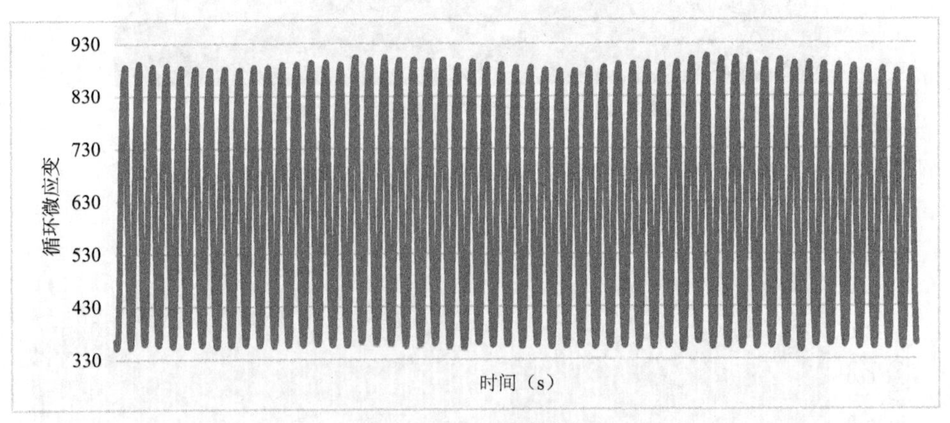

图 5-46　G2-7 焊缝应变值

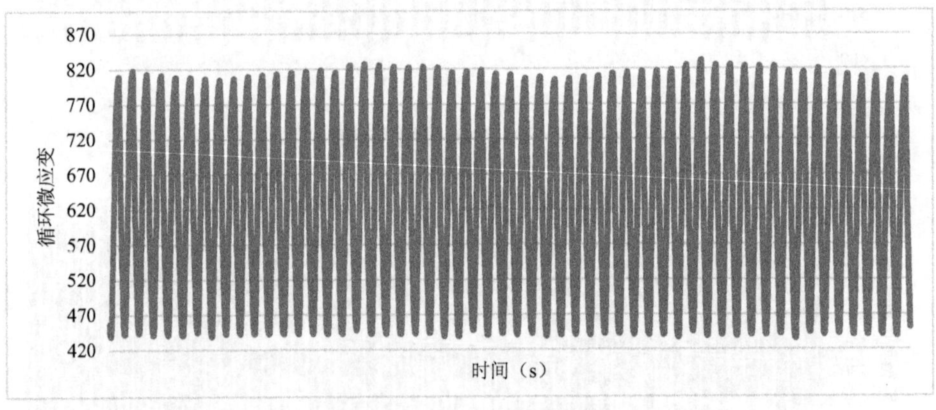

图 5-47　G3-4 焊缝应变值

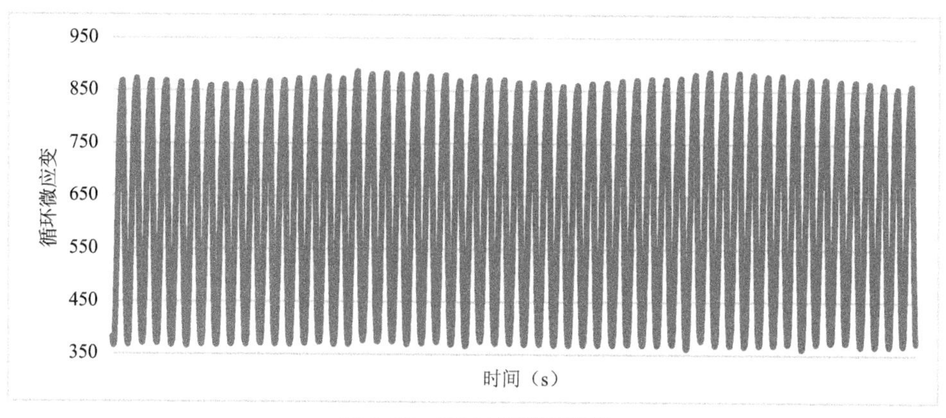

图 5-48　G3-7 焊缝应变值

换算成应力值（截取局部）如图 5-49 至图 5-54 所示。

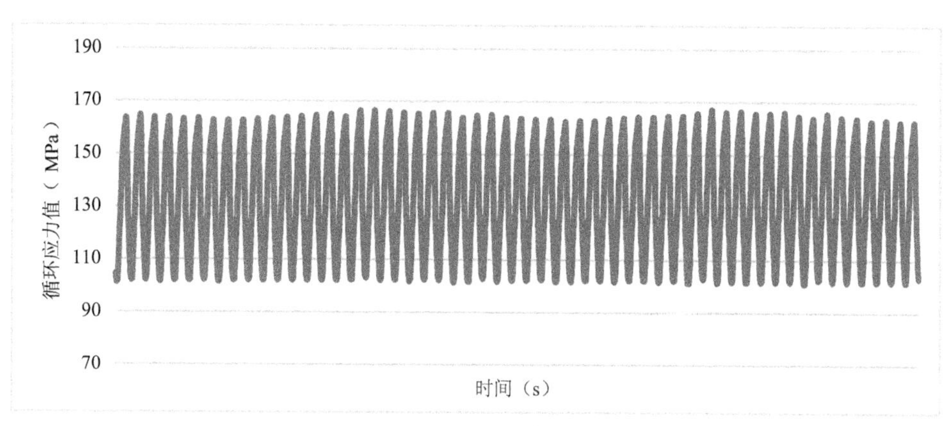

图 5-49　G1-4 焊缝应力值

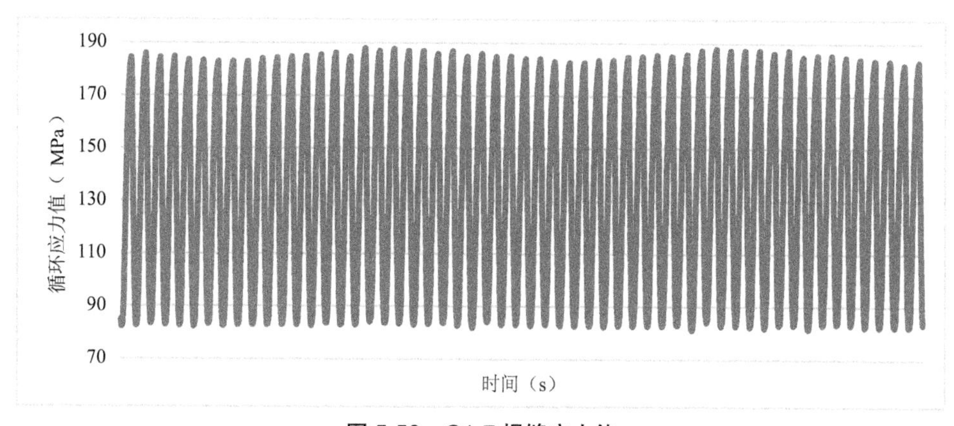

图 5-50　G1-7 焊缝应力值

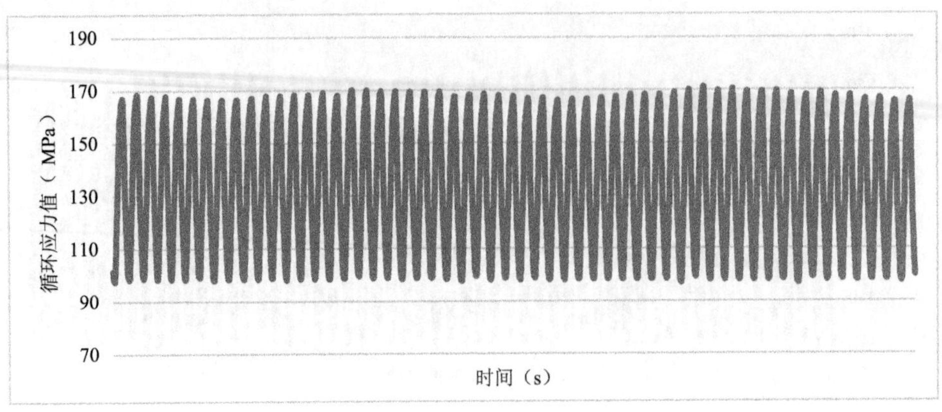

图 5-51 G2-4 焊缝应力值

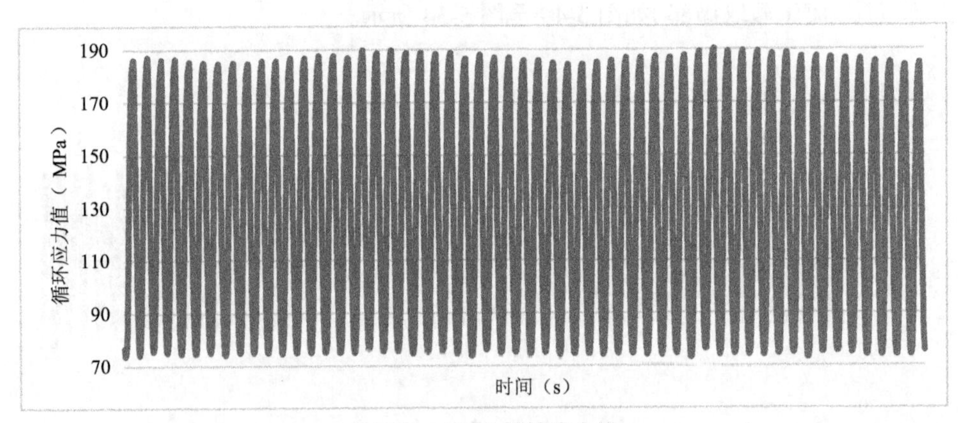

图 5-52 G2-7 焊缝应力值

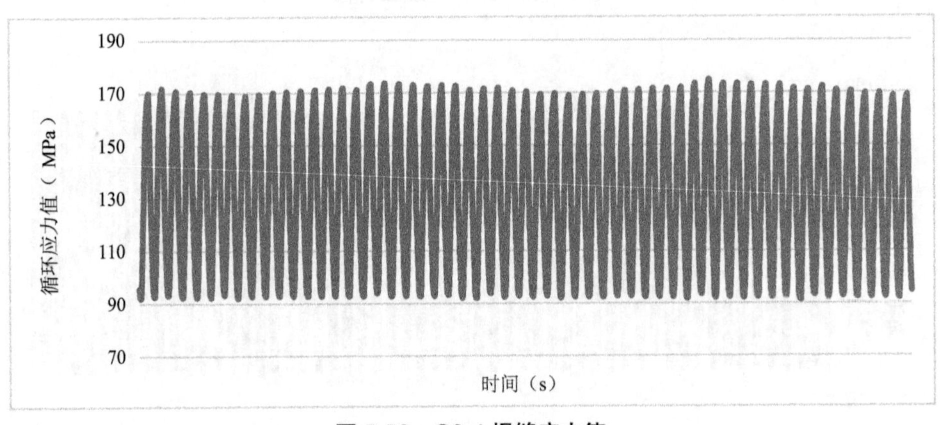

图 5-53 G3-4 焊缝应力值

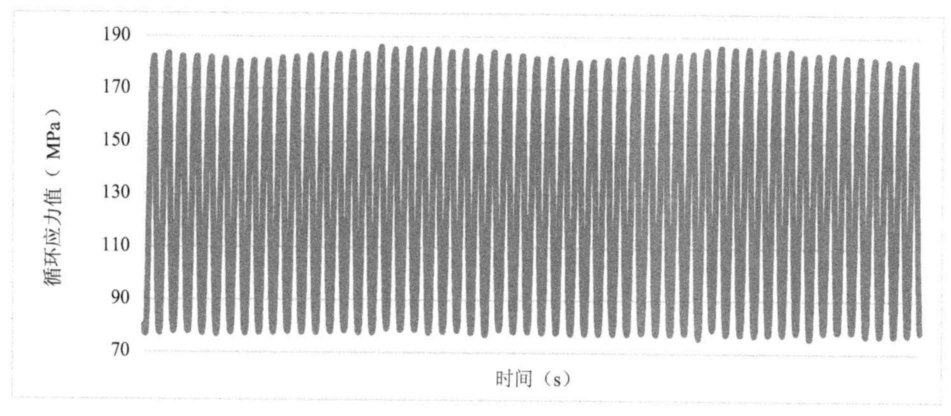

图 5-54　G3-7 焊缝应力值

可以看出，该截取段每个焊缝位置最大应力值循环范围基本在 86~189 MPa，平均应力值达到 138 MPa，循环范围在 103 MPa 左右。应力循环范围水平达到要求。

本次疲劳试验应力循环范围如图 5-55 所示。

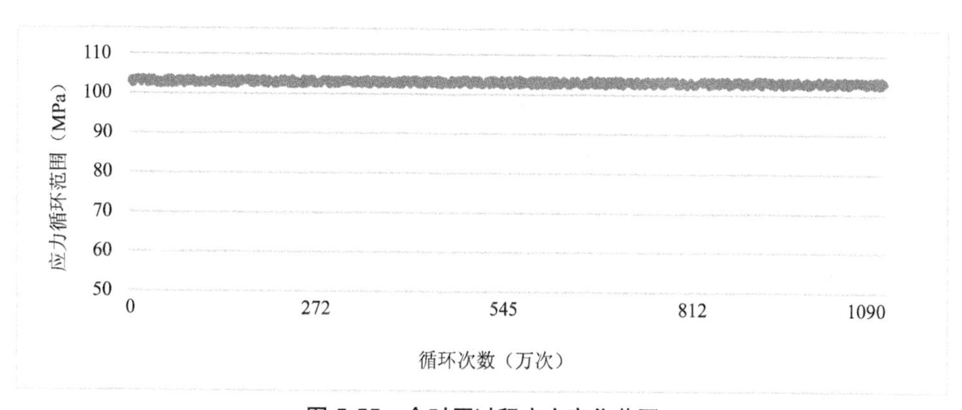

图 5-55　全时历过程应力变化范围

5.5.3　低应力试验

经过试验平台调试、检修，可以开始进行低应力试验。试验加载按照试验方案进行，首先施加水压达到 48 MPa，轴向力加载到 729 kN，此时测得平均应力值达到 138 MPa。

在此基础上，加载弯矩载荷，循环位移值为 ±23 mm。加载的实际位移值变化（截取局部）如图 5-56 所示。

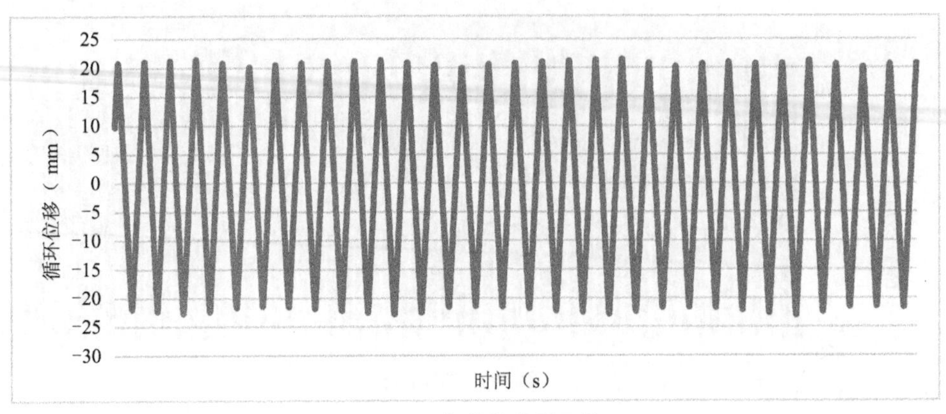

图 5-56 加载位移循环值

试验管段在平台中位置及焊缝编号如图 5-57 所示，图中左侧为固定端，右侧与接长段一端连接。加载机构作用于接长段另一端。从左侧起焊缝编号为 G1、G2、G3。

图 5-57 全尺寸国产钢悬链立管试验段

测得各测点位置应变值(截取局部)如图 5-58 至图 5-63 所示。

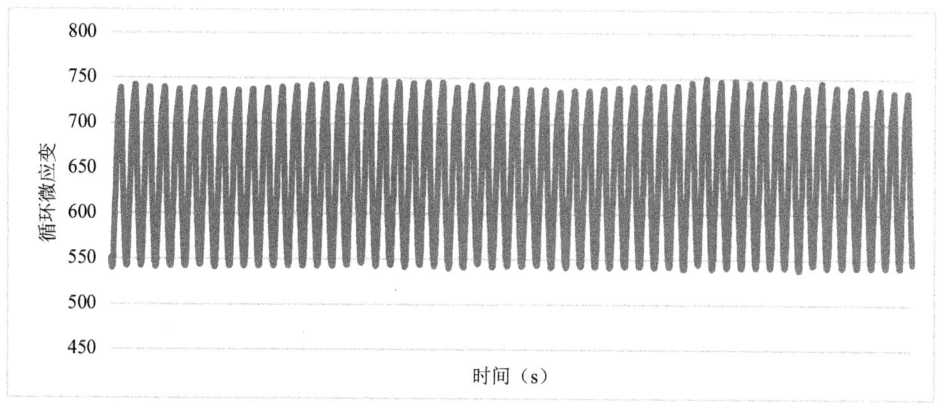

图 5-58　G1-4 焊缝应变值

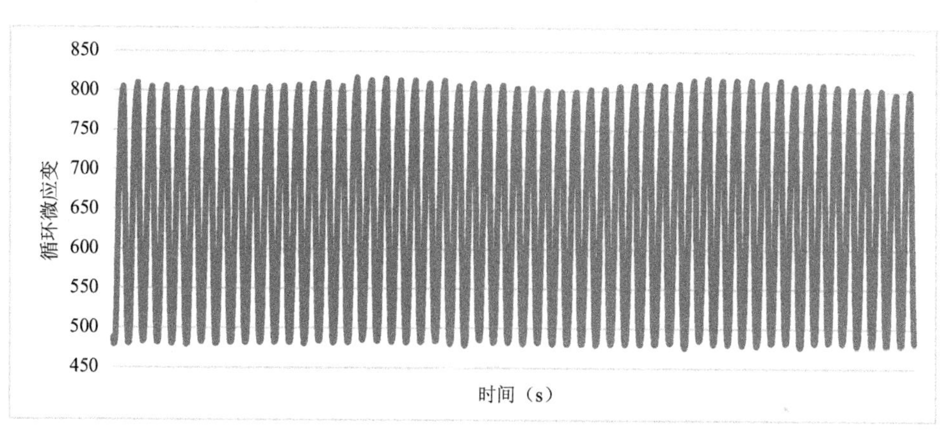

图 5-59　G1-7 焊缝应变值

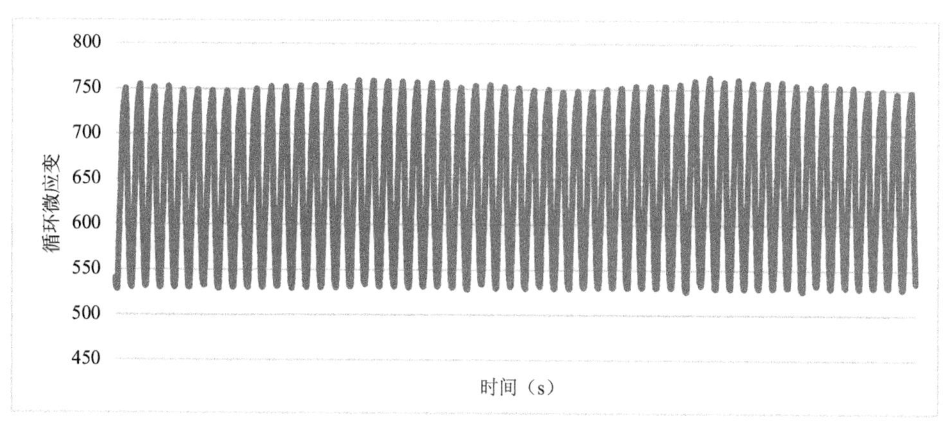

图 5-60　G2-4 焊缝应变值

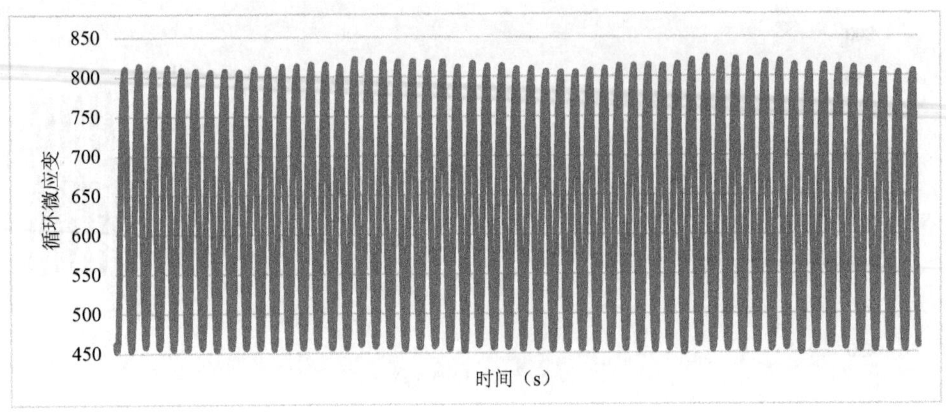

图 5-61　G2-7 焊缝应变值

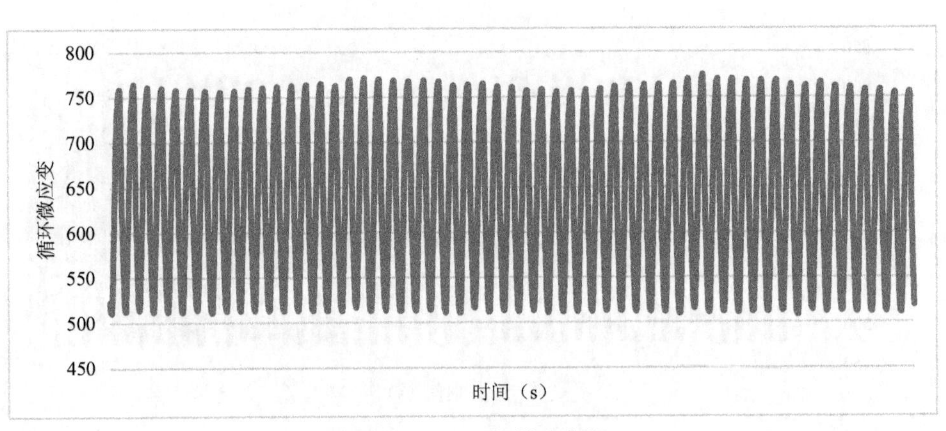

图 5-62　G3-4 焊缝应变值

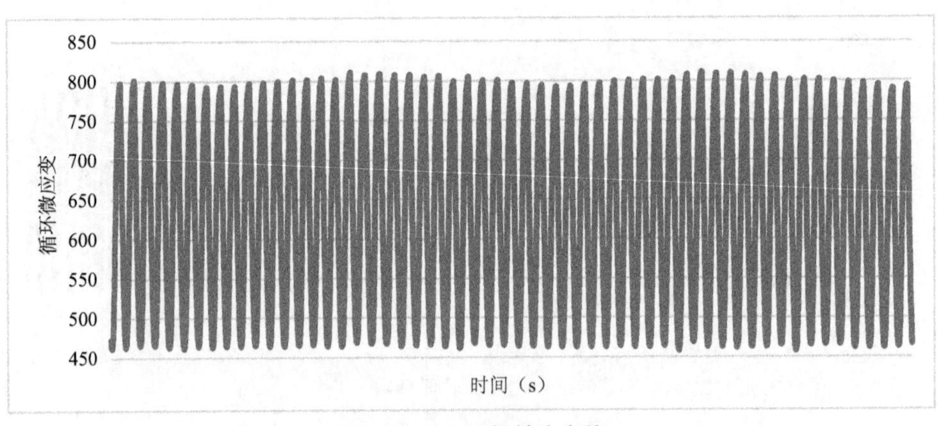

图 5-63　G3-7 焊缝应变值

换算成应力值(截取局部)如图 5-64 至图 5-69 所示。

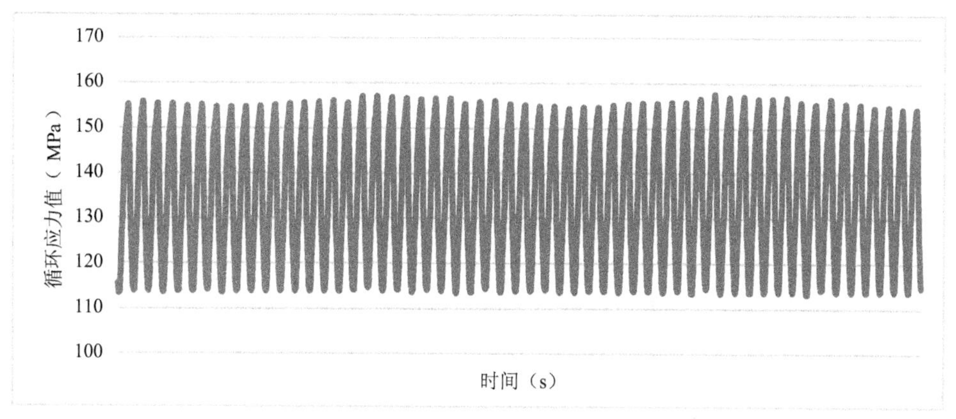

图 5-64　G1-4 焊缝应力值

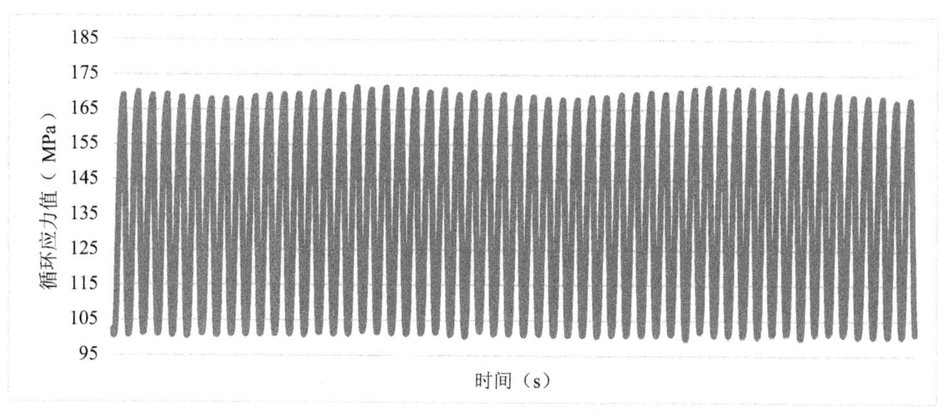

图 5-65　G1-7 焊缝应力值

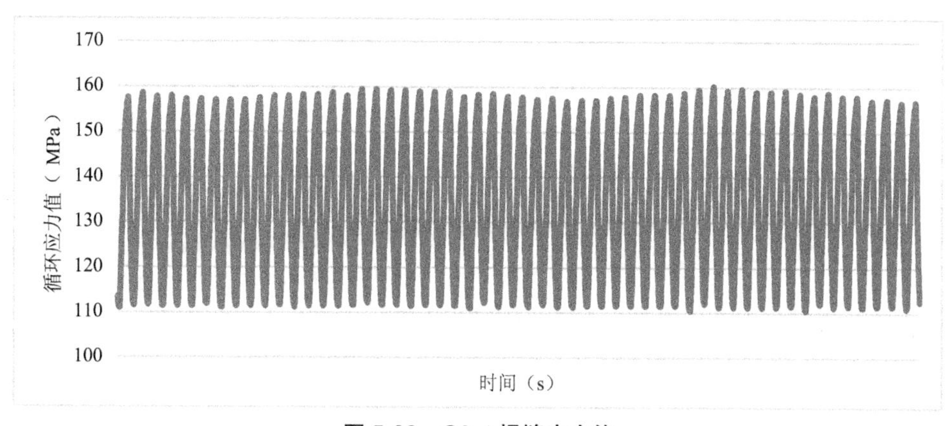

图 5-66　G2-4 焊缝应力值

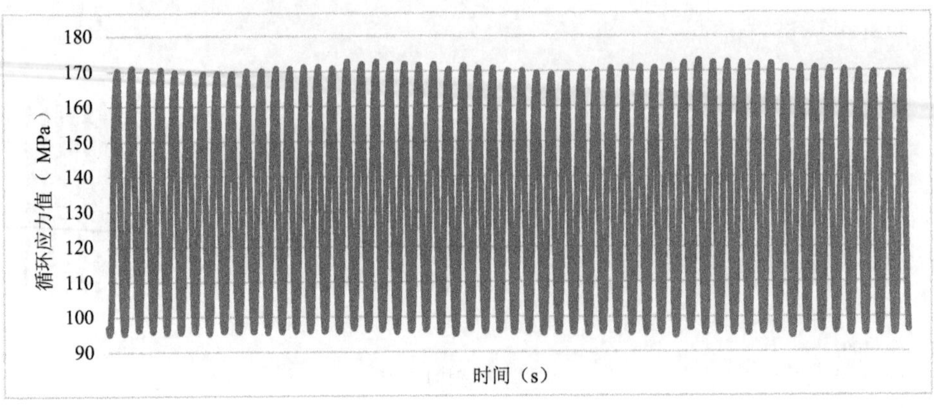

图 5-67 G2-7 焊缝应力值

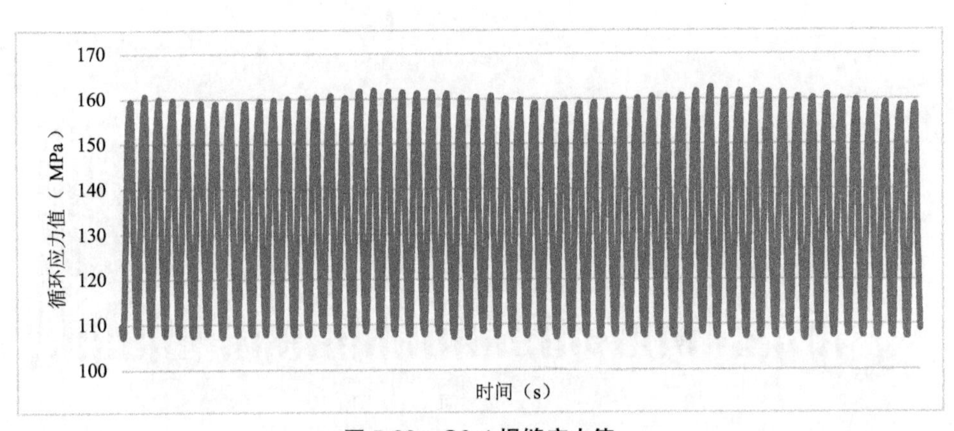

图 5-68 G3-4 焊缝应力值

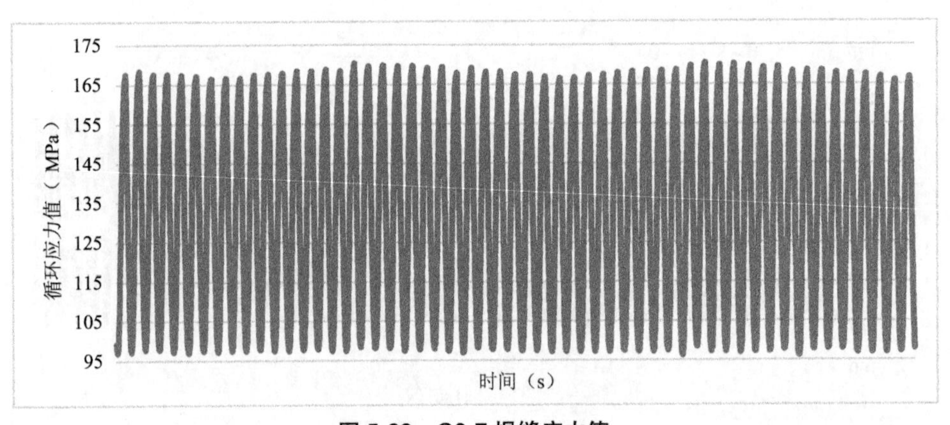

图 5-69 G3-7 焊缝应力值

可以看出，该截取段应力值循环范围基本在 103~173 MPa，平均应力值达到 138 MPa，循环范围在 69 MPa 左右。应力循环范围水平达到要求。

本次疲劳试验应力循环范围如图 5-70 所示。

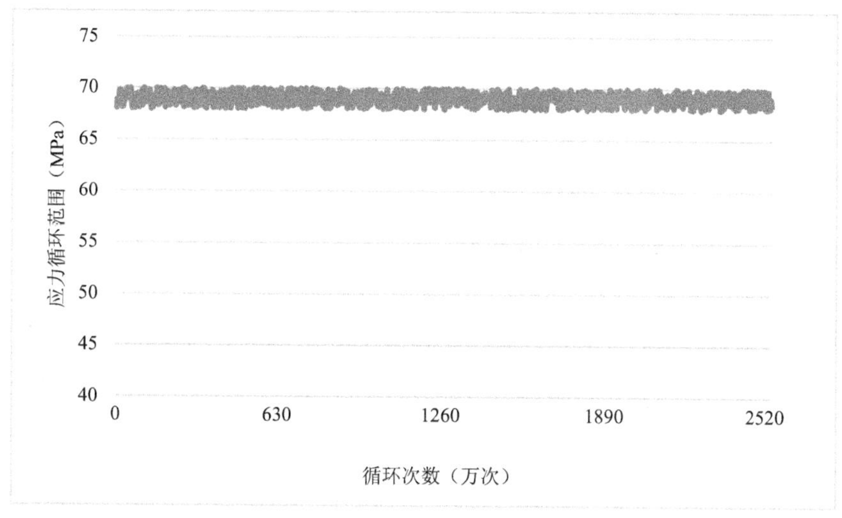

图 5-70 全时历过程应力变化范围

5.6 焊缝检验结果及腐蚀标定

5.6.1 焊缝探伤结果

试验结束后，进行试验管焊缝探伤。测量实际焊缝位置管道厚度为 27 mm，探伤结果见表 5-3。

表 5-3 全尺寸国产钢悬链立管高应力疲劳试验焊缝检测

焊缝编号	检测结果						备注
	缺陷波反射区域	缺陷位置（mm）			缺陷指示长度（mm）	评定级别	
		L_1	L_2	深度 d			
高应力试验							
G-1	Ⅲ	57	318	5.1~27	261	Ⅲ	焊缝疲劳应力裂纹
	Ⅲ	531	855	5.4~27	324		
G-2	Ⅲ	114	327	6.2~27	213	Ⅲ	焊缝疲劳应力裂纹
	Ⅲ	605	797	5.6~27	192		
G-3	Ⅲ	24	270	4.9~27	246	Ⅲ	焊缝疲劳应力裂纹
	Ⅲ	449	735	5.3~27	286		
	Ⅲ	897	989	7.3~27	92		

续表

焊缝编号	检测结果						备注
	缺陷波反射区域	缺陷位置（mm）			缺陷指示长度（mm）	评定级别	
		L_1	L_2	深度 d			
中应力试验							
G-1	Ⅲ	211	420	5.6~27	209	Ⅲ	焊缝疲劳应力裂纹
	Ⅲ	501	823	5.3~27	322		
G-2	Ⅲ	51	318	5.7~27	267	Ⅲ	焊缝疲劳应力裂纹
	Ⅲ	452	689	5.2~27	237		
G-3	Ⅲ	132	356	4.7~27	224	Ⅲ	焊缝疲劳应力裂纹
	Ⅲ	745	937	5.8~27	192		
低应力试验							
G-1	Ⅲ	132	256	13.7~27	124	Ⅲ	焊缝疲劳应力裂纹
	Ⅲ	469	648	14.2~27	179		
G-2	Ⅲ	136	366	13.5~27	230	Ⅲ	焊缝疲劳应力裂纹
	Ⅲ	531	632	13.6~27	101		
G-3	Ⅲ	24	179	13.1~27	155	Ⅲ	焊缝疲劳应力裂纹
	Ⅲ	680	812	12.8~27	132		

5.6.2 腐蚀疲劳试验标定

试验前用 1 200 目和 1 500 目的砂纸对试样进行充分打磨，保证试样表面的油污和锈被除尽，将试样装入腐蚀疲劳机进行试验，如图 5-71 所示。

图 5-71 腐蚀疲劳试验

第一组试样在 16 MPa，3.5%NaCl 盐溶液，温度为 36 ℃条件下进行试验，谷值为 6 500 N，峰值为 8 600 N，循环 706 424 次后断裂。

第二组试样在 16 MPa，3.5%NaCl 盐溶液，温度为 36 ℃条件下进行试验，谷应力为 6 200 N，峰应力为 8 600 N，循环 746 559 次后断裂。

第三组试样在 0.1 MPa，空气，温度为 12 ℃条件下进行试验，谷应力为 6 200 N，峰应力为 8 600 N，循环 1 132 468 次后断裂。

南海条件下的腐蚀疲劳造成其疲劳极限下降 34.08%，南海海水含盐量为 3.5%，温度与实验室差别为 16 ℃，研究其条件差异图 5-72 中分别给出南海条件下低应力结果、南海条件下中应力结果、以及实验室条件下低应力结果。

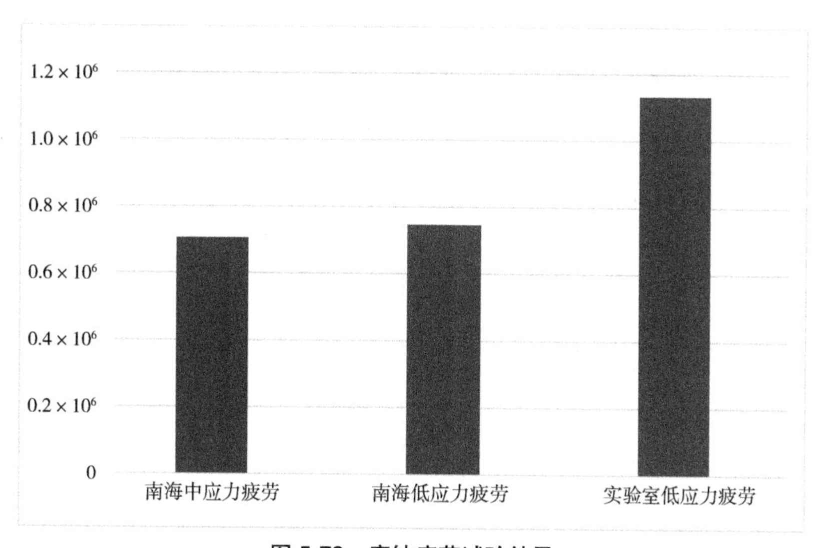

图 5-72　腐蚀疲劳试验结果

第四组试样在 0.1 MPa，空气，温度为 18 ℃条件下进行试验，谷力为 600 N，峰力为 6 000 N，裂纹扩展 4 mm 循环 30 543 次。

第五组试样在 0.1 MPa，3.5%NaCl 盐溶液，温度为 18 ℃条件下进行试验，谷力为 600 N，峰力为 6 000 N，裂纹扩展 4 mm 循环 22 223 次。

第六组试样在 0.1 MPa，空气，温度为 18 ℃条件下进行试验，谷力为 400 N，峰力为 4 000 N，裂纹扩展 4 mm 循环 92 280 次。

第三组实验室条件与第四组由腐蚀溶液造成的循环次数差异为 27.24%。

腐蚀疲劳裂纹扩展结果如图 5-73 所示。

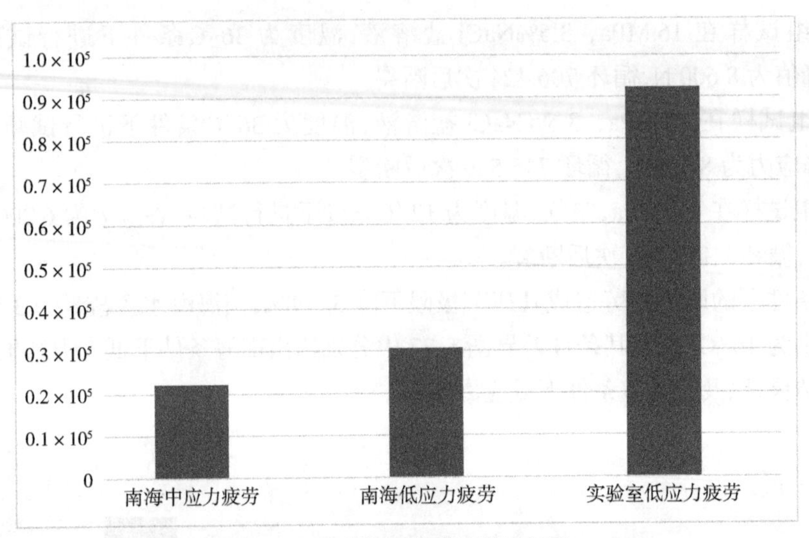

图 5-73　腐蚀疲劳裂纹扩展结果

腐蚀疲劳实验报告对比报告见表 5-4。

表 5-4　腐蚀疲劳实验对比报告

第一组	压力	介质	温度	谷力	峰力	断裂循环次数	
	16 MPa	3.5%NaCl	36 ℃	6 500 N	8 600 N	706 424	
第一组	压力	介质	温度	谷力	峰力	断裂循环次数	疲劳极限降低
	16 MPa	3.5%NaCl	36 ℃	6 200 N	8 600 N	746 559	5.68%
第三组	压力	介质	温度	谷力	峰力	断裂循环次数	疲劳极限降低
	0.1 MPa	空气	12 ℃	6 200 N	8 600 N	1 132 468	34.08%
第四组	压力	介质	温度	谷力	峰力	裂纹扩展 4 mm 循环次数	
	0.1 MPa	空气	12 ℃	600 N	6 000 N	30 543	
第五组	压力	介质	温度	谷力	峰力	裂纹扩展 4 mm 循环次数	疲劳极限降低
	0.1 MPa	3.5%NaCl	12 ℃	600 N	600 N	22 223	27.24%
第六组	压力	介质	温度	谷力	峰力	裂纹扩展 4 mm 循环次数	疲劳极限降低
	0.1 MPa	空气	12 ℃	400 N	4 000 N	92 280	66.90%

5.7　基于断裂力学的裂纹扩展研究

疲劳断裂在海洋结构中是一种常见的失效模式，很早就引起了重视。目前，对结构疲劳损伤的研究方法主要分为两种。一种是基于 *S-N* 曲线的疲劳寿命预测方法。这种方法目前已广泛应用于船舶与海洋结构物的疲劳寿命评估中，且有大量规范支撑。然而，规范通常采用较高的安全系数,采用这种方法虽然能够确保结构的安全,但同时也大大增加了成本。而且,这种方法也具有极大的不确定性,主要来自 S-N 曲线是否与实际工程中的结构形式、焊接等完全吻合,以及对于循环载荷的预估是否准确。对于循环载荷预估这一问题,学者们进行了大量研究,并提出了一系列确定性改进方法,包括简化方法(simplified method)、时域疲劳分析方法(time-domain fatigue)、谱分析法(spectral fatigue analysis)等。其中,谱分析法对于疲劳载荷的分析更为准确。尤其是在船体结构的疲劳分析中,谱分析法得到了广泛的应用。以上方法虽然对载荷进行了较为精准的评估,而且在 S-N 曲线的选取上,设计标准和规范提出了详细的 S-N 曲线以供选取,但是在不同的海洋环境中,其温度、湿度、腐蚀等环境条件都是不同的,因此往往无法准确选取到合适的 S-N 曲线。这使得这种疲劳损伤评估方法的准确度大大降低。

另一种是基于断裂力学的裂纹扩展分析方法。这种方法将研究重点放在疲劳裂纹扩展的全过程。与 S-N 曲线法相比较,在疲劳寿命预测中,裂纹扩展方法预测出的疲劳寿命较为保守。而对于局部焊接结构,疲劳裂纹扩展研究更为适用。裂纹扩展的基本形式为帕里斯(Paris)裂纹扩展法则,并应用在多个规范中,建立了裂纹扩展速率 $\frac{\mathrm{d}a}{\mathrm{d}N}$ 与应力集中系数 ΔK 之间的关系。

$$\frac{\mathrm{d}a}{\mathrm{d}N}=C(\Delta K)^m \tag{5-4}$$

式中:$\frac{\mathrm{d}a}{\mathrm{d}N}$ 为裂纹扩展速率;C、m 为与裂纹扩展相关常数,与材料和环境、循环频率等有关;ΔK 为应力强度因子(Stress Intensity Pactor, SIF)。由此,根据裂纹尖端应力强度因子的变化,裂纹扩展也可以分为裂纹产生、扩展到断裂三个阶段,如图 5-74 所示。图中 ΔK_{th} 为裂纹扩展的门槛值,即当 ΔK 超过 ΔK_{th} 时,视为裂纹开始发生扩展。

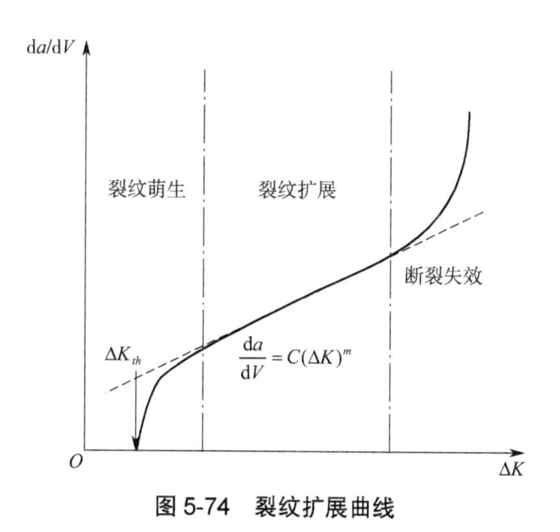

图 5-74　裂纹扩展曲线

近年来,对于疲劳裂纹扩展过程已经有了大量的公式修正和数值模型研究。但是这些研究多数是以数值模拟的方法预测裂纹扩展过程。在目前的研究中,缺少全尺寸焊接结构的裂纹扩展试验研究。大多对于疲劳裂纹扩展的试验研究仍是对环境、载荷作用影响下紧凑拉伸(Compact-Tension,CT)试样材料性能的研究。然而,在焊接立管结构疲劳分析中,结构的疲劳损伤及裂纹扩展速度不仅与材料有关,更取决于焊接方法和焊接质量。对于平板结构和管状结构,焊接方法不同,疲劳裂纹扩展情况也会不同。在规范中,对于不同类型的结构,所使用的 *S-N* 曲线也有所不同。因此,有必要通过全尺寸疲劳试验探究焊接处裂纹扩展的规律。而应力比作为影响疲劳裂纹扩展情况的重要因素,近年来的研究主要是建立应力比影响下的疲劳裂纹扩展(Fatigue Crack Growth, FCG)模型、数值模拟、试验研究等。然而,由于缺少对海洋结构裂纹扩展的试验研究,目前还只能从规范和 CT 试样材料性能试验方面描述立管结构的裂纹扩展过程。然而,疲劳断裂不仅与材料有关,还会受到结构形式、尺度等影响。因此,疲劳裂纹扩展试验不应仅局限于 CT 试样试验,还应通过进行全尺寸试验,实现结构焊缝裂纹扩展过程的分析。

5.7.1 裂纹测量

在立管环焊缝疲劳试验中,疲劳裂纹起源于焊缝根部,而试验前、过程中以及试验结束时,都需要从立管试件外部测量立管焊缝处缺陷情况及裂纹情况。因此,需要采用无损探伤(Nondestructive Inspection,NDI)方法(图 5-75)。

一般在试验过程中,实时检测试验管焊缝处裂纹扩展情况。试验管无人为制造初始裂纹。在本次试验的裂纹扩展分析过程中,通过实时测量,得到了从裂纹产生、扩展,到最终形成贯穿裂纹全过程中的裂纹长度、深度等数据。

图 5-75 超声波裂纹探伤仪

在试验中,需每隔 10 万次暂停试验,进行一次试验焊缝检测。

疲劳裂纹扩展可以分为两个阶段:①初始裂纹的产生;②裂纹逐渐增大到结构失效。本次试验中,由于未制造初始裂纹,且在试验前期裂纹检测中,未检测出明显裂纹。因此,本次试验中的循环次数分为两部分,一部分造成裂纹的产生,另一部分造成裂纹扩展、最终贯穿立管。目前对于疲劳问题,学者们对这两部分分别进行研究。其中,裂纹初期扩展是小尺寸裂纹,不符合 Paris 裂纹扩展准则,其裂纹扩展过程符合晶体学的裂纹扩展模式。在疲劳裂纹扩展研究中,主要通过试验数据对稳定扩展阶段的裂纹情况进行分析,同时探讨不同加载因素对裂纹扩展的影响，因此主要探讨各组试验中裂纹稳定扩展阶段的裂纹情况。

5.7.2 应力强度因子计算

管道的裂纹扩展几何模型是由平板裂纹模型延伸形成的圆柱体裂纹模型，如图 5-76 所示。图中为立管剖面视角，t 为立管厚度，D 为立管外径，a 为裂纹扩展深度，c 为裂纹长度，A 点为裂纹扩展最深点。

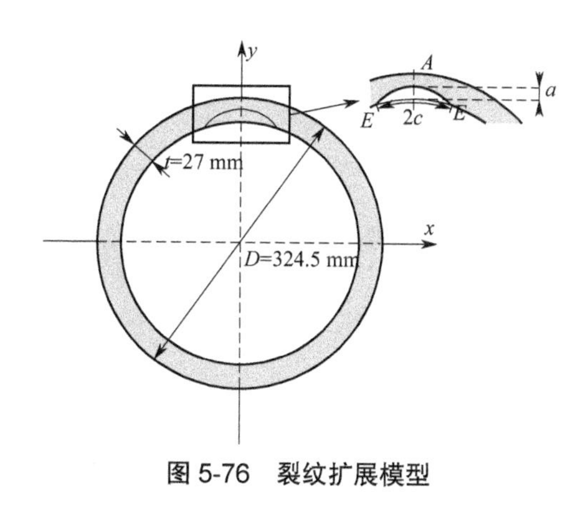

图 5-76　裂纹扩展模型

在裂纹扩展过程中，确定应力强度因子 ΔK 是明确应力扩展过程的关键。BS 7608 标准中给出了 ΔK 的计算公式如下：

$$\Delta K = M_{\mathrm{k}}\left(F_{\mathrm{a}}\Delta\sigma_{\mathrm{a}} + F_{\mathrm{b}}\Delta\sigma_{\mathrm{b}}\right)\frac{\sqrt{\pi a}}{Q} \tag{5-5}$$

式中：M_{k} 为考虑到应力集中区域（如焊趾处）的应力放大系数；F_{a}、F_{b} 分别为与裂纹尺寸、形状，以及裂纹尖端和立管自由表面接近程度的相关函数，分别与轴向力和弯矩作用有关；$\Delta\sigma_{\mathrm{a}}$、$\Delta\sigma_{\mathrm{b}}$ 分别为裂纹尖端的名义轴向、弯曲应力范围；Q 为第二类完全椭圆积分。

对于出现在存在应力集中区域的裂纹，例如在立管焊接中所涉及的立管环焊缝焊趾处，则需要考虑应力集中对 ΔK 造成的影响。应力集中是造成结构疲劳问题的重要原因，也是影响 ΔK 的重要因素。M_{k} 的表达式为：

$$M_{\mathrm{k}} = \frac{K_{\mathrm{welded}}}{K_{\mathrm{piain}}} \tag{5-6}$$

式中：K_{welded} 为焊接处的应力强度因子；K_{plain} 为未焊接处的应力强度因子。

已有研究表明，随着裂纹深度的增大，放大系数 M_{k} 逐渐减小，并逐渐接近 1。当裂纹深度增加到 M_{k}=1.0 时，随着裂纹深度继续增加，可认定之后的 M_{k} 一直为 1。

M_{k} 的取值与裂纹深度 a、立管壁厚 t 以及焊缝间的长度 l 相关。（l 为焊接结构中两个焊趾之间的距离）。图 5-77 为焊缝位置示意。

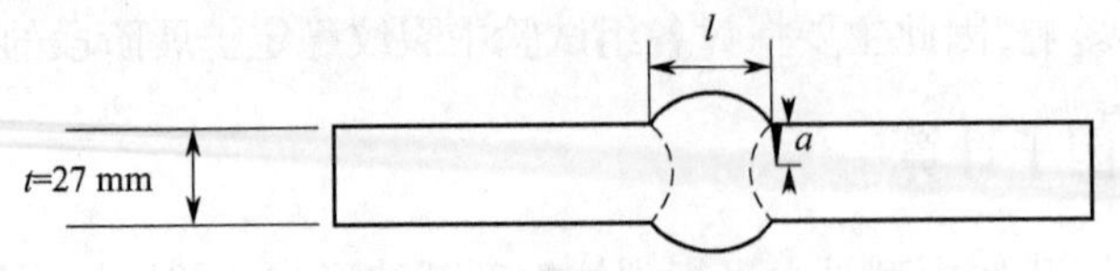

图 5-77 焊缝位置示意

考虑张力作用的M_k定义如下。

（1）当$\frac{l}{t}\leqslant 2$时，若$\frac{a}{t}\leqslant 0.05\left(\frac{l}{t}\right)^{0.55}$，则

$$M_k=0.51\left(\frac{l}{t}\right)^{0.27}\left(\frac{a}{t}\right)^{-0.31} \tag{5-7}$$

若$\frac{a}{t}>0.05\left(\frac{l}{t}\right)^{0.55}$，则

$$M_k=0.83\left(\frac{l}{t}\right)^{0.46}\left(\frac{a}{t}\right)^{-0.15} \tag{5-8}$$

（2）当$\frac{l}{t}>2$时，若$\frac{a}{t}\leqslant 0.073$，则

$$M_k=0.615\left(\frac{a}{t}\right)^{-0.31} \tag{5-9}$$

若$\frac{a}{t}>0.073$，则

$$M_k=0.83\left(\frac{a}{t}\right)^{-0.2} \tag{5-10}$$

考虑弯矩作用的M_k定义如下。

（1）当$\frac{l}{t}\leqslant 1$时，若$\frac{a}{t}\leqslant 0.03\left(\frac{a}{t}\right)^{0.55}$，则

$$M_k=0.45\left(\frac{l}{t}\right)^{0.21}\left(\frac{a}{t}\right)^{-0.31} \tag{5-11}$$

若$\frac{a}{t}>0.03\left(\frac{a}{t}\right)^{0.55}$，则

$$M_k=0.68\left(\frac{l}{t}\right)^{0.21}\left(\frac{a}{t}\right)^{-0.19} \tag{5-12}$$

（2）当$\frac{l}{t}>1$时，若$\frac{a}{t}\leqslant 0.03$，则

$$M_k=0.45\left(\frac{a}{t}\right)^{-0.31} \tag{5-13}$$

若$\frac{a}{t}>0.03$，则

$$M_k=0.68\left(\frac{a}{t}\right)^{-0.19} \tag{5-14}$$

若计算得到的 M_k 超过 1,则取 M_k 为 1.0。

考虑轴向载荷作用,F_a 的表达式如下:

$$F_a=\left\{M_1+M_2\left(\frac{a}{t}\right)^2+M_3\left(\frac{a}{t}\right)^3\right\}gf_\Phi f_W \tag{5-15}$$

式中:M_1、M_2、M_3 分别为由裂纹尖端形状决定,计算公式见表 5-5 所示;g、f_Φ 分别为与裂纹边界位置和裂纹形状相关的参数,定义值见表 5-6;f_Φ 为取决于疲劳裂纹附近位置的函数;f_W 为有限宽度修正因子。

表 5-5　M_1,M_2 和 M_3 计算公式

	$\frac{a}{2c}\leqslant 0.5$	$\frac{a}{2c}>0.5$
M_1	$1.13-0.09\left(\frac{a}{c}\right)$	$\frac{a}{\sqrt{c}}\left[1+0.04\left(\frac{c}{a}\right)\right]$
M_2	$\frac{0.89}{0.2+\left(\frac{a}{c}\right)}-0.54$	$0.2\left(\frac{a}{c}\right)^4$
M_3	$0.5-\frac{1}{0.65+\left(\frac{a}{c}\right)}+14\left[1-\left(\frac{a}{c}\right)\right]^{24}$	$-0.11\left(\frac{c}{a}\right)^4$

注:c 为裂纹表面长度的一半。

表 5-6　裂纹尖端形状参数

	裂纹最深点（图 5-76 中 A 点）	裂纹端部（图 5-76 中 E 点）	
		$\frac{a}{2c}\leqslant 0.5$	$\frac{a}{2c}>0.5$
g	1.0	$1.1-0.35\left(\frac{a}{t}\right)^2$	$1.1-0.35\left(\frac{a}{c}\right)\left(\frac{a}{t}\right)^2$
f_Φ	1.0	$\left(\frac{a}{c}\right)^{0.5}$	1.0

f_w 的计算式如下:

$$f_w=\left[\mathrm{Sec}\left(\frac{\pi c}{W}\right)\left(\frac{a}{t}\right)^{0.5}\right]^{0.5}$$

式中:W 为焊缝长度。由于目前焊接技术中,立管结构一般采用 5G 环焊接,因此 W 可近似认为是立管内周长。如果 $W\geqslant 20c$,可以近似认为 $\frac{c}{W}=0$,即 $f_w=1.0$。

考虑弯矩作用,F_b 的表达式如下:

$$F_b=HF_a$$

式中:F_a 为考虑轴向载荷作用的相关参数;H 为弯曲应力函数与轴向应力函数的比值定义值见表 5-7。

表 5-7 相关参数定义

	H	
	$\frac{a}{2c} \leqslant 0.5$	$\frac{a}{2c} > 0.5$
裂纹端部（图 5-76 中 E 点）	$H_1 = 1 - 0.34\left(\frac{a}{B}\right) - 0.11\left(\frac{a}{c}\right)\left(\frac{a}{B}\right)$	$H_1 = 1 - \left[0.04 + 0.41\left(\frac{c}{a}\right)\right]\left(\frac{a}{B}\right) + \left[0.55 - 1.93\left(\frac{c}{a}\right)^{0.75} + 1.38\left(\frac{c}{a}\right)^{1.5}\right]\left(\frac{a}{B}\right)^2$
裂纹最深点（图 5-76 中 A 点）	$H_2 = 1 + G_1\left(\frac{a}{B}\right) + G_2\left(\frac{a}{B}\right)^2$	

表 5-7 中，G_1 和 G_2 的取值见表 5-8。

表 5-8 G_1 和 G_2 取值

	$\frac{a}{2c} \leqslant 0.5$	$\frac{a}{2c} > 0.5$
G_1	$0.12\left(\frac{a}{c}\right) - 1.22$	$0.77\left(\frac{c}{a}\right) - 2.11$
G_2	$0.55 - 1.05\left(\frac{a}{c}\right)^{0.75} + 0.47\left(\frac{a}{c}\right)^{1.5}$	$0.55 - 0.72\left(\frac{c}{a}\right)^{0.75} + 0.47\left(\frac{c}{a}\right)^{1.5}$

为了便于计算，Q 的近似解如下。

当 $\frac{a}{c} \leqslant 1$ 时，

$$Q = \left[1.0 + 1.464\left(\frac{a}{c}\right)^{1.65}\right]^{0.5} \tag{5-16}$$

当 $1 \leqslant \frac{a}{c} \leqslant 2$ 时，

$$Q = \left[1.0 + 1.464\left(\frac{c}{a}\right)^{1.65}\right]^{0.5} \tag{5-17}$$

5.7.3 裂纹扩展模型

在疲劳裂纹扩展研究中，Paris 公式主要适用于裂纹稳定扩展阶段。由此引出线弹性断裂力学的研究，提出通过判断应力强度因子的范围，确定裂纹扩展各阶段，并绘制裂纹扩展曲线。这种裂纹扩展模型已经通过大量理论及恒定载荷工况下的 CT 试样试验验证。然而，在实际的裂纹扩展过程中，裂纹扩展的主要原因是裂纹尖端产生应力松弛。而应力松弛的原因是裂纹尖端产生塑性应力场，造成尖端区应力强度发生改变，从而产生非线性形变。基于应力强度因子的裂纹扩展公式不再适用。因此，为了与实际裂纹扩展更加吻合，采用弹塑性力学裂纹扩展方法进行裂纹扩展数值模型建立。

1. 基于 Paris 公式的稳定裂纹扩展模型

在实际工程结构疲劳裂纹扩展过程中,所受到的载荷并非恒定载荷。载荷幅值的变化情况可以由应力比 R($R=K_{min}/K_{max}$)表述。应力比对疲劳裂纹扩展过程影响明显,如图 5-78 所示。当应力比逐渐增加时,裂纹扩展曲线逐渐向左移动。

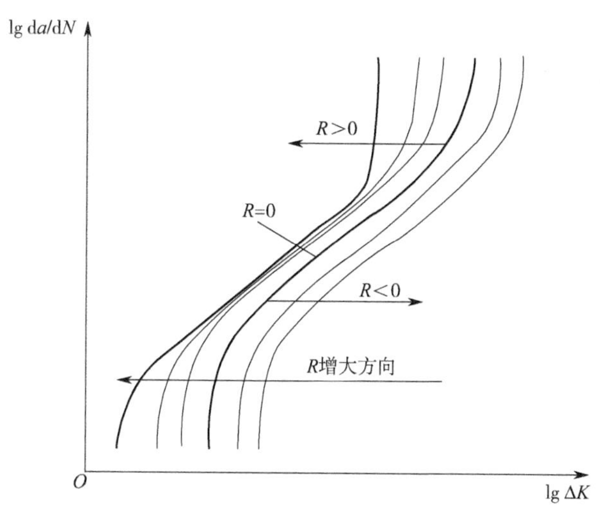

图 5-78　不同应力比下的裂纹扩展速率

Paris 公式提出的裂纹扩展模型中的参数 C 和 m 与材料和外界条件相关,其中,外界条件包括环境、应力比、加载频率、加载形式等。通常,对于目前 Paris 模型中参数的确定,需要针对特定材料进行多组试验,对试验得到的裂纹扩展数据进行线性回归分析,从而确定较为准确的参数值。但是,疲劳试验尤其是全尺寸试样试验,通常需要耗费较长时间,同时需要花费很大的经济成本,因此通常会根据已有的试验数据或者实际工程经验,得到合适的 C 和 m 值。对于钢结构,m 的取值范围通常在 2.4~3.6。

自 Paris 裂纹扩展模型提出以来,对于应力比影响下裂纹扩展规律以及修正模型的研究一直在进行。其中,最早的应力比修正由沃克(Walker)提出。他通过大量的铝合金裂纹扩展试验数据,提出应力比修正模型如下:

$$\frac{da}{dN}=C\left[(1-R)^{a}\Delta K\right]^{m} \tag{5-18}$$

其中，a 由材料属性决定。当这一修正模型中的应力比为 0 时,公式则变为 Paris 提出的裂纹扩展模型。也就是说，Paris 裂纹扩展模型适用于脉动循环应力下的裂纹扩展。然而,在上述 Walker 提出的应力比修正模型以及随后库贾夫斯基(Kujawski)提出对应力集中系数进行应力比修正的模型中,都只对正应力比的情况比较适用。而且在 Kujawski 的模型中,对高应力比情况下的裂纹扩展也没做考虑。因此,Huang 等提出了考虑负应力比、高应力比下的裂纹扩展修正模型,如下:

$$\frac{da}{dN}=C_0\left[(1-R)^{-\alpha}\Delta K\right]^{m_0}\quad(-5\leqslant R<0) \tag{5-19}$$

$$\frac{da}{dN}=C_0\left[(1-R)^{-\beta}\Delta K\right]^{m_0}\quad(0\leqslant R<0.5) \tag{5-20}$$

$$\frac{\mathrm{d}a}{\mathrm{d}N}=C_0\left[(1.05-1.4R+0.6R^2)^{-\beta}\Delta K\right]^{m_0}\quad(0.5\leqslant R<1)\tag{5-21}$$

式中：C_0、M_0分别为$R=0$时的常数C和M值，α、β分别为与材料、结构及焊接形式等有关的参数，需要通过大量试验数据获得。在此基础上，通过CT试样试验，结合式 的裂纹扩展模型，确定了裂纹扩展模型的影响参数。

2. 基于能量法的裂纹扩展理论模型

Paris模型中的应力强度因子（SIF）为弹性参数，对考虑裂纹尖端塑性区的裂纹扩展过程具有一定局限性。因此，需要引入一个考虑结构塑性变形的物理参数。在结构的弹塑性力学研究中，基于J积分的能量法是研究结构发生弹塑性变形，造成结构损伤或破坏的常用方法。然而，在对裂纹尖端应力场的研究中发现，由于裂纹尖端存在应力场的奇异性，J积分不再适用，从而导致J积分无法描述弹塑性问题中的裂纹扩展路径。为了避免J积分在裂纹扩展路径上描述的问题，在考虑弹塑性裂纹扩展问题中，引入与扩展路径无关，且能够表述裂纹尖端应力场的物理参数——循环J积分（cyclic J-integral）ΔJ，采用类似J积分的方式定义如下：

$$\Delta J=\int_{\Gamma}(\Delta W\mathrm{d}y-\Delta T\frac{\partial u}{\partial x}\mathrm{d}s)\tag{5-22}$$

式中：Γ为裂纹尖端处的积分路径，起始点为裂纹下端，终点为上端，裂纹产生于立管内侧，积分路径示意如图5-79所示；ΔW为在加载或者卸载过程中的应变能密度范围，表示的是在立管结构的单元上，在加载和卸载过程中应力做的功，按照疲劳加载方式，定义从静载—正向加载达到最大—卸载—反向加载到最大—卸载为一个循环过程，考虑到裂纹尖端塑性应变情况，完整周期内的ΔW如图5-80所示。

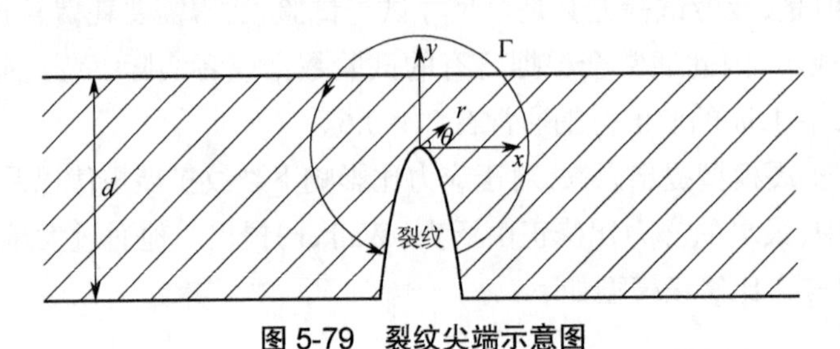

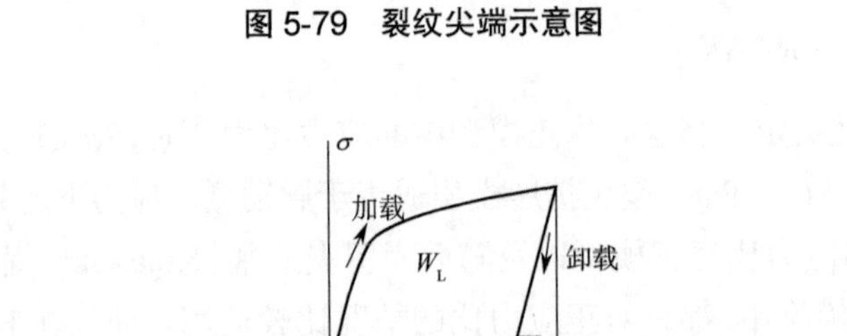

图5-79 裂纹尖端示意图

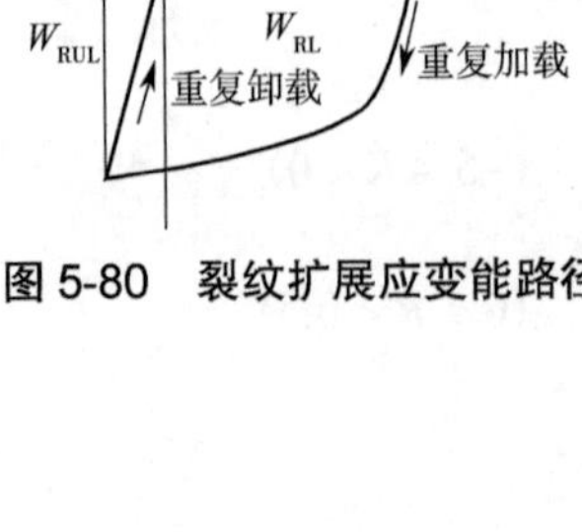

图5-80 裂纹扩展应变能路径

参照应变能密度 W 的定义，ΔW 的定义式如下：

$$\Delta W=\int_{0}^{\Delta\varepsilon_{ij}}\overline{\sigma_{ij}}\mathrm{d}\overline{\varepsilon_{ij}} \tag{5-23}$$

随着数值模拟和计算程序的不断发展，ΔJ 的计算也越来越准确。其中，Warp3D 方法作为一种域积分数值方法，在工程实际中得到了广泛应用。该方法起源于对三维空间计算裂纹扩展的 J 积分计算方法，将沿裂纹尖端单位长度释放的能量定义如下：

$$\overline{J(s)}=\int_{V}(\sigma_{ab}u_{b,c}-W\delta_{ca})q_{c,a}+[\alpha\sigma_{aa}] \tag{5-24}$$

在 Paris 模型的基础上，道林（Dowling）和贝格利（Begley）将 ΔJ 应用到裂纹扩展模型中，提出裂纹扩展模型如下：

$$\frac{\mathrm{d}a}{\mathrm{d}N}=C_{\mathrm{J}}\left[\Delta J\right]^{n_J} \tag{5-25}$$

式中：C_{J}、n_{J} 分别为与材料和应力比相关的参数。

对于线弹性材料，可以采用 ΔJ 与 SIF 之间的关系计算 ΔJ，如下：

$$\Delta J=\frac{K^2}{E}\left(1-\upsilon^2\right) \tag{5-26}$$

式中：E 为弹性模量；υ 为泊松比。

本章部分图例

说明：为了方便读者直观地查看彩色图例，此处节选了书中的部分内容进行展示。页面左侧的页码，为您标注了对应内容在书中出现的位置。

参 考 文 献

[1] AERAN A，SIRIWARDANE S C，MIKKELSEN O，et al. Life extension of ageing offshore structures：a framework for remaining life estimation[C/OL]//ASME 2017 36th International Conference on Ocean，Offshore and Arctic Engineering，June 25-30，2017，Trondheim，Norway. New York：ASME，2017[2022-05-05]. https：//doi.org/10.1115/OMAE2017-62063.

[2] CHENG A K，CHEN N ZH. Corrosion fatigue crack growth modelling for subsea pipeline steels[J/OL]. Ocean engineering，2017，142：10-19[2022-05-05]. https：//doi.org/10.1016/j.oceaneng.2017.06.057.

[3] DENG Y S，LI L，YAO ZH G，et al. Stress intensity factors and fatigue crack growth law of cracked submarine special-shaped pipe under earthquake load[J/OL]. Ocean engineering，2022，257：111267[2023-01-05]. https：//doi.org/10.1016/j.oceaneng.2022.111267.

[4] DODARAN M S，MUHAMMAD M，SHAMSAEI N，et al. Synergistic effect of microstructure and defects on the initiation of fatigue cracks in additively manufactured Inconel 718[J/OL]. International journal of fatigue，2022，162：107002[2023-01-05]. https：//doi.org/10.1016/j.ijfatigue.2022.107002.

[5] FANG X，WANG H H，LI W J，et al. Fatigue crack growth prediction method for offshore platform based on digital twin[J/OL]. Ocean engineering，2022，244：110320[2023-01-15]. https：//doi.org/10.1016/j.oceaneng.2021.110320.

[6] American Society for Testing and Materials. Standard test method for measurement of fatigue crack growth rates：ASTM-E-647-08-e1[S]. Philadelphia：American Society of Testing Materials，2008.

[7] GADALLAH R，MURAKAWA H，IKUSHIMA K，et al. Numerical investigation on the effect of thickness and stress level on fatigue crack growth in notched specimens[J/OL]. Theoretical and applied fracture mechanics，2021，116：103138[2022-05-15]. https：//doi.org/10.1016/j.tafmec.2021.103138.

[8] GADALLAH R，MURAKAWA H，SHIBAHARA M. Effects of specimen size and stress ratio on fatigue crack growth after a single tensile overload[J/OL]. Ocean engineering，2022，261：112216[2023-01-15]. https：//doi.org/10.1016/j.oceaneng.2022.112216.

[9] GUO W，MA T Y，CAO H R，et al. Numerical analysis of rolling contact fatigue crack initiation considering material microstructure[J/OL]. Engineering failure analysis，2022，138：106394[2023-01-25]. https：//doi.org/10.1016/j.engfailanal.2022.106394.

[10] GUO Y J，SHAO Y B，GAO X D，et al. Corrosion fatigue crack growth of serviced API 5L X56 submarine pipeline[J/OL]. Ocean engineering，2022，256：111502[2023-01-25]. https：//doi.org/10.1016/j.oceaneng.2022.111502.

[11] HASEGAWA K, DVOŘÁK D, MAREŠ V, et al. Suitability of fatigue crack growth thresholds at negative stress ratios for ferritic steels and aluminum alloys in flaw evaluation procedures[J/OL]. Engineering fracture mechanics, 2021, 248: 107670[2022-06-05]. https://doi.org/10.1016/j.engfracmech.2021.107670.

[12] HOBBACHER A. Stress intensity factors of welded joints[J/OL]. Engineering fracture mechanics, 1993, 46(2): 173-182[2022-06-05]. https://doi.org/10.1016/0013-7944(93)90278-Z.

[13] HORN A M, LOTSBERG I, ORJASEATER O. The rationale for update of SN curves for single sided girth welds for risers and pipelines in DNV GL RP C-203 based on fatigue performance of more than 1700 full scale fatigue test results[C/OL]//ASME 2018 37th International Conference on Ocean, Offshore and Arctic Engineering. New York: ASME, 2018[2022-06-15]. https://doi.org/10.1115/omae2018-78408.

[14] KUJAWSKI D. A fatigue crack driving force parameter with load ratio effects[J/OL]. International journal of fatigue, 2001, 23: 239-246[2022-06-15]. https://doi.org/10.1016/S0142-1123(01)00158-X.

[15] KWOFIE S, MENSAH-DARKWA K. Equivalent crack growth model for correlation and prediction of fatigue crack growth under different stress ratios[J/OL]. International journal of fatigue, 2022, 163: 107106[2023-01-25]. https://doi.org/10.1016/j.ijfatigue.2022.107106.

[16] LARSEN C M, HANSON T. Optimization of catenary risers[J/OL]. Journal of offshore mechanics and arctic engineering, 1999, 121(2): 90-94[2022-06-25]. https://doi.org/10.1115/1.2830083.

[17] LI H F, YANG S P, ZHANG P, et al. Material-independent stress ratio effect on the fatigue crack growth behavior[J/OL]. Engineering fracture mechanics, 2022, 259: 108116[2023-01-25]. https://doi.org/10.1016/j.engfracmech.2021.108116.

[18] LI H, HUANG CH G, GUEDES SOARES C. A real-time inspection and opportunistic maintenance strategies for floating offshore wind turbines[J/OL]. Ocean engineering, 2022, 256: 111433[2023-02-05]. https://doi.org/10.1016/j.oceaneng.2022.111433.

[19] LI X, DAI Y J, WANG X Y, et al. Effects of local microstructure on crack initiation in super martensitic stainless steel under very-high-cycle fatigue[J/OL]. International journal of fatigue, 2022, 163: 107019[2023-02-05]. https://doi.org/10.1016/j.ijfatigue.2022.107019.

[20] LIU C H, THOMAS R, SUN T ZH, et al. Multi-dimensional study of the effect of early slip activity on fatigue crack initiation in a near-α titanium alloy[J/OL]. Acta materialia, 2022, 233: 117967[2023-02-15]. https://doi.org/10.1016/j.actamat.2022.117967.

[21] LIU Y CH, REN H L, FENG G Q, et al. Simplified calculation method for spectral fatigue analysis of hull structure[J/OL]. Ocean engineering, 2022, 243: 110204[2023-02-15]. https://doi.org/10.1016/j.oc eaneng.2021.110204.

[22] LOTSBERG I. Development of fatigue design standards for marine structures[C/OL]//ASME 2017 36th International Conference on Ocean, Offshore and Arctic Engineering, June 25-30, 2017, Trondheim, Norway. New York: ASME, 2017[2022-07-05]. https://doi.org/10.1115/OMAE2017-62516.

[23] MAGOGA T. Fatigue damage sensitivity analysis of a naval high speed light craft via spec-

tral fatigue analysis[J/OL]. Ships and offshore structures, 2020, 15(3): 236-248[2022-07-05]. https://doi.org/10.1080/17445302.2019.1612543.

[24] MCEVILY A. Fatigue of materials[J/OL]. Advanced materials, 1993, 5(4): 309[2022-07-15]. https://doi.org/10.1002/adma.19930050420.

[25] NARABAYASHI T, FUJII M, MATSUMOTO K, et al. Experimental study on leak flow model through fatigue crack in pipe[J/OL]. Nuclear engineering and design, 1991, 128(1): 17-27[2022-07-25]. https://doi.org/10.1016/0029-5493(91)90245-D.

[26] PARIS P. A critical analysis of crack propagation laws[J]. J basic eng, 1963:85.

[27] PHIFER E H, KOPP F, SWANSON R C, et al. Design and installation of auger steel catenary risers[C/OL]// Offshore Technology Conference, May 2-5, 1994, Houston, Texas. Houston:OTC,1994[2022-08-05].https://doi.org/10.4043/7620-MS.

[28] QUÉAU L M, KIMIAEI M, RANDOLPH M F. Sensitivity studies of SCR fatigue damage in the touchdown zone using an efficient simplified framework for stress range evaluation[J/OL]. Ocean engineering, 2015, 96: 295-311[2022-08-15]. https: //doi.org/10.1016/j.oceaneng.2014.12.038.

[29] RUI F A, LIANG Z A, CHAO L A, et al. An experimental investigation of fatigue performance and crack initiation characteristics for an SLMed Ti-6Al-4V under different stress ratios up to very-high-cycle regime[J/OL]. International journal of fatigue, 2022, 164: 107119[2023-02-15]. https://doi.org/10.1016/j.ijfatigue.2022.107119.

[30] SONG R, STANTON P. Advances in deepwater steel catenary riser technology state-of-the-art: part Ⅱ—analysis[C/OL]//ASME 2009 28th International Conference on Ocean, Offshore and Arctic Engineering, May 31-June 5, 2009, Honolulu, Hawaii, USA. New York: ASME,2010,3: 285-296[2022-08-25]. https://doi.org/10.1115/OMAE2009-79405.

[31] THOMPSON I. Validation of naval vessel spectral fatigue analysis using full-scale measurements[J/OL]. Marine structures, 2016, 49: 256-268[2022-09-05]. https: //doi.org/10.1016/j.marstruc.2016.05.006.

[32] VENKATESAN K R, LIU Y M. Subcycle fatigue crack growth formulation under positive and negative stress ratios[J/OL]. Engineering fracture mechanics, 2018,189:390-404[2022-09-15]. https://doi.org/10.1016/j.engfracmech.2017.11.029.

[33] YOSRI A, LEHETA H, SAAD-ELDEEN S, et al. Accumulated fatigue damage assessment of side structural details in a double hull tanker based on spectral fatigue analysis approach[J/OL]. Ocean engineering, 2022, 251: 111069[2023-02-05]. https: //doi.org/10.1016/j.oceaneng.2022.111069.

[34] YUAN F, WHITE D J, O' LOUGHLIN C D. The evolution of seabed stiffness during cyclic movement in a riser touchdown zone on soft clay[J/OL]. Géotechnique, 2017, 67(2): 127-137[2022-09-25]. https://doi.org/10.1680/jgeot.15.P.161.

[35] ZERBST U, MADIA M, VORMWALD M, et al. Fatigue strength and fracture mechanics – a general perspective[J/OL]. Engineering fracture mechanics, 2018, 198: 2-23[2022-10-05]. https://doi.org/10.1016/j.engfracmech.2017.04.030.